Arwed Tomm   **Ökologisch planen und bauen**

Erst wenn der letzte Baum gerodet,
der letzte Fluß vergiftet,
der letzte Fisch gefangen,
werdet Ihr feststellen,
daß man Geld nicht essen kann.

Häuptling Seattle 1854 zugeschrieben

ARWED TOMM

ÖKO
LOGISCH
PLANEN UND BAUEN

DAS HANDBUCH
FÜR
ARCHITEKTEN
INGENIEURE
BAUHERREN
STUDENTEN
BAUFIRMEN
BEHÖRDEN
STADTPLANER
POLITIKER

2., VOLLSTÄNDIG DURCHGESEHENE
UND ERWEITERTE AUFLAGE

vieweg

Die Deutsche Bibliothek – CIP-Einheitsaufnahme

Tomm, Arwed:
Ökologisch planen und bauen: das Handbuch für
Architekten, Ingenieure, Bauherren, Studenten, Baufirmen,
Bauverwaltungen, Stadtplaner, Politiker / Arwed Tomm. –
2., vollst. durchges. u. überarb. Aufl. –
Braunschweig; Wiesbaden: Vieweg, 1994
    ISBN 3-528-18879-0

1. Auflage 1992
2., vollständig durchgesehene und überarbeitete Auflage 1994

Alle Rechte vorbehalten
© Friedr. Vieweg & Sohn Verlagsgesellschaft mbH, Braunschweig / Wiesbaden, 1994

Der Verlag Vieweg ist ein Unternehmen der Bertelsmann Fachinformation GmbH.

Satz: ITS, Herford
Druck und buchbinderische Verarbeitung: Paderborner Druck Centrum
Gedruckt auf säurefreiem Papier
Printed in Germany

ISBN 3-528-18879-0

Inhalt

Bild 1   Ein historisches Fachwerkgebäude in Frankreich. Dachdeckung mit ebenen Ziegelplatten. Eichenfachwerk, Lehm auf Flechtwerk als Ausfachung, Kalkputz, Sockel in Naturstein, Holzfenster deckend mit Naturfarben gestrichen, Natursteinplattenbelag daneben Splittschüttung, Brennholz für den Kamin, Weidenkorb, Solitärpflanze. Eine ökologische Idylle

Einleitung

Ein Buch über ökologisches Bauen zu schreiben heißt, die *Planung* von Gebäuden unter ökologischen Aspekten zu beschreiben. Da das Errichten von Gebäuden die umfangreichste und komplizierteste Einzelleistung in unserer Wirtschaft darstellt, ist die dafür erforderliche Planung ähnlich komplex einzustufen. Ein Buch über diese Planung kann notwendigerweise Teilaspekte, für die in der Regel Sonderfachleute eingeschaltet werden, nicht detailliert behandeln, obwohl häufig gerade diese Teilplanungen, z.B. die der Gebäude- und Betriebstechnik – so etwa auch der Heizung – oder der Außenraumgestaltung, entscheidend zur ökologischen Qualität eines Bauvorhabens beitragen können. Der Schwerpunkt des Buches wurde also auf die Planungs- und Koordinierungsarbeit des Architekten gelegt, ohne die wichtigsten Aspekte der übrigen Fachdisziplinen zu vernachlässigen.

Ich verfolge mit diesem Buch vier Ziele:

1. Ich appelliere an alle Planer, Bauherren, Baufirmen, Baubehörden und politisch im Bauwesen Tätigen, einen Beitrag zur ökologischen Umgestaltung der Gesellschaft zu leisten.
2. Ich biete zu den Themen des ökologischen Bauens Hintergrundinformationen, die das Verständnis für die Zusammenhänge und Kreisläufe, die in diesem Sektor beachtet werden sollten, erleichtern.
3. Ich mache Vorschläge zu Planung, Konstruktion und Materialwahl. Die Baustoff- und Schadstoffbeschreibungen können lexikalisch benützt werden.
4. Ich gebe Hinweise auf eine behutsame Baudurchführung und eine umweltschonende Nutzung.

Teilweise wird über den Rahmen der ökologischen Betrachtung von Planungsinhalten und Baustoffwahl hinausgegriffen und die erforderliche Brücke zu anderen Kriterien der Bauplanung geschlagen. Denn nur eine ausgewogene Berücksichtigung aller Planungskriterien sichert den Planungserfolg. Es erscheint mir heute auch erforderlich, technische Vorgänge wie das Errichten von Gebäuden nicht separat zu betrachten, sondern die Ausstrahlung in andere Bereiche in die Betrachtung einzubeziehen. Darum wird in einigen Kapiteln auf ökologische Aspekte im Umfeld hingewiesen. So werden beispielsweise die Themen Baustoffgewinnung, Recycling oder Deponierung, soweit erforderlich, an geeigneter Stelle mitbehandelt.

2* Ökologische Aspekte in der Bauplanung sind seit etwa Mitte der siebziger Jahre bekannt, zuerst nur bei einer kleinen Zahl von Fachleuten, deren Zahl aber kontinuierlich zunahm. Heute ist das Thema in der Fachwelt etabliert, wenn auch häufig etwas diffus. Die Literatur dazu hat bereits einen bemerkenswerten Umfang. Sie konzentriert sich jedoch häufig auf attraktive Einzel-

---

* Randziffern verweisen auf Abbildungen.

X

themen, wie den Wintergarten oder die Energieeinsparung, und bewirkt damit beim Leser eine Überbewertung von Teilaspekten. Die sinnvolle Lösung von Zielkonflikten in der Planung wird damit nicht erleichtert. Enttäuschungen bei den betroffenen Bauherren ist dann häufig die Folge. Darum wurde hier versucht, alle wichtigen Kriterien anzusprechen. Ökologische Betrachtungen müssen mit anderen Aspekten der Planung, wie Funktionserfüllung, Nutzungsdauer, Wirtschaftlichkeit und Gestaltung verbunden werden.

Die ökologischen Aussagen in diesem Buch wurden nach kritischer Prüfung des umfangreichen Quellenmaterials getroffen. Eine wissenschaftliche Absicherung im heutigen Sinne, d.h. zweifelsfreie Meßergebnisse ohne Gegenargumente, ist nicht immer zu gewinnen. So ist eine Synthese entstanden aus klaren Nachweisen und begründeter Vermutung, angereichert um Hinweise, die allein auf dem Minimierungsprinzip von Schadstoffemissionen basieren und für die es noch keine eindeutigen Begründungen gibt.

Dieses Buch berührt die Interessen einiger Baustoffhersteller. Dem Autor liegt es jedoch fern, bestimmte Materialien vom Bauprozeß auszuschließen. Er möchte vielmehr dazu beitragen, daß der von einigen Firmen bereits vollzogene Prozeß der Umstellung auf ökologisch vertretbare Produkte ausgeweitet und beschleunigt wird. Die Wahl der Baustoffe bleibt in der Verantwortung des Planers und muß entsprechend den spezifischen Anforderungen des Einzelfalles getroffen werden.

Aachen, im Frühjahr 1991   Arwed Tomm

Bild 2   Naturnahe Freiflächengestaltung mit Wasser, Steinen und verschiedenen Pflanzenfamilien

1

Zur 2. Auflage

Die Berücksichtigung ökologischer Sachverhalte im Bauwesen setzt sich mehr und mehr durch. Regelwerke, Förderrichtlinien und Ausbildungsprogramme berücksichtigen ökologische Zusammenhänge. Viele Themen haben Eingang in die seriöse Forschung gefunden. Vermutungen können abgesichert, andere müssen fallengelassen werden. Die Flut der Erkenntnisse wächst und machte es erforderlich, dieses Handbuch zum Ökologischen Bauen in einer neuen Auflage umfangreich zu überarbeiten. Insbesondere die Themen Energieeinsparung, Wiederverwendung und Recycling sowie Baustoffe mußten dem heutigen Entwicklungsstand angepaßt werden.

Mit der hiermit vorliegenden 2. Auflage steht nunmehr allen Bauschaffenden und Bauherren eine umfassende und aktualisierte Arbeitshilfe zur Verfügung.

Aachen, im Frühjahr 1994   Arwed Tomm

1 Ökologie im Bauwesen

1.1 Entwicklung, Zusammenhänge

Der Mensch hat schon immer die Ressourcen der Natur zur Gestaltung seines Lebensraumes genutzt. Das war problemlos, solange er nicht mehr verbrauchte, als nachwachsen konnte. Erst die zunehmende Entwicklung der Naturwissenschaften seit dem 18. Jahrhundert bereiteten den Boden für einen ungehemmten Fortschrittsglauben. Der Industrialisierung und Produktion von Massengütern wurde geradezu eine ethische Dimension zugemessen. Die negativen Randerscheinungen wurden nicht beachtet. Das bleibt so in Deutschland bis weit über die Aufbauphase der Nachkriegszeit hinaus. Erst die Preisexplosionen des Rohöls in der ersten Hälfte der siebziger Jahre und die Warnungen des Club of Rome weckten das Bewußtsein dafür, daß die Ressourcen der Erde endlich sind und dieses Ende gar nicht so fern ist. Nun wurde auch deutlich, daß die massenhafte Produktion von Gütern zu einer ernstzunehmenden Schädigung der Natur führte. Kleinere und größere Umweltkatastrophen schärften zunehmend das Bewußtsein der Menschen für die Problematik eines ungebremsten Wirtschaftswachstums.

Das war eine der Quellen, aus der ökologisches Gedankengut, auch im Bauwesen, gespeist wurde. Eine andere war das eher soziale Anliegen „Zurück zur Natur". Schon in den fünfziger Jahren entwickelte sich eine alternative Bauszene, zuerst in den Vereinigten Staaten, dann auch in Mitteleuropa. Selbsthilfebau mit Selbstversorgung, Bauen mit Recyclingmaterial, experimentelles Bauen, Bauen nach Konstruktionsprinzipien der Natur usw. waren Wegbereiter einer neuen Denkweise bei der Planung von Gebäuden. Anfang der siebziger Jahre wurden diese Tendenzen in dem Begriff *Baubiologie* zusammengefaßt und mit plakativen Wortschöpfungen, wie Gesundes Bauen, Gesundes Wohnen usw., ergänzt. Damit war jedoch häufig die Überbewertung von Einzelaspekten der Planung verbunden. Erst die Einführung des Ökologiebegriffes im 'Ökologischen Bauen' dokumentierte, daß alle relevanten Kriterien einer Planung angemessen berücksichtigt werden müssen, um einen in jeder Beziehung optimalen Erfolg erzielen zu können.

Ökologie, das ist die Wissenschaft von Beziehungen und Vernetzungen der Fachdisziplinen Physik, Chemie, Meteorologie, Biologie, Medizin und Psychologie. Die Grunderkenntnis lautet:

Alles hängt mit allem zusammen.

Auf das Bauwesen bezogen sind die wichtigsten Handlungsfelder:
- die ökologische Beurteilung des Standortes,
- die Einflußnahme auf die Erschließung und den Zuschnitt des Grundstücks,
- die Mitwirkung bei der Beschreibung des Bauprogramms,

- die Entwicklung der Gebäudekonzeption und der Begrünung,
- die Wahl unbedenklicher Baustoffe,
- die Planung einer angemessenen Gebäudetechnik,
- die Berücksichtigung des Prinzips der Energieeinsparung in allen Handlungsfeldern,
- die Wahl eines Bauablaufes, der das Grundstück schont und die Umgebung möglichst wenig belastet.

Ökologisch Planen und Bauen heißt, alle Aspekte – wie Funktionalität, Wirtschaftlichkeit, Dauerhaftigkeit, Gestaltung und ökologische Ziele – ausgewogen auf die spezifischen Verhältnisse des einzelnen Bauvorhabens bezogen zu berücksichtigen. Das macht die Planung nicht leichter. Die fachlichen Anforderungen an Architekten und Ingenieure steigen.

1.2 Ökologie und Ökonomie

Ökologische Betrachtungsweisen müssen ökonomischen nicht widersprechen. Ökologisch geprägtes Handeln ist auch immer ökonomisch sinnvoll, sofern wir uns daran gewöhnen, über betriebswirtschaftliche Maßstäbe hinaus auch volkswirtschaftliche mit einzubeziehen. Das kann auch ohne Schaden für den einzelnen von den Unternehmen umgesetzt werden, wenn sich alle an die gleichen 'gesellschaftlichen' Normen halten müssen, d.h. entsprechende Regelungen verbindlich eingeführt werden. Die Hebung der Umweltqualität und Einsparungen im Gesundheitswesen sind schwierig monetär zu bewerten, aber sie sind entscheidende Größen in der langfristigen Betrachtung ökonomischer Zusammenhänge. Und bezieht man Maßnahmen der Energieeinsparung und der Ressourcenschonung mit ein, sind die wichtigsten Merkmale ökologisch erstrebenswerten und ökonomisch sinnvollen Handelns genannt. Allerdings setzt die Einführung solcher Handlungsmaximen voraus, daß jeder Einzelne von liebgewordenen, im wesentlichen der Bequemlichkeit dienenden Verhaltensweisen, Abschied nimmt. Man kann nicht Produkte kaufen und benutzen, deren Herstellung man ablehnt, oder ein hohes Temperaturniveau in den Innenräumen verlangen, ohne die Produktion und Nutzung von Dämmstoffen zu akzeptieren.

Auf die Planung im Bauwesen bezogen heißt das:

- Einfache Baukonstruktionen benutzen, denn sie sind leicht und wenig schadensanfällig herzustellen.
- Es sind langlebige Bauteile und Baustoffe zu wählen, denn damit werden Energien und Materialressourcen geschont und Deponien entlastet.
- Es sind Bauteile und Baustoffe zu wählen, die wiederverwendet bzw. recycelt werden können oder deren Ablagerung keine Probleme verursacht.
- Der Nutzungswert der Bauteile und Baustoffe ist sehr genau zu prüfen, z.B. die Energieeinsparung bei der Verwendung von Dämmstoffen.
- Unkomplizierte Technik, deren Funktionsweise für den einzelnen durchschaubar ist, zu deren Anwendung noch 'Köpfchen' und zwei Hände er-

4

Bild 3 Weiträumige Veränderung der Landschaft durch die Gewinnung von Rohstoffen. Kalksteingewinnung nördlich von Ebermannstadt in der Fränkischen Schweiz

forderlich sind, die langlebig ist und einfach gewartet werden kann, ist der hochentwickelten, mikroelektronikgesteuerten 'Automatiktechnik' vorzuziehen. Denn sie bedarf der Wartung durch Spezialisten, ihre Herstellung ist selten ressourcen- und umweltschonend, sie ist durch neue Entwicklungen oft schnell überholt; z.B. sind Ersatzteile nicht mehr erhältlich, d.h. sie wird nur relativ kurzzeitig genutzt und dann gegen eine noch kompliziertere und damit teuere ausgetauscht. Die Vorgängerin landet im Schrott. Die Spirale dreht sich weiter. Aber damit soll kein Plädoyer gegen Technik allgemein gehalten, sondern ein Anstoß gegeben werden, in jedem Einzelfall die spezifischen Gegebenheiten genau zu prüfen, die optimale Lösung zu wählen und sich nicht auf der Benutzung von Standardlösungen auszuruhen.

Folgt man diesen Prinzipien, wird die schadensfreie Nutzung verlängert, und damit werden Instandhaltungskosten, aber teilweise auch Investitionskosten, gespart – und das ist ökonomisch sinnvoll. Gleichzeitig wird damit jedoch auch ein ökologischer Nutzen erzielt, denn die Verlängerung der schadensarmen Nutzungszeit verschiebt den Abbruch von Gebäuden und Bauteilen. Negative ökologische Auswirkungen bei Gewinnung, Nutzung und Beseitigung neuer Baustoffe werden erst später wirksam. Der Zyklus möglicher Belastungen wird zeitlich gespreizt. Die immer knapper werdenden Deponieräume werden entlastet, und wir gewinnen Zeit für die Entwicklung und Einführung von geeigneten Recyclingverfahren.

1.3 Energieeinsparung

Ökologisch bauen heißt, Gebäude energieschonend errichten und die Nutzung energiesparend ermöglichen. Denn die Vorräte nichterneuerbarer Energieausgangsstoffe sind knapp. Sie werden in Zukunft nur mit beträchtlichen Problemen erschlossen werden, und ihr Ende ist absehbar. Die Umwandlung herkömmlicher Energieträger in für uns nutzbare Energieformen führt zu starken Umweltschäden, verändert Landschaften und erfordert immer mehr Kapital.

Die Verbrennung fossiler Brennstoffe, wie Öl, Gas und Kohle, setzt CO_2, CH_4 und NO_2 frei, die über der Erde einen einseitig wirkenden Wärmeschutzschild bilden, also die Sonneneinstrahlung erlauben, die Wärmeabgabe der Erde in den Weltraum jedoch behindern. Dadurch steigt die mittlere Temperatur der Erdoberfläche. Es tritt der sogenannte Treibhauseffekt ein. Klimamodellrechnungen zeigen, daß dadurch die Eiskappen der Pole abschmelzen, die Meereshöhen steigen und heute bewohntes Land überspült wird, die Wüsten sich ausdehnen und das Klimagleichgewicht der Erde nachhaltig gestört wird. Solange keine neuen Energierohstoffe gefunden werden, die umweltschonend erschlossen und im erforderlichen Umfang bereitgestellt werden können, kann die Lösung der Probleme nur durch Energieeinsparung erfolgen. Denn die Nutzung erneuerbarer Energieformen leistet dazu gegenwärtig leider nur einen bescheidenen Beitrag.

Der Energiebedarf bei uns verteilt sich, ganz grob betrachtet wie folgt: ein Drittel Industrie und Gewerbe, ein Drittel Verkehr und ein Drittel Heizenergie für unsere Gebäude. Wir können als Planer nur Einfluß auf den letzten Posten nehmen. Allerdings sind allein planerischen Maßnahmen durch das schwer zu beeinflussende Verhalten der Benutzer der Häuser Grenzen gesetzt. Gut gemeinte technische Möglichkeiten werden häufig nicht verstanden oder einfach ignoriert, weil wir die Energie immer noch bezahlen können. Erheblich gesteigerte Dämmstoffstärken in den relevanten Bauteilen bestätigen die euphorischen Prognosen im Labor und im Pilotversuch. In der Praxis jedoch tritt häufig eine Ernüchterung ein, weil die vollmundig angekündigte Verringerung der Heizenergiekosten nur teilweise eintritt. Der Grund liegt in der Regel in einer unzureichenden Planung, die auf nicht geeignete Maßnahmen setzt, die Koordination nicht stimmt oder das Verhalten der Bewohner schlicht falsch eingeschätzt wird. Bei der Planung sind sehr deutlich Neubauten von Gebäuden zu unterscheiden, die vor 1972 errichtet wurden. Bei letzteren sind die Verbesserungen der Wärmedämmung an Wänden und Decken wesentlich wirkungsvoller als an neueren, schon besser gedämmten Gebäuden.

Eine entscheidende Bedeutung bei der Betrachtung des Energieverbrauchs kommt den Lüftungswärmeverlusten zu. Sie sind vom Verhalten der Nutzer abhängig und vom Planer nur in geringem Maße beeinflußbar. Denn wie lange ein manchmal auch wechselnder Personenkreis die Fenster öffnet, ist nicht vorhersehbar. Und die individuelle Lüftung durch technische Maßnahmen, wie künstliche Lüftung mit Wärmerückgewinnung, auszuschließen, halte ich für eine sehr unglückliche Lösung.

Zum einen sind sich die Wissenschaftler nicht einig, welcher Luftwechsel in Wohnungen angemessen ist. Die Vorschläge reichen von 1/2 bis 1 Luftwechsel pro Stunde. Da Gebäude je nach Bauweise unterschiedlich dicht sind, käme zur prognostizierten Lüftungsrate der Lüftungsanlage noch eine nicht kalkulierbare über Undichtigkeiten der Außenhaut hinzu. Wohngebäude aber wirklich dicht zu machen erfordert einen hohen Aufwand und erscheint irgendwie schizophren. Was man im Normalfall immer hat, nämlich eine geringe Lüftungsrate über Undichtigkeiten, würde aufwendig vermieden, der notwendige Luftwechsel wiederum würde durch den Einsatz technischer Systeme herbeigeführt. Das heißt, der Bauherr müßte doppelt bezahlen. Auch über die Qualität einer künstlichen Lüftung läßt sich trefflich streiten. Die Erfahrungen mit der Lüftung und Klimatisierung großer öffentlicher Gebäude in den siebziger und achtziger Jahren haben in vielen Fällen bei den Fachleuten zur Ernüchterung geführt. Zu häufig wurden sie mit berechtigten Klagen der Nutzer konfrontiert. In der Folge wurden dann Gebäude so geplant, daß sie ohne bzw. mit eingeschränkter künstlicher Lüftung auskamen. Im Wohnungsbau sind die Luftwechselraten so gering, daß die Lüftungsleitungen nur einen geringen Querschnitt haben. Daß diese aus hygienischen Gründen regelmäßig einer Reinigung unterzogen werden, dürfte mit Recht bezweifelt werden. Geruchs- und Schallübertragungen von Raum zu Raum wären nur mit erheblichem technischen Aufwand zu begrenzen. Die Zuluftöffnungen entsprechen, nach den Vorstellungen der Arbeitsgruppe für die DIN 1946 T.G. Wohnungslüftung, kleinen Maschinen. Sie sollen gleichmäßig über die Außenwand verteilt sein, gut luftdurchlässig, aber bei Bedarf auch luftdicht, anpassungsfähig an unterschiedliche Luftdrücke, schlagregendicht, schalldämmend, langlebig, wartungsfreundlich usw. Ähnlich wirklichkeitsfremd sind andere Forderungen in dieser Norm. Wollte man den Intentionen der Niedrigenergiehausverfechter und denen der Lüftungsindustrie folgen, wären Wohnungen in ihrer Nutzung zum ersten Mal von der dauerhaften Funktion einer Maschine abhängig. An deren Betriebssicherheit müßten dann hohe Anforderungen gestellt werden. Dazu kämen Kosten für Wartungsverträge, und der Stromverbrauch darf auch nicht vernachlässigt werden. Um Zugerscheinungen zu vermeiden, muß in künstlich gelüfteten Räumen eine Raumtemperatur von 22°C gehalten werden (in konventionell belüfteten und beheizten reichen 20°C und weniger), was den Energieverbrauch deutlich erhöht. Wärmerückgewinnung aus der Abluft lohnt nur dort, wo optimale Bedingungen dafür vorliegen. Dazu gehören eine größere Anlage, eine hochwertige, aufeinander abgestimmte Hochbau- und Betriebstechnikplanung, eine gesicherte, fachliche Betreibung und Wartung sowie eine aufgeklärte Nutzergruppe, die mit den Möglichkeiten sinnvoll umgeht. Das dürfte selbst in Eigentumswohnanlagen nur selten gegeben sein, im Mietwohnungsbau so gut wie gar nicht. Von dieser kritischen Einschätzung nicht berührt sind einfache Entlüftungssysteme von sogenannten Feuchträumen. Innenliegende Bäder, Toiletten und teilweise Küchen müssen, bauaufsichtlichen Forderungen entsprechend, mit einer Abluft versehen sein. Die Zuluft strömt über Nachbarräume, über das Treppenhaus und über Undichtigkeiten in der Gebäudehülle nach. In Verbindung mit der bedarfsweise erfolgenden Benutzung der Fensterlüftung bildet dieses System noch immer die funktionstüchtigste, preiswerteste und damit im Wohnungsbau angemessenste Lösung.

Tabelle 1 *Wärmeverluste in Ein- und Mehrfamilienhäusern*

Bauteil	Freistehendes Einfamilienhaus	Mehrfamilienhaus
	%	%
Außenwand	18	24
Fenster	28	27
Dach	16	11
Keller/Boden	6	6
Heizungssystem inkl. Schornst.	32	32

Schwer beeinflußbar bleiben die Temperaturansprüche der Bauherren. Ob sie später auf 18°C oder auf 21°C Raumtemperatur heizen werden, oder ob sie alle Räume auf dieses Niveau heben und wie lange sie die Heizperiode ausdehnen, ist nicht mit Sicherheit vorherzusagen. Für die Planung bedeutet das, daß Erfolge der von den späteren Nutzern nicht mehr beeinflußbaren Energiesparmaßnahmen, wie Gebäudeorientierung, Zonierung der Räume und Dämm-Maßnahmen der Gebäudehülle, nicht überbewertet werden dürfen.

Die wirkungsvollste und kostengünstigste Methode zur Energieeinsparung wird durch die Herabsetzung der mittleren Raumtemperatur erzielt. Ein Grad Celsius Temperatursenkung im Raum entspricht 6 Prozent Energieverbrauchssenkung. Das heißt: Eine Herabsetzung von heute üblichen 21°C auf 18°C verringert den Verbrauch um 18 Prozent. Und Investitionskosten werden ebenfalls gespart. In der Folge nenne ich einige sinnvolle bauliche Maßnahmen zur Energieeinsparung.

Bautechnische Maßnahmen an Neubauten

- Gebäudeorientierung nach Süden, Windschutz durch Bepflanzung oder topographische Maßnahmen;
- Raumorientierung nach dem spezifischen Wärmebedarf;
- Öffnen des Hauses nach Süden, Schließen nach Norden;
- Fenster gut wärmedämmend ausbilden (z.B. Kastenfenster); die sind zwar nicht billig, aber wenn man außen Fenster mit Doppelverglasung einbauen läßt und getrennt davon innen, vom Schreiner gefertigte Fenster mit Einfachverglasung, Einfachfalz und einfacherer Fensterteilung, sind die Gesamtkosten akzeptabel; Alternative: Wärmeschutzverglasung: k-Wert 1,4.
- Kippfenster meiden, weil sie zum Dauerlüften verleiten;
- einen temporären Wärmeschutz für die Fenster vorsehen. Dazu gehören Wärmedämmläden, die nachts geschlossen werden oder in der Heizperiode die Fensterfläche verringern. Fenster sind immer ein Wärmeenergieleck; (siehe Tabelle 2);
- Ausbildung der Wärmedämmung an Boden, Wand und Dach mindestens entsprechend der Wärmeschutzverordnung 1994/95. Erhöhungen nur dort durchführen, wo keine bautechnischen und bauphysikalischen Probleme auftreten können und diese Ziele mit Materialien erzielt werden, die ökologisch positiv beurteilt werden (vgl. S. 137). Der Erfolg von k-Wert-Erhöhungen von Bauteilquerschnitten ist eng mit anderen Energiesparmaßnahmen verknüpft. Dabei ist auch zu beachten, daß die Verdoppelung der Dämmstoffstärke von 5 auf 10, 20 und 40 cm nur zu einer jeweiligen Halbierung der k-Werte führt, nämlich 0,8, 0,4, 0,2, 0,1 W/m^{2}k. Das heißt: immer größerer Aufwand mit immer kleinerem Nutzen. Wichtig ist eine möglichst gleichstarke Dämmung der Gebäudehülle. Auch bei der Berücksichtigung des Energiebedarfs zur Herstellung von Dämmstoffen bleibt die Energiebilanz von Dämm-Maßnahmen positiv. Bei Kunststoffschäumen wird die Bilanz erst bei Einbaustärken über ca. 20 cm negativ. Bei Natur- und Recyclingdämmstoffen wird diese Grenze in der Praxis nicht erreicht;
- Wärmebrücken verringern, indem Fensteranschlüsse, Rolladenkästen, Deckenauflager in der Außenwand, Dachanschlüsse und Außenecken besonders sorgfältig ausgeführt werden. Auf Heizkörpernischen sollte ganz verzichtet werden;

9

- Wärmespeichernde Bauteile einplanen, insbesondere dort, wo eine passive Sonnenenergienutzung beabsichtigt ist;
- Heizquellen mit einer Wärmeabgabe durch Strahlung bevorzugen, weil dadurch die Raumluft kühler und damit die Lüftungswärmeverluste verringert werden;
- an die Luftdichtigkeit von Außenbauteilen keine übertriebenen Ansprüche stellen. Die in unseren Breiten üblichen Konstruktionen sind in der Regel ausreichend dicht. Luftdicht müssen sie nicht sein, denn ein leichter permanenter Luftaustausch zur Abführung von Feuchtigkeit, Geruchs- und Schadstoffen ist erforderlich. Ist der Austausch durch die Bauteile nicht gegeben, werden die Fenster geöffnet, und es geht mehr Wärmeenergie verloren als durch leicht 'undichte' Fugen. Eine mechanische Lüftung mit Wärmerückgewinnung ist nur bei großen Bauvorhaben mit Sondernutzung akzeptabel, jedoch nicht für den Wohnungsbau.

Tabelle 2 *Verbesserung der Dämmwirkung von Öffnungen durch temporären Wärmeschutz*

Verglasung ⟍ Maßnahme		Rolladen Wärmedurchlaß-widerstand 0,12 m² k/W	Klappladen Wärmedurchlaß-widerstand 0,3 m² k/W	Dämmladen Wärmedurchlaß-widerstand 0,7 m² k/W
	k-Wert	k-Wert	k-Wert	k-Wert
4/12/4 Kryptongas	2,9	2,2	1,6	1,0
4/12/4/12/4 Kryptongas	2,2	1,7	1,3	0,9
4/12/4 Kryptongas Infrarotbeschichtung	1,7	1,4	1,1	0,75
4/12/4/12/4 Kryptongas Infrarotbeschichtung	1,5	1,3	1,0	0,7

Tabelle 3 *Gegenüberstellung verschiedener Wärmeschutzstandards*

Bauteil	WSCHVO 1982		WSCHVO** 1992/93		WSCHVO 1994/95 Best.Geb., erstm. Einbau		WSCHVO 1994/95 Best.Geb. Ersatz		Niedrig-energie-haus	
	k-Wert	Däm-mung cm	k-Wert	Däm-mung cm	k-Wert	Däm-mung cm	k-Wert	Däm-mung cm	k-Wert	Däm-mung cm
Außen-wand Kw	0,8-0,6	6- 8	0,5	8-10	0,5	8-10	0,75	6-8	0,2	20
Fenster KmFeq	3,1-2,8	–	0,7***	–	1,8	–	–	–	1,3	–
Dach KD	0,5-0,3	8-12	0,22	12-15	0,3	12	0,4	10	0,15	30
Keller/ Boden KG	0,8-0,6	6- 8	0,35	10-12	0,5	8-10	–	–	0,2	20

* bezogen auf die Leitfähigkeitsgruppe 0,4
** für kleine Wohngebäude bis zu 2 Vollgeschossen, Neubau
*** unter Berücksichtigung der solaren Wärmegewinne

Bautechnische Maßnahmen an Altbauten

In diesem Zusammenhang werden Gebäude betrachtet, die vor 1982 errichtet wurden. Sie entsprechen häufig nicht den aktuellen energetischen Zielen. Insbesondere Gebäude der unmittelbaren Nachkriegszeit bis ca. Ende der sechziger Jahre sind in der Regel im Hinblick auf den Wärmeschutz sanierungsbedürftig. Wesentlich ältere Gebäude haben häufig dicke Wände, deren Material zwar keine besonders hohe Wärmedämmung zugeschrieben wird (Massivziegel), die aber aufgrund der Bauteilstärke Dämm-Maßnahmen auf den Wänden nicht vorrangig erscheinen lassen, zumal bei der zu bevorzugenden Außendämmung das Aussehen der Fassade verändert wird, und das sollte nur akzeptiert werden, wenn das bisherige Erscheinungsbild durch eine veränderte Reliefgestaltung und Farbgebung architektonisch gewinnt.

Bei älteren Gebäuden sind Sanierungen der Fenster meist am effektivsten. Aber Vorsicht: Vor dem Einbau energetisch besserer Fenster sind andere kalte Bereiche, wie Raumecken usw., zu untersuchen und gegebenenfalls dort Dämm-Maßnahmen durchzuführen, um Feuchteschäden von vornherein auszuschließen. Nach der Sanierung der Fenster sind meist auch Dämm-Maßnahmen im Decken- und Dachbereich als wirtschaftlich anzusehen und häufig auch bautechnisch einfach durchzuführen.

Eine einfache, mit raumgestalterischen Absichten gut zu verbindende Maßnahme ist die Korrektur oder die Einführung von Vorhängen aus dickerem Stoff. Wenn man vom Normalfall – Heizkörper unter einer Fensterbank, kein Vorhang – ausgeht, verändern folgende Anordnungen von Vorhängen die Wärmeverluste bzw. -gewinne wie folgt:

- Raumhoher Vorhang vor dem Heizkörper: Wärme wird für den Raum kaum wirksam und geht durch das Fenster direkt verloren. Verlust: +10 %
- Heizkörper unter dem Fenster, jedoch ohne Fensterbank und Vorhang: Wärme steigt vor dem Fenster auf und verliert sich durch die Scheibe. Verlust: +15 %
- Heizkörper unter Fenster und Fensterbank, Vorhang nur über der Fensterbank: Warmluft wird überwiegend für die Raumerwärmung wirksam. Gewinn: +20 %, sofern Vorhang oben und unten dicht anschließt
- Vorhanganordnung zwischen Brüstung/Fenster und Heizkörper, raumhoch: Wärme kommt fast ausschließlich dem Raum zugute. Gewinn: +22 %
- zwei Vorhänge in der Fensternische über der Fensterbank, oben und unten dicht anschließend: Gewinn +25 %.

Bei historisch wertvollen Gebäuden sind Veränderungen der Feuchte- und Temperaturverhältnisse im Inneren als kritisch zu betrachten. Die Folgen z.B. für Holzbalkendecken, Holzvertäfelungen, Putzträger und Putze, alte Malereien und Holzböden sind vorher sorgfältig zu prüfen und in der Planung zu berücksichtigen. Im übrigen gelten für Altbauten die für Neubauten genannten Vorschläge sinngemäß.

Maßnahmen der Betriebstechnik

Neben der Senkung der Durchschnittstemperatur der Räume sind die Verwendung von Wärmeerzeugern mit hohem Wirkungsgrad, z.B. von Brennwertkesseln, die das Wärmepotential des Abgases nutzen, und die Niedrigtemperaturheizungen besonders wirtschaftliche Maßnahmen zur Energieeinsparung. Kessel und Brenner, die älter als 15 Jahre sind und bei denen eine Reparatur ansteht, sollten ausgewechselt werden. Da sie oft überdimensioniert waren, sollten sie auch im Hinblick auf zwischenzeitlich erfolgte Dämmaßnahmen geringer bemessen werden. Als Anhaltswerte können gelten:

- Bei Altbauten und ca. 150 m^2 Wohnfläche: 0,1 kW/m^2 Wohnfläche, das sind 15 kW;
- bei Neubauten und ca. 150 m^2 Wohnfläche: 0,07 kW/m^2 Wohnfläche, das sind 10,5 kW.

Als Begleitmaßnahmen sind alle Leitungen gut zu isolieren und Thermostatventile vorzusehen.

Bei sehr gutem Dämmstandard ist eine kleine Gas-Kombi-Therme (Heizung und Durchlauferhitzer für Warmwasser in einem Gerät) eine kostengünstige Lösung. Damit kann jedoch immer nur eine Zapfstelle gleichzeitig voll mit Warmwasser bedient werden. Ein Speicher wird bei dieser Lösung gespart.

Eine gute Kombination mit der Gas-Kombi-Therme sind Plattenheizkörper mit geringem Wasserinhalt und Fußleistenheizungen, da sie schnell auf den Bedarf reagieren können. Fußbodenheizungen sind in dieser Hinsicht eher ungeeignet.

Ein deutliches Einsparungspotential liegt bei der elektrischen Energie. Vermeidung elektrischer Heizung, Benutzung stromsparender Geräte und Verringerung der Zahl von elektrischen Verbrauchern sind wirkungsvolle Energiesparmaßnahmen.

Zur Ergänzung sollte Abschnitt 3.5 Gebäudetechnik (S. 59) beachtet werden.

Neue Haushaltsgeräte verschiedener Hersteller verbrauchen unterschiedlich viel Strom, alle aber wesentlich weniger als zehn Jahre alte Geräte. Bei jeder eingesparten Kilowattstunde Strom verringert sich der Primärenergieeinsatz im Kraftwerk um drei kWh. Mehrkosten für stromsparende Geräte werden fast immer durch Stromeinsparungen kompensiert. Der Vergleich von Geräten mit sehr hohem und mit niedrigem Verbrauch sieht zur Zeit so aus:

Gerät	Höchster Verbrauch kWh/a	Niedrigster Verbrauch kWh/a
Gefriertruhe bis 300 l	500	150
Gefrierschrank bis 200 l	560	200
Kühlschrank bis 150 l	500	160
Waschmaschine (je 100 Kochwaschvorgänge)	300	180
Wäschetrockner	520	380
Geschirrspüler (je 150 Spülvorgänge)	480	380

Es lohnt sich also, bei Neuanschaffungen von Elektrogroßgeräten auf den Stromverbrauch zu achten. Im übrigen wäre auch zu prüfen, ob überhaupt alles im Haushalt elektrisch betrieben werden muß. Elektrische Eierkocher, Brotschneidemaschinen, Büchsenöffner, Joghurtbereiter usw. erscheinen mir mehr als entbehrlich.

Die Eigentümer kleiner Häuser (ca. 150 m² Wohnfläche) können anhand von Tabelle 4 selbst ermitteln, wie ihr Gebäude unter heizenergetischen Gesichtspunkten zu bewerten ist und ob Verbesserungen sinnvoll sind. Der Maßstab ist der Energieverbrauch in Liter Heizöl/m² und Jahr.

Bei den berechtigten und notwendigen Bemühungen, Energie einzusparen, muß vor einseitigen Übertreibungen gewarnt werden. Perfektionsmentalität, gekoppelt mit einer Übertechnisierung der Gebäude, ist abzulehnen. Eine möglichst natürliche Lüftung ist sicherzustellen, und die Gesundheitsrelevanz der eingesetzten Komponenten muß berücksichtigt werden.

Tabelle 4 *Checkliste Energiesparmaßnahmen*

Gruppe	Verbrauch l Öl/m² WFl u. Jahr	Gebäudetyp	Maßnahmen
1	23 – 28	Ältere Gebäude, insbesondere der fünfziger und sechziger Jahre	Unbedingt sanieren
2	15 – 22	Gebäude, die im wesentlichen der Wärmeschutzverordnung entsprechen, also nach 1982 errichtet wurden	Sanieren. Möglichst in Verbindung mit aus anderen Gründen erforderlichen Maßnahmen. Sehr sorgfältige Planung und Wirtschaftlichkeitsermittlung erforderlich
3	10 – 15	Gebäude, die dem Schwedenstandard von 1980 entsprechen. Dämmung Wand = 10-12 cm Dammung Dach = 15 cm	Sanierungsmaßnahmen zur Steigerung der Dämmung sind nicht sinnvoll. Bei Neubauten Standard anstreben, wenn negative Begleiterscheinungen vermieden werden können.
4	5 – 10	Niedrigenergiehäuser. Experimenteller Wohungsbau mit Superdämmung und kontrollierter mechanischer Lüftung Dämmung Wand = 20 cm Dämmung Dach = 30 cm	Der technische Aufwand und die negativen Begleiterscheinungen lassen dieses Niveau nicht als erstrebenswert erscheinen.

1.4 Recycling, Wiederverwendung

Die Abfallmengen nehmen deutlich zu. Die Entsorgungsmöglichkeiten halten mit dem Bedarf nicht Schritt. Es fehlt in Ballungsräumen an Deponiekapazität. Der Mülltourismus weitet sich aus. Die Entsorgung im Ausland wird deutlich schwieriger oder ist unmöglich geworden. Verklappung oder Verbrennung auf See sind oder werden in Kürze eingestellt. Die Folge ist, daß die Kosten für die Entsorgung einer Tonne Abfallstoffe von gegenwärtig um 100,– DM kurzfristig um das drei- bis vierfache steigen werden. Müllverbrennungsanlagen fehlen und sind in ihrer Funktion umstritten. Die Rückstände aus diesen Anlagen, Filterstäube und die Verbrennungsrückstände (rund ein Drittel des ursprünglichen Müllvolumens) müssen teilweise als Sondermüll entsorgt werden. Fachleute schätzen, daß zu den gegenwärtig betriebenen 74 Verbrennungsanlagen noch 30-40 hinzukommen müssen. Die Genehmigungsverfahren dafür werden jedoch wegen fehlender Akzeptanz in der Bevölkerung immer schwieriger.

Das Abfallgesetz vom 27. August 1986 gibt der Vermeidung und Wiederverwertung von Abfällen erste Priorität. In der Praxis aber greift das noch nicht.

Es fehlt an Aufklärung, an wirtschaftlichen Verfahren und an finanziellen Anreizen.

Der Entwurf eines Abfall-Abgaben-Gesetzes (6/1993) sieht für die Zukunft neben der Deponieabgabe zusätzlich eine Vermeidungsabgabe von 100,– DM/t vor. Damit wird der Druck auf die Bauwirtschaft verstärkt, Bauabfälle von vornherein zu reduzieren. Einige Kommunen, wie München und Essen, nehmen Bauabfälle auf eigenen Deponien nur noch dann an, wenn eine Bescheinigung von einem Recyclingunternehmen vorgelegt wird, in der bestätigt wird, daß eine Verwertung nicht möglich ist.

Unsere Baustoffressourcen werden in einigen Regionen schon knapp, die zu ihrer Herstellung notwendigen Energien sind beträchtlich. Es ist also auch aus diesen Gründen erforderlich, alle Recyclingmöglichkeiten zu nutzen.

Definitionen

Recycling: Gebrauchte Stoffe und Abfälle werden nach einer physikalischen und/oder chemischen Aufbereitung als Rohstoffe in neuen Produkten erneutem Gebrauch zugeführt.

Wiederverwendung: Gebrauchte Bauteile werden gereinigt, eventuell repariert und im übrigen ohne Veränderung ihrer stofflichen Zusammensetzung wieder eingebaut.

Bei der Betrachtung der Zusammensetzung des gesamten Müllvolumens fällt *4* der enorm hohe Anteil an Bodenaushub und Bauschutt bzw. Straßenaufbruchmaterial auf. Zusammen ergeben diese Posten etwa 50 Prozent der Gesamtmenge. Das heißt, eine wirkungsvolle Reduzierung dieser großen Posten würde die Entsorgungsproblematik insgesamt deutlich verringern. Die Bauwirtschaft ist also aufgerufen, nach Wegen zur Verringerung der zu beseitigenden Aushub- und Abbruchmaterialien zu suchen. Dazu einige Vorschläge, die sich teilweise in eigener Verantwortung auf der Bau- oder Abbruchstelle realisieren lassen.

Bodenaushub und Straßenaufbruch

– nicht mehr ausheben als zwingend erforderlich;
– die Höhe des Eingangsgeschosses so ausrichten, daß Aushub und Anschüttung am Gebäude ähnliche Größen ergeben;
– Aushubmaterial, falls möglich und erforderlich, durch Beimischung z.B. von Kies verbessern und wieder einbauen;
– Gelände mit Erdaushub neu modellieren;
– Verkehrs- und Erschließungsplanung durch die Beeinflussung von Höhenlagen und Trassenführung „aushubsparend" durchführen;

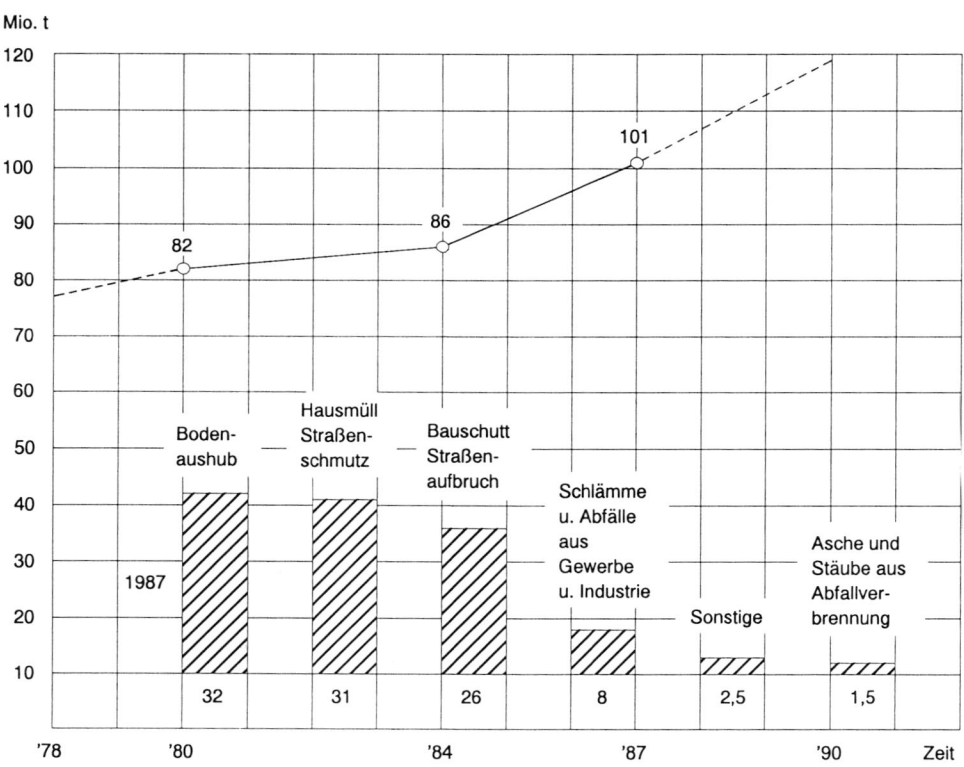

Bild 4 1. Obere Darstellung: Müllvolumen der öffentlichen Müllentsorgung in Mio t. 1980-1987
2. Untere Darstellung: Zusammensetzung des Mülls in Mio t. 1987

– der Straßenaufbruch kann heute schon durch Aufbereitung vor Ort, sozu-
sagen in einem Arbeitsgang, wieder für die neue Straßendecke eingebaut
werden. Geeignete Maschinen sind bereits in Gebrauch.

Bauschutt

Er setzt sich zusammen aus Baustellenreststoffen und aus Abbruchmaterialien. Zu den Baustellenabfällen gehören Verpackungsmaterialien, wie Folien,
Schaumstoffe, Pappe, Papier, Metallbänder usw., sowie Restmaterialien, wie
Kleber, Dichtungsmaterialien, Bitumen, Lacke/Farben, Oberböden, Deckenplatten, Dämmstoffe, Beton- und Mörtelzusatzstoffe, Kunststoffabfälle usw. 5

Zur Zeit ist eine umfassende Wiederverwendung oder Aufbereitung dieses
Stoffgemisches nur in Ansätzen erkennbar. Im Hinblick auf eine sichere De- 6
ponierung bzw. eine in absehbarer Zeit mögliche Wiederaufbereitung einzelner
Stoffe sollten schon jetzt die Abfälle getrennt gesammelt werden. Das geschieht entweder dadurch, daß die Firmen schon im Auftragsleistungsver-
zeichnis zur getrennten Sammlung verpflichtet werden oder der Bauherr Container dafür bereitstellt.

Abbruchmaterialien sind in der Regel ein Gemisch aus traditionellen Bauma- 7
terialien wie Mauerwerk, Beton, Stahl, Holz, Putz, Estrich usw., sowie Ausbau-
und Installationsmaterialien. Das Abbruchmaterial neuerer Gebäude steuert
dann noch eine große Zahl von Verbundkonstruktionen und Kunststoffen aller
Art bei. Diese Stoffgemische können nur mit großem Aufwand oder gar nicht
in ihre Grundbestandteile getrennt werden. Das aber ist eine Voraussetzung
für ein Recycling mit kalkulierbarem Umweltrisiko. Äußerst problematisch erscheinen jedoch die Verfahren, die z.B. Kunststoffgemische mit Bindemitteln
zu neuen Bauteilen verarbeiten. Ihre Gesundheitsrelevanz ist nicht mehr einschätzbar. Das Gebäude darf nicht zur 'Deponie' werden. Die für die Bauaufsicht relevanten Bauteile werden im Hinblick auf ihre Gebrauchstauglichkeit
von Materialprüfungsanstalten überwacht. Ihre Gesundheits- und Umweltrelevanz spielt jedoch dabei kaum eine Rolle. Die anderen Bauteile, insbesondere
die des Ausbaues, der festen Einrichtung und der Außenanlagen unterliegen
keiner Überwachung.

Recyclingverfahren

Für einige Stoffgruppen existieren gegenwärtig folgende technisch anwend-
bare Recyclingverfahren, die jedoch nur teilweise wirtschaftlich einsetzbar
sind:
– mineralische Baustoffe, die wie Rohbaumaterialien und zusammen mit
ihnen aufbereitet werden können (Mauerwerk und Beton);

Bild 5 Die übliche Zusammensetzung der Baustellenreststoffe: Kunststoffbehälter, Styropor, Folien, Blechbüchsen, Holz, elektrische Leitungen, Steine, Betonreste, Mörtel, Kunststoffbänder, Pappe, Papier, Betonstahlabschnitte

Bild 6 Folienorgie auf einer Baustelle. Auch wetterunempfindliche Massenbaustoffe wie Steine werden in einem „Frischhaltebeutel" angeliefert.

Bild 7 Sammelcontainer für alle Baustellenreste: Holz, Kunststoff, Kabel, Dachpappe, Blech, Steine, Mörtel, Farbdosen und Dämmaterial

- Holz und Holzwerkstoffe, die, zerkleinert, zerspant oder zerfasert, Stoffe für verschiedene neue Produkte liefern können, von denen einige wieder im Ausbaubereich einsetzbar sind (z.B. Spanplatten, faserbewehrte Platten);
- Gasbetonbaustoffe, die als Granulate zu Schüttdämmstoffen aufbereitet oder wieder in die Produktion neuer Bauteile integriert werden können;
- sortenreine Kunststoffe aus Produktionsrückständen, wenn sie ohne Fremdbeimischungen wieder der Rohstoffindustrie zugeführt werden können;
  nicht sortenreine Kunststoffe mit überwiegend thermoplastischen Anteilen, die durch Zerkleinerung und Plastifizierung zu Preßformteilen oder Granulaten aufbereitet werden;
- Polystyroldämmstoffe, die nach der Zerkleinerung als Porosierungsmittel eingesetzt werden können, ebenfalls unter der Voraussetzung eines separaten, sortenreinen Abbaus und funktionierender Handelsketten;
- Metalle, deren Rückführung über den Schrotthandel und Wiederverwendung seit langem Stand der Technik ist.

(Quelle: W. Willkomm, *Recyclingverfahren für Ausbaumaterialien*, [6].*

Eine entscheidende Voraussetzung für den Einsatz dieser Verfahren ist die Trennung der Stoffe. Sie sollte nach folgenden Materialgruppen erfolgen:
- Mineralische Stoffe, wie Steine, Mörtel, Putze, Beton, Dachziegel;
- Holz, wie Balken, Bretter usw., jedoch keine Spanplatten;
- Metalle, insbesondere Stahl. Eventuell sollten NE-Metalle getrennt gesammelt werden;
- Kunststoffe, wie Folien, Schäume, Oberböden, Rohre, Bitumen, Lack-Farben-Kleberreste (in der Regel Sonderabfälle).

Dabei muß beachtet werden, daß die Getrenntsammlung zusätzliche Arbeitsstunden erfordert. Man kann mit drei Stunden à 50,– DM für einen Container mit 10 m^3 rechnen.

Wiederverwendung

Ökonomischer als das Recycling ist das Wiederverwenden von einmal mit viel Aufwand hergestellten Materialien und Teilen. Denn Recycling bezieht sich auf Baustoffe, die Wiederverwendung jedoch auf Bauteile. Das heißt, es wird der Arbeitsprozeß Herstellung von Bauteilen aus Baustoffen eingespart (s. Bild 41, S. 86). Voraussetzung sind ein vorsichtiger Ausbau von Hand und eine geordnete Zwischenlagerung. Eine praxisorientierte Katalogisierung sowie eine technische, in Einzelfällen auch chemische Untersuchung müssen sich anschließen. Viele Bauteile sind erst nach einer Reinigung oder einer Reparatur wiederverwendbar. Der Aufwand dafür kann erheblich sein. Folgende Bauteile sind für eine Wiederverwendung grundsätzlich geeignet:

---

* Ziffern in eckigen Klammern verweisen auf das Literaturverzeichnis im Anhang.

- Treppen oder Treppenstufen, Fenster, Türen, Geländer, Zäune, Oberlichter, Gewände; Böden aus Keramik, Naturstein und Holz; Stützen aus Gußeisen, Stahl, Holz; Balken, Träger, Fensterbänke, Dachziegel
- Geräte und Maschinen der technischen Gebäudeausrüstung wie Heizkessel und Nebenaggregate, z.B. Pumpen, Elektroverteiler, Schaltschränke, Rohrleitungen, Heizkörper, Öfen, Lampen, Sanitäreinrichtungsgegenstände und Armaturen. Allerdings sind hier zwei Einschränkungen zu nennen: Zum einen sind Ersatzteile für notwendige Reparaturen häufig nicht zu bekommen, zum anderen entsprechen z.B. alte Heizkessel nicht mehr heutigen Anforderungen an einen wirtschaftlichen, energiesparenden Betrieb.

In einigen Kommunen, z.B. Berlin und Bremen, sind Bauelementelager eingerichtet worden, in denen die Teile aufbereitet und systematisch geordnet, gelagert bzw. verkauft werden. Welche Besonderheiten bei der Wiederverwendung beachtet werden müssen, mögen folgende Beispiele zeigen:

- Eine sinnvolle Wiederverwendung von Mauersteinen setzt eine Prüfung (mindestens eine gesicherte Einschätzung) der technischen Qualität, z.B. der Tragfähigkeit, voraus. Eine Werkstoffeinzelprüfung kostet mindestens 600,– DM und Zeit. Alternativ könnten alte Steine nur im gering belasteten Mauerwerk eingesetzt werden.
- Holzbauteile, wie Balken und Bretter, sollten, sofern ein Verdacht auf Holzschutzmittelbehandlung besteht, im Labor auf PCP bzw. Lindanverbindungen untersucht werden.
- Bei der Verwendung von Mauerwerksbruch zur Herstellung von Beton oder neuen Steinen bildet der Putzanteil (Gipszusatz) ein Problem.
- Neuer Beton mit Beimischung von Altbeton als Zuschlag hat eine verringerte Druckfestigkeit bis zu 20 %. Die DIN 4226 berücksichtigt Altbeton als Zuschlagstoff nicht.

Einige Beispiele für die Wiederverwendung durch Umnutzung von Bauteilen, d.h. für den Einsatz an anderer Stelle:

- Treppenstufen, die wegen Abnutzung der vorderen oberen Kante unbrauchbar geworden sind, werden herausgetrennt, gewendet und mit der Unter- bzw. Rückseite nach oben bzw. vorne als Fensterbank eingebaut.
- Treppenstufen und Treppenwangen können als Fenstergewände – gewendet, wie zuvor beschrieben – eingesetzt werden. Sie sind dann auch z.B. zur Befestigung innerer Energiesparklappläden bestens geeignet.
- Sparren und Pfetten können als Konstruktionshölzer für leichte Trennwände dienen.
- Bretter aller Art sind als Blindboden in den Deckenfeldern von Holzbalkendecken einsetzbar.
- Teppichböden dienen als Rieselschutz in Holzbalkendecken, oder – doppelt gelegt – als Trennlage unter schwimmendem Estrich.
- Biberschwanzziegel bilden zusammen mit kleinen quadratischen Füllkacheln einen attraktiven Boden.

– Keramische Platten und Natursteinplatten können, richtig geplant, in jeder Mischung einen interessanten Bodenbelag bilden, der darüber hinaus das Privileg hat, einmalig zu sein.

In Zukunft müssen schon in der Planung folgende Gesichtspunkte berücksichtigt werden:

– Es sind möglichst langlebige Teile und Stoffe zu verwenden. Damit wird der Zeitpunkt des Abbruchs hinausgeschoben, die Deponieräume werden entlastet, und es wird Zeit gewonnen für die Entwicklung und Einführung von Recyclingverfahren;

– bei der Auswahl der Baumaterialien müssen die spätere Wiederverwendung, Aufbereitung oder Entsorgung ein wichtiges Entscheidungskriterium bilden; Verbundbaustoffe sind zu meiden;

– es sind auch unkonventionelle Lösungen zu suchen, z.B. die kostenlose Abgabe von brauchbaren Bauteilen bei größeren Sanierungen und Abbrucharbeiten an Privatpersonen, Selbsthilfegruppen und sonstige Institutionen.

Dazu einige Beispiele von Teilen, die ohne oder mit geringem Aufwand auch von Laien für eine Wiederverwendung hergerichtet werden können:

Gehwegplatten, Randsteine, Balken und Bretter, Türen, Fenster, leichte Trennwandelemente, Deckenplatten, Einbaumöbel, Treppenstufen, Natursteingewände, Parkettböden, Gitter und Geländer, Lampen, Stahlträger usw.

Das heißt zusammenfassend für die Zukunft:

– Recyclinggerecht planen, bauen und renovieren –

Vorschläge zur Förderung des Recyclings

Seit kurzem ist die Verwendung bereits benutzter Bauteile auch nach den Regelungen der VOB möglich. In der DIN 18299, Entwurf 2.92 heißt es unter 2.3.12: „Wiederaufbereitete (Recycling-) Stoffe gelten als ungebraucht, wenn (weiter unter 2.1.3) sie für den jeweiligen Verwendungszweck geeignet und aufeinander abgestimmt sind."

Die häufig nicht den aktuellen Normen entsprechenden Eigenschaften gebrauchter Materialien müssen rechtzeitig planerisch berücksichtigt werden. Architekten und Ingenieure müssen durch Zusatz- und Ausgleichsmaßnahmen die Gesamtfunktion aktuellen Erfordernissen anpassen. Tragende Bauteile wird man geringer belasten, als es ihrem Querschnitt und dem Material entspricht. Mit einer zweiten, innenliegenden Fensterebene lassen sich der Schall- und Wärmeschutz einfach verglaster Sprossenfenster entscheidend verbessern. Grundsätzlich ist Flexibilität bei Bauherren und Planern erforderlich, um z.B. während des Bauprozesses noch neue Fenster- und/oder Türmaße zu akzeptieren. Daß ein solcher Umstand jedoch auch gestalterische Chancen bietet, erfährt jeder, der sich auf einen solchen spannenden Prozeß einläßt.

- In Leistungsverzeichnissen ist die Verwendung gebrauchter Stoffe zu fordern;
- Recyclingbaustoffe müssen genormt werden (die Niederlande haben auf europäischer Ebene einen entsprechenden Normungsantrag gestellt);
- die Deponiegebühren für sortenreinen Schutt sollten deutlich niedriger sein als für Mischschutt;
- auf Deponien könnte eine Mengenbegrenzung für Mischschutt eingeführt werden;
- anwendungsbezogene Forschung und Pilotprojekte müssen stärker gefördert werden. Dabei sollten die Erfahrungen der neuen Bundesländer mit einbezogen werden;
- Informationsketten zwischen Materialanbietern, Verarbeitern und Verwendern müssen enger geknüpft werden;
- Bemühungen einiger Industrie- und Handelskammern und Abbruchunternehmen, Materialbörsen einzurichten bzw. zu erweitern, sollten finanziell gefördert werden.

Die Zielfestlegungen der Bundesregierung enthalten folgende Steigerungsraten bei der Verwertung bis 1995:
- Bauschutt, von 20 auf 60 Prozent
- Baustellenabfälle, von 0 auf 40 Prozent
- Erdaushub, von 45 auf 70 Prozent
- Straßenaufbruch, von 69 auf 90 Prozent.

Diese Ziele zu erreichen, bedarf es noch erheblicher Anstrengungen.

Auskünfte über Verwerterbetriebe findet man im *Handbuch der Verwerterbetriebe für industrielle Rückstände* [4].

Die rechtliche Problematik bei der Verwendung gebrauchter Bauteile [3]

Bauordnungsrecht

Nach den Landesbauordnungen (LBO) der Länder (§ 3 u.a.) müssen bauliche Anlagen so beschaffen sein, daß die öffentliche Sicherheit oder Ordnung, insbesondere Leben und Gesundheit nicht gefährdet werden. Dazu müssen Bauteile und Baustoffe bestimmten Merkmalen entsprechen, um den Sicherheitsanforderungen an Standsicherheit, Brand-, Feuchtigkeits-, Wärme-, und Schallschutz zu genügen. Der Nachweis, daß diese Merkmale erfüllt werden, ist für recycelte Bauteile in der Regel nicht ohne weiteres zu führen. Insofern bleibt eine rechtliche Unsicherheit bestehen.

Privatrecht

Der Verkäufer
Derjenige, der Bauteile ausbaut, reinigt, eventuell repariert, lagert und dann verkauft, muß eine gewisse Gewährleistung für die Qualität der Teile übernehmen. Dazu gehören eine fachkundige Einschätzung, Messung oder auch Berechnung. Ein wirklich sicheres Urteil ist jedoch häufig damit nicht zu gewinnen.

Der Verwender
Das ist in der Regel ein Bauunternehmer, der recycelte Teile kauft und anstatt neuer einbaut. Er soll gegenüber dem Auftraggeber eine Gewähr dafür übernehmen, daß seine Leistung mangelfrei ist und den anerkannten Regeln der Technik entspricht (VOB-Vertrag). Auch gutwillige Firmen werden dabei zögern und versuchen, sich wenigstens teilweise von der Haftung freizustellen.

Der Besteller
Der Architekt erteilt in Einvernehmen mit dem Bauherren den Auftrag an eine Baufirma. Sollen recycelte Bauteile verwendet werden, hat der Planer zu prüfen, ob die von ihm vorgeschlagenen oder von der Firma angebotenen Teile den neuen gleichwertig sind, ob Qualitätsabstriche zu erwarten sind und ob die Teile ihre vorgesehene Funktion erfüllen können. Die dabei zu fällenden Entscheidungen müssen mit dem Bauherren abgestimmt und möglichst schriftlich festgehalten werden. Dazu gehört eine umfassende Aufklärung der Bauherren durch den Planer über die Risiken, die mit dem Einbau recycelter Teile verbunden sind, z.B. Funktionseinschränkung, ein anderes Erscheinungsbild oder geringere Nutzungszeiten.

Der Auftraggeber
Der Bauherr muß mit den alten Bauteilen in seinem Haus leben. Ihm muß klar gemacht werden, was das im Einzelfall bedeutet. Der Einbau einer historischen Holztreppe kann einen hohen ästhetischen und raumgestalterischen Reiz haben. Dafür ist möglicherweise in Kauf zu nehmen, daß die Stufen schon etwas ausgetreten sind, das Geländer geflickt werden mußte und das Knarren beim Begehen nicht abzustellen ist.

Fazit
Die Beschreibung der Probleme für die Beteiligten zeigt, daß nicht einer allein das Risiko für die Verwendung bereits gebrauchter Bauteile tragen kann. Vielmehr ist die gerechte Verteilung der Risikolast erforderlich. Voraussetzung dafür ist, daß alle am Bauprozeß Beteiligten bereit sind, den ihnen jeweils spezifisch zuzuordnenden Verantwortungsbereich zu übernehmen. Abgesichert wird das Verfahren durch genau auf den Einzelfall bezogene, schriftlich fixierte Freistellung von Teilen der Gewährleistung. Sofern es sich um wichtige Bauteile handelt, könnte eine Absicherung auch über Versicherungsleistungen erfolgen: Eine gewisse technische und rechtliche Unsicherheit wird jedoch 8 vorläufig noch bleiben, und es ist die Sache der Bauherren, diese zu tragen.

Herstellung
- Ort der Grundstoffgewinnung
  - Veränderung des Landschaftsbildes
  - Grundwasserabsenkung
  - Rekultivierung
  - Neue Nutzung
- Produktion
  - Schadstoffemission
  - Energieumsatz
  - Reststoffbeseitigung
- Energiebedarf
  - Energiegewinnung
  - Energiekosten
  - Auswirkungen auf die Landschaft
  - Schadstoffemissionen
  - Reststoffbeseitigung (Kraftwerkgips)

Nutzung
- Ästhetische Wirkung
  - Formen
  - Farben
  - Proportionen
  - Gestaltwechsel
- Psychologische Wirkung
  - Geborgenheit
  - Sicherheit
- Behaglichkeit
  - Temperatur
  - Luftfeuchtigkeit
  - Elektromagnetische Strahlung
- Haptische Wirkung
  - Oberflächengriffigkeit
  - Form
- Freisetzung von Schadstoffen
  - Chemische Substanzen
  - Fasern
  - Radon

Entsorgung
- Bauschutt (Recycling)
  - Massenproblem
  - Separierung
  - Aufbereitung
  - Verteilung, Transport
  - Kosten
- Bauelemente (Wiederverwendung)
  - Ausbau, Lagerung
  - Reinigung, Reparatur
  - Transport
  - Kosten
  - Vorschriften (VOB)
- Reststoffe
  - Hausmülldeponie
  - Sondermülldeponie
  - Verklappung und Verbrennung auf See
  - Kläranlagen, Vorfluter
  - Abluft

Bild 8 *Der Weg der Baustoffe*

2 Kriterien der Behaglichkeit

In Mitteleuropa halten sich die Menschen zu etwa 90 Prozent der Zeit in Gebäuden auf. Die Qualität der gebauten Hülle hat also einen entscheidenden Einfluß auf das Wohlbefinden. Dabei sind für jeden leicht nachvollziehbare Merkmale, wie z.B. die Raumtemperatur, ebenso wie schwer oder gar nicht ohne weiteres erkennbare Merkmale, wie Feuchte oder Radioaktivität, zu berücksichtigen. Behaglich fühlt sich der Mensch in Gebäuden, in denen die nachfolgend beschriebenen Kriterien möglichst optimal erfüllt sind. Dabei sollte aber nicht außer acht gelassen werden, daß die hier nicht zu behandelnden soziologischen und psychologischen Faktoren von größerer Bedeutung sein können als die Qualität der gebauten Hülle.

Das gilt auch für Folgen der Nutzung der Räume. Beispielsweise kann der Formaldehydgehalt der Luft eines mittelgroßen Raumes durch das Rauchen von 15 Zigaretten pro Stunde über den Richtwert von 0,1 ppm ansteigen.

Im Grundsatz gilt, daß naturnahe Verhältnisse jedem wie auch immer künstlich optimierten Zustand vorzuziehen sind. Beispielsweise ist die sehr unterschiedlich wirksame natürliche Raumlüftung über Fensterundichtigkeiten und sporadische Stoßlüftung einer gleichmäßig gesteuerten künstlichen Lüftung vorzuziehen. Denn zur Natur des Menschen gehört auch die Fähigkeit, sich unterschiedlichen Raumluftzuständen anzupassen. Die Forderung nach Anpassung hält den Organismus leistungsfähig und damit gesund. Optimierte Heizungssteuerungen sind also nicht zwingend, sie dienen lediglich der Bequemlichkeit.

Die Forderungen im einzelnen:

2.1 Die Luft

- *Schadstoffarm,* durch die Wahl möglichst natürlich belassener Baustoffe und Vermeidung solcher künstlichen Materialien, die im Verdacht stehen, Schadstoffe zu emittieren;
- *sauerstoffreich,* durch einen zwei- bis dreifachen Luftwechsel/Stunde;
- *mit natürlicher Ionisation,* durch Vermeidung der Veränderung der elektrischen Ladung der Sauerstoffmoleküle, wie das z.B. beim Durchströmen der Luft durch metallene Geräte und Kanäle geschehen kann;
- *mit reduzierter Luftbewegung,* durch Begrenzung der für den Luftaustausch erwünschten Undichtigkeiten von Fenstern, Türen, Dachausbauten usw.;
- *mit wechselnden Verhältnissen,* durch Vermeidung künstlich optimierter Gleichförmigkeit der Einzelmerkmale.

2.2 Die Temperatur

– *Strahlungswärme bevorzugen,* d.h. Heizquellen einsetzen, die Wärme über Strahlung und nicht über Konvektion (Lufterwärmung) abgeben;
– *Temperaturwechsel anstreben,* zeitlich, aber auch von Raum zu Raum, individuell steuerbar;
– *Oberflächentemperaturen* der äußeren Umfassungswände durch gute Wärmedämmung auf möglichst hohem Niveau halten;
– *Wärmespeicherung* durch schwere Bauteile herbeiführen und damit das sogenannte Barackenklima (Heizung an – Raum ist warm, Heizung aus – Raum ist kalt) vermeiden. Wärmespeicherung führt auch zum Abbau sommerlicher Wärmespitzen durch Phasenverschiebung der Temperatureinflüsse.

2.3 Die Feuchte

– *Luftfeuchte* zwischen 45 und 55 Prozent anstreben;
– *Feuchteregulierung* durch natürliche Ausbaustoffe mit offenporigen Oberflächen, molekularem Gasaustausch durch diffusionsoffene Außenbauteile und Lüftung z.B. durch undichte Fensterfugen;
– *Naßräume* nur im Spritzbereich fliesen, sonst Kalkputz als Feuchtepuffer verwenden;
– *Kondensationsflächen,* z.B. durch Einfachverglasung schaffen. Damit kann das Eindringen von Feuchte in empfindliche Bauteile gezielt vermieden werden. Dadurch wird jedoch ein erhöhter Energieabfluß durch das Fenster provoziert, d.h. diese Methode muß auf spezifische Einzelfälle beschränkt bleiben.

2.4 Der Geruch

Viele Baustoffe geben während der Bauzeit und einige Zeit danach einen unangenehmen Geruch ab. Innerhalb eines halben Jahres nach der Fertigstellung des Gebäudes ist das aber kaum noch spürbar. Einige Materialien jedoch geben noch sehr lange Geruchsstoffe ab; dazu gehören Kleber, künstliche Oberbodenmaterialien, Anstriche usw., aber auch Textilien und Möbel. Diese Belästigung kann entscheidend reduziert werden, wenn absorptionsfähige Materialien, die Gerüche neutralisieren, in ausreichendem Umfang mitverwendet werden. Dazu gehören: Holz ohne Oberflächenversiegelung, Kalkputz, Sichtmauerwerk aus Steinen geringer Dichte und Teppiche aus Wolle ohne synthetische Zusatzausrüstung. Einen positiven Einfluß haben auch Oberflächenbehandlungen mit natürlichen Materialien mit ausgeprägtem Eigengeruch, wie Bienenwachs, Naturharze und Öle.

Die hier geschilderten Überlegungen sollten insbesondere dort berücksichtigt werden, wo von der Nutzung her mit einer permanenten Geruchsbelästigung zu rechnen ist, z.B. in Küchen, Toiletten, Labors, Werkstätten usw.

2.5 Die Radioaktivität

Inwieweit radioaktive Strahlung und Radonbelastung aus Baumaterialien auch die Behaglichkeit beeinflussen, ist umstritten. Sicher ist jedoch die Gesundheitsrelevanz, sofern eine längerfristige Beeinträchtigung vorliegt. Darum sind Baustoffe mit einer erhöhten Eigenstrahlung bzw. Radonemission zu meiden (vgl. Kap. 4 und 5).

2.6 Natürliche Strahlungen

Die biologischen Systeme der Erde sind im Laufe der Entwicklung an ihr jeweiliges Strahlungsklima angepaßt. Das heißt, die Abschirmung von der natürlichen Strahlungssituation kann zu gesundheitlichen Beeinträchtigungen führen. Es sind also möglichst Bauweisen zu wählen, die gegenüber natürlicher Strahlung, insbesondere der kosmischen Strahlung, keine Abschirmung darstellen. Dazu gehören beispielsweise Ziegeldächer auf Holzdachstühlen und Holzdecken ohne metallene Dampfbremsen vor Dämm-Materialien. Je dichter ein Stoff, desto höher seine Abschirmung (vgl. Tabellen Kap. 5, Spalte 3).

2.7 Form, Struktur, Farbe

Dieses Thema ist innerhalb des ökologischen Bauens besonders umstritten, denn die Übergänge zu Kunst, Philosophie und Ästhetik sind fließend. Hier handelt es sich um ein Kapitel, das sich nicht aufdrängt, das entdeckt werden will, das sich im vollen Umfang nur im Selbststudium und im Selbstzweifel erschließt.

Der Mensch ist den Wechsel von Tag und Nacht, Schlafen und Wachen, Rhythmus, Pendelbewegung, Bewegung und Stillstand, Verzögerung und Beschleunigung gewöhnt. Das gilt für das Licht (hell-dunkel), die Temperatur (warm-kalt), die Akustik (Dämpfung-Reflexion) und die Raumgestalt (eng-weit, hoch-niedrig).

Darum ist Gleichförmigkeit Gift.

Dazu einige Grundsätze:

– Keine willkürlichen oder bewußt spektakulären Formen;
– keine modischen Tendenzen, sondern Formen aus der Nutzung ableiten und künstlerisch gestalten;
– Streben nach Einheitlichkeit im Gesamtbild, in dem Aufmerksamkeitsimpulse vermeiden, daß die Grenze zur Monotonie überschritten wird.
– Proportionswechsel (Raumhöhen variieren);

- eindeutige, überschaubare Raumformen, keine willkürlich zerrissenen Grund- und Aufrisse, Geborgenheit für Sitzgruppen anstreben (Höhlensyndrom);
- der aufrecht strebende ist dem niedrig lastenden Raumeindruck vorzuziehen;
- kontrastreiche Belichtung, die möglichst Intensitätsschwankungen unterliegt;
- Reliefgestaltung der Umschließungsflächen zur Verbesserung der räumlichen Wahrnehmung;
- ausreichende Schallreflexion zur Wahrnehmung der Umwelt und der eigenen Sprache (keine überzogene Schalldämpfung);
- Wiederbelebung handwerklich geprägter Formen, Konstruktionsdetails und Oberflächen mit haptischen Qualitäten, die durch Hände und Füße ertastbar sind. Dazu eignen sich in der Regel nur naturbelassene Materialien;
- Nutzung der Materialeigenfarben, insbesondere der Naturbaustoffe. Wertvolle Anregungen zur Farbwirkung gibt die anthroposophische Farbenlehre.

Über 1000 Funkwagen

3 Die Planung

3.1 Bauleitplanung, Baugenehmigungsverfahren

Die Berücksichtigung ökologischer Belange muß sich auf alle Ebenen der Planung beziehen. Sie beginnt schon bei den Raumordnungsplänen, den Wirtschaftsentwicklungs- und Wirtschaftsförderungsplänen und wird in der Bauleitplanung der Gemeinden für jedermann deutlich.

Bauleitplanung

In einer zeitgemäßen Planung sind die natürlichen Ressourcen Boden, Wasser, Luft und Energie zu schonen. Den Menschen ist eine naturnahe, schadstoffarme Umwelt zu erhalten oder wieder zu schaffen. Dazu ist ein Bündel von Einzelmaßnahmen erforderlich:

- Der Flächenverbrauch ist weitgehend einzuschränken. Das gilt sowohl für Hochbaumaßnahmen als auch für Infrastrukturmaßnahmen. Wege dazu sind die Verdichtung der Stadträume durch intensivere Nutzung der Grundstücke und Gebäude, die Revitalisierung brachliegender Flächen und die Reduzierung neuer Bauwünsche;
- die Funktionsmischung von Gewerbe, Handel, Wohnen, Verwaltung, Freizeitaktivitäten und Kommunikationseinrichtungen ist immer wieder neu zu durchdenken und zu optimieren. Dabei müssen Emissions- und Immissionsprobleme angemessen berücksichtigt werden;
- stärker als in der Vergangenheit sind Einflüsse auf Flora und Fauna zu beachten. Eine angemessene, räumlich zusammenhängende Durchgrünung ist unverzichtbar. Damit wird sowohl das Kleinklima der Stadt günstig beeinflußt als auch ein Lebensraum für viele Tierarten geschaffen;
- die Versiegelung des Bodens ist zu minimieren. Vorhandene dichte Oberflächen auf Straßen, Wegen, Plätzen und Höfen können aufgebrochen und versickerungsfähig neu angelegt werden. Bei neuen Planungen ist auf Versiegelung weitgehend zu verzichten bzw. durch Begrünung von Gebäuden auszugleichen (vgl. Abschnitt 3.4, S. 43). Förderungsmaßnahmen einiger Landesregierungen zeigen erste positive Wirkungen. Unsere Städte werden grüner;
- in den Gemeinden sind Altlasten im Boden zu ermitteln und zu bewerten. Die Ergebnisse müssen in Altlastenkatastern, für die Planung aufbereitet, festgehalten werden. Alle Planungen müssen die Aussagen der Kataster berücksichtigen;

– alle relevanten Maßnahmen in der Bundesrepublik müssen seit Sommer 1990 einer Umweltverträglichkeitsprüfung unterzogen werden. Die Entwicklung der nächsten Jahre wird zeigen, ob dieses schwierig zu handhabende neue Instrument, das in viele Verwaltungsvorgänge eingreift, wirklich zu erkennbaren Verbesserungen führt.

Baugenehmigungsverfahren

Bei der Prüfung von Bauvorhaben sind auch umweltrelevante Kriterien regelmäßig zu prüfen. Die Prüfinhalte können in sechs Gruppen eingeteilt werden.

1 Luftqualität und Klimawirkung
Dazu gehören Wärmeschutz, Ableitung von Gasen, Staubschutz, Reflexionsverhalten von Gebäudefassaden, Begrünungen von Gebäuden, Gebäudestellung auf dem Grundstück, Emissionsbeschränkungen von Gewerbe und Verkehr, Aspekte des Kleinklimas, wie Kaltluftströme, Frischluftschneisen, Versiegelungen usw.

2 Bodenschutz
Dazu werden geprüft: die Erschließung, die Bauweise und Überbaubarkeit des Grundstücks, die Stellplatzzahlen, die Unbedenklichkeit der Nutzung im Hinblick auf eine denkbare Kontamination des Bodens, der Versiegelungsgrad und die Versickerungsmöglichkeiten der Niederschläge, die Behandlung des Mutterbodens und der Schutz von Bodendenkmälern.

3 Wasserschutz
Er bezieht sich auf Oberflächenwasser, Grundwasser und Abwässer. U.a. werden geprüft: Belastungen, die sich aus der Nutzung ergeben können, Versickerungsmöglichkeiten des Regenwassers, die Entnahme von Wasser aus dem Grundstück und die Einleitung von Wasser in das Grundstück, Wassereinsparungsmöglichkeiten, Abstände zu schützenswerten Quellen, Brunnen usw., das Entwässerungsleitungsnetz und die Möglichkeiten der Abwasserreinigung bzw. die Beseitigung der Klärschlämme usw.

4 Lärm und Erschütterungen
Dazu gehören der Schutz vor Wirkungen des Verkehrs, des Gewerbes aber auch von Sport und Spiel, Sonderforderungen in Klinik- und Kurbereichen, die Einhaltung der gesetzlichen Vorschriften im Gebäude, die Wirkungen, die von der Baustelle ausgehen (Lärm, Erschütterungen, Staub) usw.

5 Naturschutz
Dabei werden u.a. folgende Kriterien geprüft: die Übereinstimmung mit den Grünordnungsplänen und der Baumschutzsatzung, die Anpassung an das Orts- bzw. Landschaftsbild, der Schutz der vorhandenen Bäume, Sträucher, Hecken, Wasserläufe bzw. Wasserflächen, Art und Umfang der geplanten Bepflanzung, Ersatzmaßnahmen sowie der Schutz von Naturdenkmälern.

6 Abfallsituation
Geprüft werden u.a. die Nutzung und die dabei zu erwartenden Abfälle, deren Zwischenlagerung und vorgesehene Beseitigung, die Möglichkeiten der Vermeidung und Verminderung oder ihrer Verwertung, Art, Menge und Entsorgung von Bauschutt und Baugrubenaushub.
Grundlage ist das Abfallgesetz vom 27. Juni 1986.

Die hier aufgelisteten Prüfinhalte sind damit immer, wenn auch jeweils nicht in vollem Umfang, Planungsinhalte.

Eine besondere Schwierigkeit besteht darin, daß sich die Ziele einer ökologisch geprägten Planung durchaus im Detail widersprechen können. Das zwingt Planer und Aufsichtsbehörden, Kompromisse zu schließen, die häufig bei den Betroffenen auf wenig Verständnis stoßen.

3.2 Gebäudeplanung

Eine entscheidende Weichenstellung im Hinblick auf die Berücksichtigung ökologischer Belange in der Planung erfolgt in der Programmformulierung. Alle Funktions- und Raumansprüche müssen kritisch geprüft und auf das notwendige Maß beschränkt werden. Bescheidenheit ist gefordert. Eine Erweiterung oder ein Umbau eines vorhandenen Gebäudes sind sinnvoller als ein Neubau.

Hilfreich ist es auch, wenn in Auslobungstexten von Wettbewerben ökologische Aspekte betont und zu Prüfkriterien erhoben werden.

Ein neues Bauvorhaben verbraucht Baugrund, trägt eventuell zur Zersiedelung bei, erzeugt Verkehr, fordert neue Infrastrukturmaßnahmen und erzwingt die Produktion neuer Baustoffe.

Die Qualitätsansprüche der Bauherren in Deutschland sind sehr hoch. Die Baustoff- und Bauteileindustrie trägt dieser Entwicklung Rechnung, indem sie hochwertige und damit auch teure Materialien bereitstellt. Das Deutsche Normeninstitut sichert diese Entwicklung durch die Fixierung in Regelwerken ab. Aber nicht alles, was gut und teuer angeboten wird, ist wirklich notwendig. Einfachere Konzeptionen und Materialien sind, ökologisch betrachtet, häufig wesentlich sinnvoller. Daß das nicht zu einer Reduzierung der Lebensqualität führen muß, zeigen die Holländer mit der einfachen Bauweise ihrer Häuser.

Folgende Kriterien sollten in der Planung berücksichtigt werden:

Grundstück:
– Die Gebäude sind auf den Charakter ihrer Umgebung und das regionale, wie das Kleinklima abzustimmen;
– Störungen aus dem Baugrund und der Umgebung, wie Emissionen von Gewerbe und Verkehr oder aus Altlasten, sind zu erfassen, zu bewerten und gegebenenfalls zu berücksichtigen. Das kann auch zum Verzicht einer Bebauung führen;

32

- die Grundstücksgestaltung soll möglichst naturnah sein, und das Grundstück soll mit einfachen Mitteln gepflegt werden können. Die Versiegelung des Grundstücks durch Überbauung, Verkehrs- und Parkflächen soll minimiert werden, um dem Boden seine natürliche Regenspende zu erhalten. Niederschlagswasser kann aufgefangen, gespeichert und zu gegebener Zeit zur Bewässerung der Bepflanzung genutzt werden;
- ökologische Nischen, z.B. Altpflanzungen, Nistplätze und Wasserstellen, sind unbedingt zu erhalten oder neu zu planen;
- Bäume und Hecken müssen bewahrt und für die Bauzeit geschützt werden;
- Stellplatzzahlen sind zu minimieren, u.U. im Untergeschoß oder unauffällig und bepflanzt anzulegen.

Gebäude:
- Aufenthaltsräume zur Sonne richten und mittels Glasflächen die Wärmestrahlung der Sonne nutzen. Nebenräume nach Norden legen. Nordwest-, Nord-, Nordostseiten eventuell durch Bepflanzung mit Abstand zum Gebäude schützen (Beispiel: Buchenhecken an Eifelhäusern); 9
- Dach und Wand begrünen (vgl. Abschnitt 3.4, S. 43, 50);
- nur kleine Fenster an der Nordseite mit wärmegedämmten Klapp- oder Rolläden planen;
- Öffnungen an der Ost- und Westseite können im Winter durch geeignete Klappläden mit der Wärmedämmung der Wand verkleinert werden;
- alle Öffnungen sollten mit temporärem Wärmeschutz für die Nachtschließung versehen werden;
- die Wärmedämmung sollte nicht über das gesetzlich geforderte Maß hinaus erhöht werden, weil die errechenbare Verringerung der Energieverluste in der Praxis nicht erreicht wird. Hohe Dämmschichtdicken sind konstruktiv schwer zu beherrschen, die Details sind kompliziert, und die Bauteile werden schadensanfällig;
- die Wärmespeicherung über Wände, Decken und Böden ist für ein behagliches Innenraumklima unverzichtbar. Wärmeüberschüsse werden gepuffert und zeitversetzt abgegeben. Insbesondere bei der passiven Nutzung der Solarenergie sind Speichermassen erforderlich;
- einen wirkungsvollen Sonnenschutz, besonders an Glasflächen, zur Sonnenenergienutzung einplanen. Feststehende Schutzbauteile, wie Vordächer, Dachüberstände und feststehende Lamellen, sind funktionssicherer und langlebiger als ein beweglicher Sonnenschutz. Einstrahlungswinkel der Sonne für Winter und Sommer berechnen;
- insbesondere für größere Gebäude sind optimierte Energiekonzepte zu erarbeiten, die den Bedarf aller Energieformen mit dem wirtschaftlichsten Energieangebot und den inneren Energiequellen (Personen, Geräte, Beleuchtung, EDV) in ein ausgewogenes Verhältnis setzen. Dabei sollte der Aufwand für rechnergestützte Simulationsrechnungen nicht gescheut werden;

Bild 9 Ökohaus auf der Landesgartenschau Würzburg 1990: 3-fach Verglasung, Holzfenster, Naturfarben, Holzbrüstung, Korkschrotdämmung, Rankpflanzen

– die Erwärmung der Räume sollte möglichst über Heizquellen erfolgen, die ihr Wärmepotential über Strahlung abgeben. Dazu gehören: der Kachelgrundofen (ca. 90 Prozent), der Einzelofen (ca. 70-90 Prozent), Heizplatten (ca. 50-70 Prozent), Gliederheizkörper (40-60 Prozent);

– natürliche Belüftung ist unbedingt, auch bei großen Gebäuden, künstlicher Belüftung vorzuziehen. Sollte letztere wegen großer Raumtiefen oder ungünstiger Lage nicht zu vermeiden sein, ist eine Kombination von Fensterlüftung in den Randzonen und Klimatisierung in den Raumtiefen anzustreben;

– alle Räume sollten ausreichend mit Tageslicht versorgt werden. Dabei sollten neue Lichtlenkungssysteme im Fenster-Deckenbereich, insbesondere für Büro- und Schulungsräume, in der Planung berücksichtigt werden. Hohe Fenster bringen mehr Licht in die Raumtiefe als niedrige durchgehende Fensterbänder. Kunstlicht ist zu minimieren und in seiner Lichtqualität der Nutzung anzupassen. Dabei sind die bestehenden Normen kein verläßlicher Maßstab (vgl. Kapitel 2);

– die sanitären Einrichtungsgegenstände können heute mit wassersparenden Armaturen ausgestattet werden. Zur Regen- und Grauwassernutzung siehe Abschnitt 3.5, S. 59;

– Wände sollen weitgehend diffusionsoffen sein und dürfen nicht an der Oberfläche abgeschlossen werden. Natursteinverkleidungen, einige Metall- und Kunststofftapeten, Dampfbremsfolien, Fliesen usw. sind weitgehend dicht. Kalkputz, Holz, Kork und Papiertapeten sind diffusionsoffen. Wände, die die Aufnahme bzw. Wanderung gasförmiger Stoffe erlauben, wirken als Puffer für Raumluftfeuchte, Gase und Geruchsstoffe;

– einfache Wand-, Decken- und Dachkonstruktionen sind komplizierten Vielschichtkonstruktionen vorzuziehen. Mauerwerk, innen und außen verputzt, ist einfach herzustellen, preisgünstig, langlebig und bleibt lange schadensfrei. Vorgehängte Fassaden mit Dämmung, Unterkonstruktion, tragender Innenschale und Innenbekleidung sind schwierig herzustellen, teuer, schadensanfällig, und ihre Nutzungszeit ist begrenzt. Allerdings machen die weiter steigenden Anforderungen des Wärmeschutzes und damit der Energieeinsparung die Realisierung massiver und den Vorschriften entsprechender Wände immer schwieriger. Im privaten Wohnungsbau können verbindliche Absprachen zwischen Bauherr und Architekt die Situation entspannen;

– es sind nur solche Baustoffe zu verwenden, die möglichst wenig Schadstoffe abgeben. Absolute Schadstofffreiheit ist nicht zu realisieren und auch nicht erforderlich. Das Maß der Schadstoffbelastung aus Baustoffen muß im Vergleich zur Schadstoffaufnahme des Menschen aus der Umgebungsluft und der Nahrung gesehen werden. Großflächig nach innen wirkende Baustoffe sind kritischer zu betrachten als andere;

– bei der Planung der inneren Oberflächen, der Ausbauteile und der Möbel sind die Kriterien diffusionsoffen, schadstoffarm, relativ 'warm', griffsympathisch und naturfarben besonders wichtig. Versiegelungen aller Art sind zu vermeiden (vgl. Abschnitt 2.7, S. 28);

– großflächige Betonbauteile sollten weitgehend vermieden werden, weil sie erstens nicht diffusionsoffen sind, zweitens durch ihren Zementanteil leicht radioaktiv strahlen können und drittens mit ihrer Stahlarmierung einen Faradayschen Käfig bilden. Damit wird die Abschirmung natürlicher Strahlung bezeichnet; diese aber sind wir gewohnt. Es scheint so zu sein, daß unser biologisches System zu einer einwandfreien Funktion dieser Strahlung bedarf. Inwieweit eine neuerdings verstärkte Kosmosstrahlung durch das sogenannte Ozonloch in dieser Hinsicht ein Umdenken erforderlich macht, ist noch nicht abschließend zu beurteilen.

Tabelle 5 *Übertragbarkeit allgemeiner ökologischer Planungsgrundsätze auf den Gewerbebau*

Nr.	Planungsgrundsätze	Büro-Verwaltungs-nutzung	Produzierendes Gewerbe		
		Ja	Ja	Nein	bedingt*
1	*Erschließung:* Bündelung Medientrassen	x	x		
	Versickerungsgeeignete Oberflächen	x			x
2	*Gebäudeorientierung:* Himmelsrichtung	x	x		
	Beschattung, Windrichtung u. -schutz	x	x		
3	*Aspekte der Baustoffwahl:*				
	Gewinnung, Herstellung	x	x		
	Nutzung, Schadstoffarmut, Langlebigkeit	x			x
	Deponierung, Wiederverwendung, Recycling	x	x		
4	*Behaglichkeitsaspekte:*				
	Temperatur, Feuchte	x			x
	Schadstoffarmut der Raumluft	x			x
	Sauerstoffgehalt der Raumluft	x			x
	Strahlungsheizung	x			x
	Haptische Qualitäten	x		x	
	Farbe, Form	x			x
	Elektromagnetische Strahlung minimiert	x		x	
5	*Gebäude- und Betriebstechn. Maßnahmen:*				
	Unkomplizierte Technik	x			x
	Optimierung – Simulationsrechnungen	x	x		
	Energieeinsparung Strom, Wärme, Wasser	x	x		
	Eigene Energiegewinnung	x			x
6	*Energieeinsparung:* Hochbau	x			x
	Gebäude- Betriebstechnik		x		
7	*Außenraumgestaltung, Begrünung*	x	x		
8	*Behutsamer Bauablauf:*	x	x		
	Schutz Vegetation und Biotope				
	Lärm- und Schallschutz				
	Abfallsammlung				

* Abhängig von Produktion, Fahrzeugpark usw.

Umsetzung ökologischer Planungsvorstellungen in der Praxis

In der praktischen Umsetzung ökologischer Parameter entstehen häufig erhebliche Probleme. Das beginnt damit, daß ökologische Vorstellungen mit anderen Aspekten der Planung in Konkurrenz treten. Das kann die Kosten betreffen oder den Zeitablauf, Funktionsforderungen oder die Gestaltung. So sind in der Regel Kompromisse erforderlich, die nicht auf dem kleinsten gemeinsamen Nenner basieren dürfen, sondern einer Wertung aller Kriterien in der Gesamtschau entsprechen müssen. Dafür können keine Standards oder Regeln vorgegeben werden. Es ist vielmehr immer eine Einzelfallbetrachtung erforderlich. Dazu noch einige Erläuterungen zu möglichen Zwängen im Zeitablauf:

Der Zeitaufwand für die ökologische Planung kann erheblich größer sein als für eine 'normale'. Der Baustellenablauf kann sich verzögern, weil Baustoffe einen komplizierteren Beschaffungsweg gehen. Anstriche, Versiegelungen, Beschichtungen und Kleber brauchen längere Abbinde- bzw. Trockenzeiten. Die handwerklichen Leistungen vollziehen sich daher häufig in längeren Zeiträumen. Materialkontrollen auf der Baustelle und daraus eventuell resultierende Mängelrügen können ebenfalls zu Verzögerungen führen.

Die Auftraggeber sind daher schon vor Beginn der Planung grundsätzlich über die Zusammenhänge aufzuklären und später in jedem Einzelfall rechtzeitig zu informieren.

Dabei ist auch die Honorarfrage für den Mehraufwand verbindlich zu klären.

Das Bundesbauministerium hat 1992 einen Forschungsbericht zum Thema „Schäden an biologischen Bauweisen" veröffentlicht. Darin werden 39 Baumaßnahmen mit insgesamt 142 Schäden ausgewertet und Empfehlungen zur Fehlervermeidung gegeben. Schadensschwerpunkte liegen in Außenwänden, insbesondere, wenn sie Holzbalken als tragende Hölzer sichtbar lassen; innen in mangelhaftem Schallschutz bei Holzbalkendecken. Die folgende Tabelle 6 zeigt die Ergebnisse der Erhebung in Kurzform. Sie bietet damit Hinweise auf Problemzonen, die besonders sorgfältig geplant werden müssen.

3.3 Konstruktionsbeispiele

Es gibt eine kaum überschaubare Zahl an Möglichkeiten, Bauteile zu konstruieren. Unterschiedliche Funktionsanforderungen und Gestaltungsvorstellungen werden mit einer großen Zahl von Baustoffen mit jeweils ähnlichen Eigenschaften realisiert. Die Einengung des Spielraums auf wenige Standarddetails halte ich daher nicht für angemessen. Insofern sind die folgenden Regelquerschnitte durch einige wichtige Bauteile nur als Anregung zur eigenen Weiterentwicklung *10* zu betrachten. Sie können nicht ohne kritische Prüfung auf jede Bauaufgabe übertragen werden. Die jeweils genannten Baustoffe und ihre Varianten stellen *11 – 24* keine erschöpfende Aufzählung dar, sondern wurden im Hinblick auf ökologische Planungsprinzipien gewählt. Stehen andere Kriterien im Vordergrund der Planung, kann es erforderlich sein, Materialien zu wechseln, Dämmstärken zu erhöhen oder Querschnitte tragender Teile größer zu bemessen.

Tabelle 6 *Schäden an baubiologisch geprägten Konstruktionen, gegliedert nach der Häufigkeit der genannten Mängel*

Bauteilgruppen/ Mängel	Umfang der genannten Mängel in %
Innenbauteile:	
– Mangelhafter Schallschutz bei Holzbalkendecken	————————— 13,0
– Rißbildung, Verwerfungen bei sichtbaren Balken	——————— 7,5
– Fehlender oder mangelhafter Rieselschutz bei Holzbalkendecken	—— 2,2
Holzständerbauweisen mit Beplankung (Außenwand)	
– Mangelnde Winddichtigkeit	——————— 6,5
– Durchfeuchtung	—— 2,8
– Schädlingsbefall auf Hozverschalung und Ständerwerk	— 1,7
Sockelzonen	
– Feuchtigkeitsschäden	—— 5,0
– Rißbildungen	—— 4,5
– Putzabplatzungen	— 1,7
Keller	
– Durchfeuchtung Kellerboden	— 3,5
– Duchfeuchtung Kellerwände	— 2,1
Geneigte Dächer	
– Windundichtigkeit, ausgebautes Dach	— 3,5
– Feuchtigkeitsschäden, Schimmelpilze	— 2,1
Fenster, Wintergärten	
– Schädlingsbefall an Hozkonstruktionen von Wintergärten	— 2,1
– Schädlingsbefall an Fenstern	— 1,5
Fachwerk mit Lehmausfüllung	
– Innenseitige Putzschäden	— 2,1
– Durchfeuchtungen	— 1,5
– Windundichtigkeit der Gefachfugen	— 1,5
Grasdächer	
– Durchfeuchtungen	— 1,5
Fassadenbegrünung	keine Schäden

Bild 10 Einfache, alte Türkonstruktion mit langer Nutzungserwartung. Horizontale Eichenverbretterung, 2,4 cm auf Kiefernrahmen, Nut und Feder, Schmiedenägel. Kein Oberflächenschutz

Regelquerschnitte Außenwand

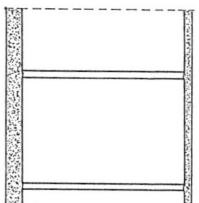

Bild 11
Massive, einschalige Wand
Kalkputz innen, Leichthochlochziegel oder Porenbetonsteine 36,5 cm mit Dämm-Mörtel, Außenputz mineralisch mit hydraulischem Kalk. Problemloser langlebiger Wandaufbau, für fast alle Bauaufgaben geeignet. Höhere Wärmedämmung durch 49 cm Wand

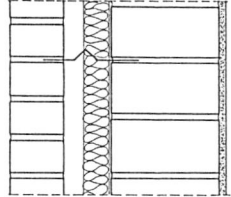

Bild 12
Massive, zweischalige Wand mit Dämmung und Luftschicht
Kalkputz innen, Hochlochziegel 24 cm (Kalksandstein), Korkplatten 6 cm (Kokosfasermatten, Befestigungsraster 30/30 cm), Luftschicht 4 cm, Vormauerziegel (Klinker) 11,5 cm. Heute gebräuchlichster Wandquerschnitt. Höhere Wärmedämmung durch Verwendung von Leichthochlochziegeln und dickerer Wärmedämmschicht

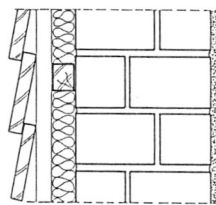

Bild 13
Massive, einschalige Wand mit Außendämmung und vorgehängter Verschalung
Kalkputz innen, Hochlochziegel 30 cm (Kalksandstein), Korkplatten 4 cm (Kokosfasermatten, Holzfaserdämmplatten), Holzlattung 4/6 cm, Konterlattung 3/4 cm, Verbretterung als Stülpschalung 3/16 cm, Lärchenholz ohne Oberflächenbehandlung. Höhere Wärmedämmung durch Leichthochlochziegel und dickere Wärmedämmung

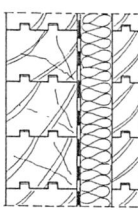

Bild 14
Zweischalige Blockhauswand mit innenliegender Dämmung
Innenblockholzschale 6 cm, Dämmung Zelluloseflocken 8 cm (Korkschrot), Winddichtung Wollfilzpappe (Ölpapier), Außenblockholzschale 16/12 cm ohne Oberflächenbehandlung. Höhere Wärmedämmung durch dickere Kerndämmschicht bis 20 cm möglich. Geeignet für kleine Wohngebäude

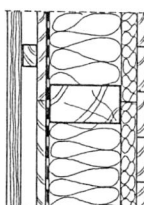

Bild 15
Holzständerwand
Innenverschalung horizontal 1,6 cm (Gipskartonplatten aus Naturgips), Holzwolleleichtbauplatten 3,5 cm (Kork), Holzständerwerk 16 cm mit Dämmung aus Zelluloseflocken (Kokosfasermatten, Korkschrot), Winddichtung aus Krepp-Papier (Ölpapier, Wollfilzpappe), Spanplatten zementgebunden 2 cm (Hartfaserplatten) als steife Außenschale, Lattung 2,4 cm, senkrechte Brettschalung 3 cm, aus Lärche ohne Oberflächenbehandlung

40

Regelquerschnitte Decken

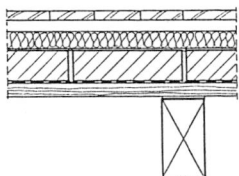

Bild 16
Holzbalkendecke mit sichtbaren Deckenbalken
Parkett 2 cm auf Blindboden 2 cm aus zementgebundenen Spanplatten schwimmend auf Kokosfasermatten 4 cm (Trockenschüttung aus Bims- oder Korkgranulat), Lehmsteine 7,1 cm (Kalksandsteine, Ziegel), Wollfilzpappe, Sichtschalung 2,4 cm, Deckenbalken dreiseitig gehobelt. Oberflächen unbehandelt oder Naturprodukte. Schallschutz eingeschränkt. Verbesserung durch Teppichboden, dickere Steinlage, zweite schwimmende Ebene

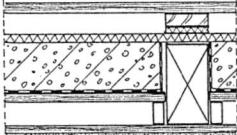

Bild 17
Holzbalkendecke, Unterseite verputzt
Dielenboden 2,2 cm auf Lagerholz 2,4 cm und Weichfaserstreifen. Weichfaserplatte 2,5 cm, Lehmfüllung (Geglühter Sand) 12 cm, Ölpapier (Krepp-Papier, Wollfilzpappe), Blindboden 2,4 cm, Deckenbalken nach statischer Berechnung, Deckenschalung 2 cm, Gipskartonplatten. Verbesserung des Schallschutzes durch Teppichboden, Hohlraumdämpfung unter den Dielen mit Kokosfasermatten, dickere Lehmfüllung, federnde Aufhängung der Unterdecke

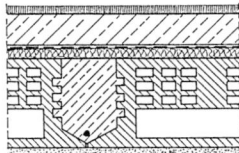

Bild 18
Stahlsteindecke mit mittragenden Hohlkörpern
Teppichboden aus Naturhaaren. Kalkestrich 8 cm, Ölpapier, Kokosfasermatten 2,5 cm (Mineralwolle, Bimsgranulat, Korkgranulat), Ziegelhohlkörper 20 cm (Bims) mittragend, Stahlbetonrippen nach statischer Berechnung, Kalkgipsputz 1 cm. Geringer Schalungsaufwand. Selbsthilfegeeignet

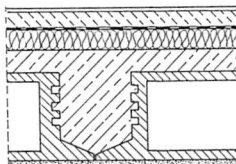

Bild 19
Stahlbetonrippendecke mit nicht tragenden Hohlkörpern
Linoleum auf Kalkestrich 5 cm, Ölpapier (Krepp-Papier), Trockenschüttung von Bimsgranulat 5 cm (Korkschrot, Kokosfasermatten, Mineralwollematten), Stahlbetonrippen mit Druckplatte nach statischer Berechnung, Hohlkörper aus Ziegel (Bims, Holzwolle), Kalkgipsputz 1 cm. Geringer Schalungsaufwand

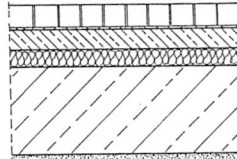

Bild 20
Stahlbetondecke
Holzpflaster 5 cm, schadstoffarmer Kleber. Oberfläche Naturharzemulsion (Hartwachs, Hartöl), Kalkestrich 5 cm, Ölpapier, Kokosfasermatte 4 cm (Trockenschüttung Bims-Korkgranulat, Mineralwollematten), Stahlbetondecke nach statischer Berechnung. Kalkgipsputz 1 cm

Regelquerschnitte Dach und Bodenanschluß

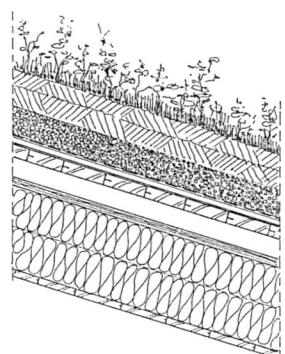

Bild 21
Zweischaliges Dach mit Begrünung
Vegetation, Wachstumschicht, Filterschicht, Drainageschicht, Schutzschicht, Wurzelschutzschicht, Trennschicht (Abschnitt 3.4). Bitumendichtungsbahn, Rauhspundschalung 2,4 cm (Spanplatten zementgebunden), Lattung 6/4 cm – Belüftungsebene, Hartfaserplatte 2 cm, Sparren nach statischer Berechnung und Dämmung 18 cm aus Zelluloseflocken (Korkschrot, Kokosfasermatten, mit Kalkmilch getränktes, gehäckseltes Stroh), Sichtschalung 20 mm (Gipskartonplatten)

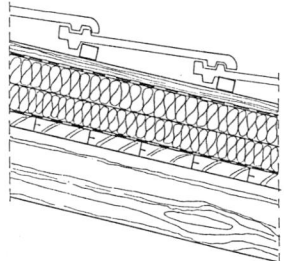

Bild 22
Einschaliges Dach mit Ziegeldeckung
Dachziegel auf Lattung ab 20° Neigung. Konterlattung 3,4/2,4 cm, Ölpapier (Ethylenfolie), 2 x 10 cm Korkplatten (Kokosfasermatten, Preßstrohplatten, Mineralfasermatten), Dampfbremse aus Ethylenfolie, Sichtschalung (zementgebundene Spanplatten) sichtbare, dreiseitig gehobelte Sparren

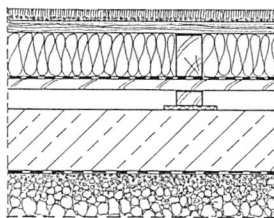

Bild 23
Boden auf Erdreich mit Massivplatte
Kokosteppich (Naturhaarteppich), Blindboden Holzschalung 2,4 cm (zementgebundene Spanplatten), Dämmung Zelluloseflocken 20 cm (kalkmilchgetränktes, gehäckseltes Stroh, Kokosfasermatten, Mineralfasermatten); Lagerhölzer 6/10 cm, Krepp-Papier (Ölpapier), zementgebundene Spanplatten 2 cm, Lagerhölzer 6/4 cm auf Dämmstreifen, Belüftungsebene, Kalkbetonplatte 14 cm, Ethylenfolie (Ölpapier), Schotter (Kies) 1,6/3,2 cm

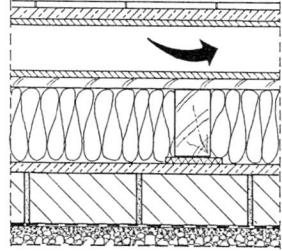

Bild 24
Boden auf Erdreich mit Hypokaustenheizung
Tonfliesen 1,6 cm in Kalkmörtel 2 cm, Hypokaustenkanäle aus Ton 13 cm trocken verlegt auf zementgebundenen Spanplatten (Schalung) 2 cm, Lagerhölzer 8/16 cm auf Dämmstreifen, Dämmung Kokosfasermatten 24 cm (Zelluloseflocken, kalkmilchgetränktes Stroh, Mineralfasermatten), Kalkmörtelschicht, Hochlochziegel 11,5 cm trocken verlegt, Ethylenfolie (Ölpapier), Schotter (Kies) 1,6/3,2 cm

3.4 Grünplanung

Im ökologischen Bauen nimmt die Außenraumgestaltung einen bevorzugten Platz ein. Ihr Ziel ist eine möglichst naturnahe Gestaltung aller Flächen. Das sind die Pflanzflächen am Boden, die Verkehrsflächen, die Spiel- und Sportflächen, die Dächer und die Wände der Gebäude. Eine solche Realisierung muß durch die Einsicht der Eigentümer und Nutzer der Grundstücke, daß sie sinnvolle ökologische Kreisläufe bei der Bewirtschaftung vollziehen müssen, dauerhaft unterstützt werden. Im Einfamilienhausbau kann damit auch eine Teilselbstversorgung mit natürlich gezogenen Lebensmitteln verbunden werden.

Pflanzflächen am Boden

Standort- und klimaheimische Pflanzen bevorzugen. Mischpflanzungen den Monokulturen vorziehen. Die Pflanzenfamilien so wählen, daß sie sich in ihrem Nährstoff- und Lichtbedarf, in ihrem Wachstums- und Reifeprozeß nicht stören, sondern gegenseitig fördern. Damit werden in der Regel auch Pflanzenschädlinge ferngehalten. Ein Vorbild dafür können alte Bauerngärten sein, in denen häufig Gemüse und Blumen einträchtig nebeneinander gedeihen. Die Verwendung von chemischen Pflanzenschutzmitteln wird damit nicht erforderlich. Dazu gehört aber auch eine gut organisierte Kompostwirtschaft, die es erlaubt, auf die Einbringung von Mineraldünger weitgehend zu verzichten. Durch Abdecken des Bodens, das sogenannte Mulchen, mit Blättern, Stroh usw. wird der Boden feucht gehalten und das Wachstum nicht erwünschter Kleinpflanzen behindert. Die Bodenbearbeitung sollte den Lebensraum der obersten Erdschicht möglichst wenig stören. Das heißt, Lockern des Bodens mit der Gabel, aber nicht umwenden.

Je nach Grundstücksgröße können die eigentlichen Pflanzflächen durch Alt- und Totholzlager sinnvoll ergänzt werden. Sie dienen vielen Tieren als Brut- und Lebensraum und als Versteck, einigen Pflanzen als artgerechter Standort. Käfer, Igel, Eidechsen und Vögel suchen diese geschützten Plätze. Ähnliche Funktionen übernehmen Trockenmauern. Nisthilfen für Vögel, Fledermäuse und Insekten sollten in keinem Garten fehlen.

Wege

Alle Verkehrsflächen auf dem Grundstück sollten so angelegt sein, daß Regenwasser in vollem Umfang versickern kann. Geeignete Aufbauten sind z.B.:
- zerkleinerter Bauschutt, Splitt und Sand übereinander, gestampft oder gewalzt;
- eine Mischung aus minderwertigem Steinbruchmaterial unterschiedlicher Abmessungen, von Fußballgröße bis zum Grobsand, verdichtet;

Bild 25 Extensive Dachbegrünung mit einem Grobkiesstreifen zur Entwässerung

Bild 26 Naturgarten, besetzt mit einer Mischkultur aus Gemüse, Kräutern und einjährigen Blumen

Bild 27 Begrenzungsmauer und Stufen in Trockenbauweise

Bild 28 Versickerungsgeeignete Oberfläche eines befahrbaren Weges aus einfachem Steinmaterial, Splitt und Sand

- Standardaufbau aus Schotter, Splitt und Sand verschiedener Anbieter aus dem Tiefbau. Je nach Belastung wird die Dicke der Lagen variiert. Vorsicht bei Material aus Abraumhalden. Sie enthalten häufig Schadstoffe oder strahlen radioaktiv; das gilt auch für die Hochofenschlacke;
- Pflasterungen mit Natursteinen und offenen Fugen. Wird für größere Belastungen ein Unterbau erforderlich, muß dieser, z.B. aus Einkornbeton, wasserdurchlässig sein;
- Gerippesteine aus Beton, die einerseits die Notbefahrung z.B. mit Feuerwehrfahrzeugen erlauben, andererseits aber auch das Gras wachsen lassen;
30 - Platten aus Natursteinen mit offenen Fugen, in Sand verlegt;
- Rindenmulchlage für Wege zwischen Beeten;
32 - Holzroste, Bohlen, Hirnholzklötze von Rundhölzern usw., offenfugig verlegt;
- Eisenbahnschwellen sind in der Regel mit Carbolineum getränkt (Kap. 5.12) und darum wegen der Gefährdung von Kindern bzw. der Gefahr des Gifteintrages in den Boden als Bodenbelag und als Konstruktionsholz im Außenbereich ungeeignet.

Schutzpflanzungen

Sie dienen auf kleineren Grundstücken z.B. dem Sichtschutz an Terrassen. Häufiger ist ihr Gebrauch als Wind- oder Sonnenschutz. Dichte Pflanzungen an der Nordseite dienen Gebäuden als Schutz vor Kaltluft. An alten Eifelhäusern sind Buchenhecken meist nach Westen und Norden gerichtet. Im Sommer belaubt, sind sie ein Sonnenschutz, im Herbst bremsen sie die Weststürme, im Winter lassen sie, unbelaubt, die flachstehende Sonne zum Gebäude durch.

Wasser

Der größte Teil der Erdoberfläche ist von Wasser bedeckt. Der Kreislauf von Verdunstung an der Meeresoberfläche, der Wolkenbildung, des Regens über Land und der unterirdische wie oberirdische Rückfluß zum Meer sind Grundlage der biologischen Systeme unserer Erde.

Eine zunehmende bauliche Verdichtung verhindert eine flächige Einleitung von Niederschlagswasser auf unseren Grundstücken. Das in Kanälen abgeführte Wasser wird dem natürlichen Austauschprozeß zwischen Boden und Atmosphäre entzogen, der Grundwasserspiegel sinkt, Pflanzen und Tiere werden nicht mehr ausreichend mit Wasser versorgt. Das Kleinklima kann durch die Verringerung der Luftfeuchtigkeit negativ beeinflußt werden. Bei der Planung sollten daher Maßnahmen zur Einleitung des anfallenden Niederschlagswassers in die jeweilige Grundstücksfläche durchgeführt werden. Das geschieht im wesentlichen durch zwei Maßnahmegruppen:

- Vermeidung, zumindest Minimierung versiegelter Flächen auf dem Grundstück;
- Einleitung von Niederschlagswasser auf Gebäuden und Verkehrsflächen in die Erdoberfläche bzw. Verdunstung in die Atmosphäre.

Vermeidung versiegelter Flächen

Am wirkungsvollsten ist die Ausweitung begrünter Flächen auf dem Grundstück. Diese fangen die Niederschlagsmengen weitgehend auf. Die Pflanzen vergrößern die Oberfläche und damit die Verdunstung. Der bodennahen Luft wird die notwendige Feuchte zugeführt.

Müssen Flächen, z.B. für den Verkehr, befestigt werden, sollten möglichst nur versickerungsgeeignete Materialien verwendet werden (siehe Tabelle 7). Dabei muß beachtet werden, daß die Unterhaltung solcher Flächen zuweilen einen höheren Aufwand erfordert, als diejenige geschlossener Beton- oder Asphaltdecken.

Versickerung von Niederschlagswasser

Neben der Vermeidung versiegelter Flächen ist die Rückführung des anfallenden Regenwassers in die Grundstücksfläche die zweite wichtige Maßnahme, um Wasser auf den Baugrundstücken zu halten. Das durch Fallrohre von den Dächern geleitete Regenwasser kann durch verschiedene Maßnahmen versickert werden, deren Wahl von der Eignung des Untergrundes, vom Grundwasserstand und der Oberflächengestaltung des Grundstücks beeinflußt wird.

Sickerschacht: Gelochte Betonringe werden mit einem Schotter-Kies-Sand-Gemisch gefüllt: eine relativ einfache, unauffällige Maßnahme zur punktuellen Einleitung nicht zu großer Wassermengen.

Versickerungsmulden: Eine muldenförmige Vertiefung im Grünbereich, die mit Schotter-Kies gefüllt wird und an der Oberfläche teilbepflanzt werden kann. Flächenausdehnung und Tiefe können der anfallenden Wassermenge angepaßt werden.

Versickerungsgraben: Technischer Aufbau wie bei Mulden. Eine Alternative bei engen Grundstücken. Häufig ist eine Kombination von Mulde und Graben sinnvoll.

Sickerrohre: Schlitzrohre werden in einer Kiespackung verlegt. Bei richtiger Dimensionierung eine gut funktionierende unterirdische, lineare oder flächige Versickerungsmethode

Regenrückhaltebecken: Große, muldenförmige Vertiefungen, in denen Wasser bei starkem Anfall gespeichert wird. Sie müssen mit einem Überlauf ausgestattet werden. Da das Wasser sowohl versickert als auch verdunstet, ist der Wasserstand in der Regel stark schwankend.

Teiche: Sie können kleiner als Regenrückhaltebecken dimensioniert sein. Weil ihr Wasserstand etwa gleich bleibt, können sie bepflanzt werden. Damit entstehen attraktive Biotope mit einem hohen Erlebniswert. Je nach Abdichtungsgrad (Folie = 100 Prozent, Lehmpackung = 70-90 Prozent) verliert ein Teich sein Wasser nur über Verdunstung oder über Versickerung. Das an die Atmosphäre abgegebene Wasser verbessert das Kleinklima und unterstützt die teichnahe Vegetation. Wichtig ist eine flache Randzone, in der sich eine spezielle Pflanzenfamilie ansiedeln kann. Da sich diese Pflanzen schnell vermehren, reicht in der Regel eine punktuelle Bepflanzung aus. Geeignete Pflanzen sind Seerosen, Schwertlilien, Schwanenblume, Rohrkolben, Pfleilkraut und Froschlöffel.

Offene Wasserführungssysteme

Die für die Nutzung attraktivste Form der Wasserhaltung auf dem Grundstück ist die offene Wasserleitung, die aus einer Kombination vorstehend genannter Möglichkeiten besteht. Das Regenwasser aus den Falleitungen wird in offenen Rinnen über das Grundstück in Teiche und weiter in offene Sickermulden geführt. Das System muß für die größte anfallende Menge Wasser ausgelegt sein. Dabei ist es notwendig, nicht nur die Sickermulde am Ende des Stranges, sondern auch den Teich und die Rinnen versickerungsgeeignet auszulegen. Ein Vorratsbecken nahe den Fallrohren nimmt bei Regengüssen das plötzlich anfallende Wasser auf und gibt es in die Rinne ab. Damit wird das unregelmäßig anfallende Potential abgepuffert. Das Erlebnis „fließendes Wasser" wird zeitlich gestreckt. Für die Führung der Rinnen bieten sich die Ränder von Wegen, Mietergärten usw. an. Kann ein Höhenversatz des Grundstücks genutzt werden, ist ein kleiner Wasserfall eine besondere Attraktion. Ein solches System bietet folgende Vorteile:
- Das Wasser wird auf dem Grundstück gehalten.
- Die Kanalisation wird entlastet.
- Insbesondere für Kinder wird das teilweise fließende Wasser zu einem besonderen Erlebnis mit hohem Spielreiz.
- Die Biotope dienen in besonderem Maße dem Naturverständnis, verdeutlichen Wachsen und Vergehen und lassen die Naturgesetze im Jahreszyklus erlebbar werden.
- Das Kleinklima wird durch die Verdunstung positiv beeinflußt. In diesem Zusammenhang muß aber auch daran erinnert werden, daß ein solches offenes System gepflegt werden muß. Die Anlage muß regelmäßig gereinigt und teilweise von Bewuchs befreit werden.

Tabelle 7 *Oberflächen im Außenbereich*

Belag	Versickerungs-grad %	Nutzung
Mutterboden	100	Pflanzflächen
Holzspäne	80-90	Fußwege, insbesondere im Gartenbereich
Schotterrasen	70-80	Oberfläche uneben, nur für gelegentlichen Fahrverkehr und temporäre Nutzung
Wassergebundene Decken (Kies, Sand, Schotter)	50	Wenig belastete Rad- und Fußwege, Parkplätze
Rasengittersteine	70-80	Zufahrten für Feuerwehr, Parkplätze
Kleinpflaster mit großen Fugen	50-60	Wege, Zufahrten, Höfe, Plätze
Mittel- und Großpflaster	30	Plätze, Höfe, Zufahrten, Wohnstraßen, Parkflächen
Beton-Verbundsteinpflaster	20	Alle Verwendungsbereiche, auch Schwerlastverkehr bei entsprechendem Unterbau
Klinkerplatten	20	Alle Verwendungsbereiche
Asphalt- und Betondeckschichten	0-10	Stark belastete Flächen (Straßen)

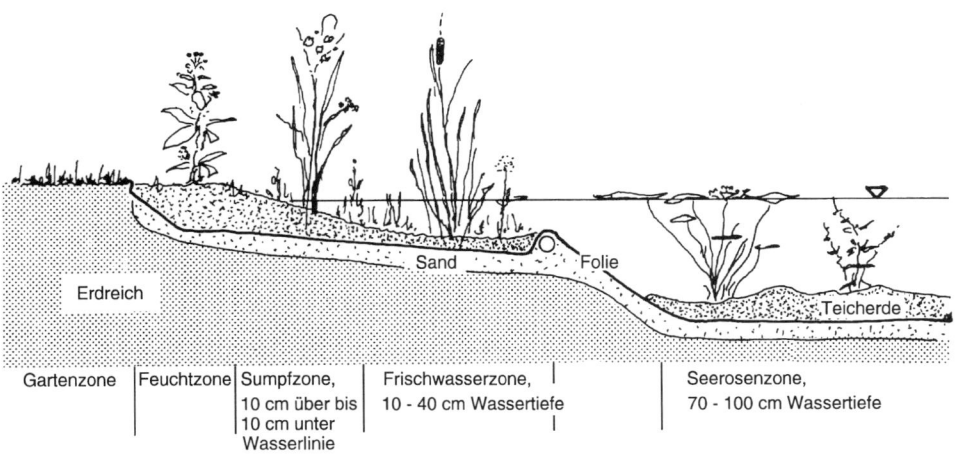

Bild 29 Gartenteich

Alternative zur PVC-Folie: Filtergewebe, 20-30 cm Lehmpackung. Zusätzliche Regenwasserspeisung erforderlich, da etwas Wasser immer versickert.

49

Wandbegrünung

In der Regel können Wände, Mauern und Stützen ohne großen Aufwand und auf geringer Bodenfläche begrünt werden. Die senkrechten Pflanzenflächen dienen dem Schutz der Fassade vor Bewitterung und verringern die Abkühlung, sie verbessern den Schallschutz, das Blätterkleid bindet Staub und bietet vielen Tierarten einen Lebensraum. Immer hat die Wandbegrünung auch eine gestalterische Aufgabe. An neueren, architektonisch wenig geglückten Gebäuden kann die nachträgliche Wandbegrünung eine deutliche ästhetische Verbesserung bewirken. Nur bautechnisch und bauphysikalisch einwandfreie Fassaden sollten begrünt werden. Eine Direktbepflanzung von Wärmedämmverbundsystemen und porösen, kunststoffhaltigen Beschichtungen sollte vermieden werden. Die Triebe von sogenannten Lichtflüchtern können in die Risse und Fugen plattenförmiger Bauteile einwachsen und Schäden verursachen. In den hier genannten Fällen können durch frei vor die Fassade gestellte Pflanzgerüste die Schadensrisiken vermieden werden. Die wichtigsten Kriterien für die Planung einer Wandbegrünung sind:

- bautechnischer Zustand der Wand;
- Himmelsrichtung, Windrichtung, Nachbarbeschattung;
- Klima des Standortes;
- Bodenverhältnisse, Pflanzflächengröße, Bewässerung;
- gestalterische Vorstellungen;
- Schutzmaßnahmen, Pflegemöglichkeiten.

Sind die Bedingungen für die Bepflanzung geklärt, sind aus der großen Zahl der Pflanzen diejenigen zu wählen, die an diesem Standort voraussichtlich optimale Wuchsbedingungen finden. Die Auswahl kann nach Tabelle 8 erfolgen.

Dachbegrünung

Die Begrünung von Dächern trägt zur Verbesserung des Kleinklimas bei. Allerdings wird die positive Wirkung häufig überschätzt. Entscheidend ist das Volumen der Biomasse, die auf einem Dach erzeugt werden kann, und die ist in der Regel nicht vergleichbar mit der der Freiflächenbegrünung. Insbesondere bei der extensiven Begrünung von Dächern, das ist die einfachste und pflegeärmste Form, ist die Pflanzendecke so dünn, daß von einer Wirkung auf das Kleinklima kaum gesprochen werden kann. Trotz dieser Einschränkung kann die Begrünung von Dächern in den folgenden Fällen sehr sinnvoll sein:

- in städtischen Regionen mit wenig Bodengrün;
- wenn große Dachflächen von höheren Gebäuden eingesehen werden können;
- um Tieren einen zusätzlichen Lebensraum zu bieten;
- um den Dachaufbau vor Temperaturschwankungen zu schützen und Niederschlagswasser teilweise zu binden.

Bild 30 Abwechslungsreiche Gartengestaltung mit Trockenmauerwerk, offenen Fugen im Natursteinbodenbelag, Natursteinstufen in Sand verlegt und Bepflanzung mit Stauden, Bodendeckern und Steingartengewächsen

Bild 31 Biotop (Foto: Verf.)

Bild 32 Naturnahe Außengestaltung mit Wasserfläche und Wasserpflanzen, Baumrinde und Holzroste am Boden und Flechtzaun als Sichtschutz und Rankhilfe

Bild 33 Wilder Wein an der Südwestseite eines viergeschossigen
Wohnhauses

Name	Standort	Wuchshöhe m	Kletter- hilfe	Bemerkungen
Pfeifenwinde	Halbschattig bis schattig, feucht	8 – 10	ja	Im Frühjahr und Herbst pflanzen, im Winter junge Pflanzen schützen, wächst langsam an. Giftig
Rundblättriger Baumwürger	Sonnig bis halbschattig. Anspruchslos	10 – 12	ja	Eine stark schlingende Pflanze. Kräftiges Rankgerüst erforderlich. Bildet großes Blattvolumen. Giftig
Auberts Knöterich	Sonnig bis halbschattig. Anspruchslos	10 – 15	ja	Starker Schlinger, schnellwachsend. Bildet großes Volumen. Rückschnitt häufig erforderlich. Nicht giftig
Hopfen	Sonnig bis halbschattig. Anspruchslos	5	ja	Liebt Sand- und Lehmboden, muß feucht gehalten werden. Anwachs- hilfe erforderlich. Stirbt im Winter dicht über dem Boden ab. Nicht giftig
Trompeten- geißblatt	Sonnig bis halbschattig. Geschützte Lage	2 – 3	ja	Anspruchslose Pflanze, buschige Form, sehr raumbildend. Giftig
Goldgeißblatt	Halbschattig. Geschützt	6	ja	Raumbildend, sehr schöne gelbe Farbe. Giftig
Clematis viticella	Halbschattig. Warm, geschützt	4	ja	Empfindlich, besonders im ersten Jahr. Pflanzenfuß beschatten, wässern, Waldklima schaffen. Blüht violett. Giftig
Clematis vitalba	Halbschattig. Warm, geschützt	10 – 15	ja	Empfindlich, besonders im ersten Jahr. Pflanzenfuß beschatten, wässern, Waldklima schaffen. Blüht weiß. Giftig
Dreilappiger wilder Wein	Sonnig bis halbschattig	10 – 15	nein	Haftscheibenranker. Anspruchslos. Gleichmäßiges grünes Pflanzen- polster. Nicht giftig
Echte Weinrebe	Sonnig. Warm, geschützt	8 – 12	ja	Blattreiche, raumbildende Pflanze. Boden lehm- und humushaltig. Nicht giftig. Frucht eßbar
Kletterhortensie	Halbschattig bis schattig	10	nein	Bei Trockenheit gut wässern. Wächst langsam. Boden drainieren, sand- und humushaltiger Boden bevorzugt. Dichter buschiger Habitus. Nicht giftig
Wald-Efeu	Halbschattig bis schattig	15 – 20	nein	Bei Trockenheit gut wässern. Liebt warm-feuchtes Klima. Dichter Pflanzteppich. Giftig
Kletterrosen	Sonnig. Geschützt. Sandig-lehmiger Boden	2 – 4	ja	Winterhart. Gut wässern. Je nach Sorte etwas unterschiedliche Wachsbedingungen. Nicht giftig

Bild 34 Rankgerüst aus Holz mit Abstand vor einer Natursteinwand, Holzbänke, Weidenkorb, Splitt-Sandboden

Wegen des fehlenden Bodenanschlusses sind die Bepflanzungsmöglichkeiten eingeschränkt. Die Konstruktion der Dächer läßt nur eine begrenzte Belastung zu. Auch die geringe Pflegemöglichkeit auf Dächern erschwert die Begrünungsaktivitäten. Bezüglich der Vegetationsdichte werden zwei Begrünungsformen unterschieden:

35

Extensivbegrünung: dünne, pflegearme, trockenresistente Begrünung mit niedrigen Pflanzen, wie kleine Stauden, Gräser und Moose. Die Dicke der Wachstumsschicht liegt zwischen 5 und 12 cm.

Intensivbegrünung: aufwendigere Bepflanzung mit größerem Grünvolumen aus Rasen, Stauden, Kleingehölzen und punktuell auch größeren Büschen. Die Wachstumsschicht ist zwischen 10 und 30 cm stark, für größere Gehölze auch mehr. Diese Begrünungsform erfordert eine systematische Pflege.

Beide Begrünungsformen sind auf flachen und geneigten Dächern bis 30° möglich. Bei geneigten Dächern muß der Schub des Dachaufbaues durch parallel zur Traufe angeordnete Bohlen aufgefangen werden. Diese Bohlen dienen im begrenzten Umfang auch der Wasserhaltung, denn das geneigte Dach entwässert sehr schnell. Zur Wassersammlung und Abführung ist im Traufbereich eine Kiespackung anzuordnen.

Jede Dachkonstruktion muß im Hinblick auf die zusätzlichen Lasten überprüft werden. Die Dachhaut muß in einwandfreiem Zustand sein. Die vorhandene Wärmedämmung muß eine für die zusätzliche Belastung geeignete Druckfestigkeit aufweisen.

Die Dachbegrünung besteht aus folgenden Funktionsschichten:

– *Trennschicht.* Polyethylen-(PE-)Folien zur Neutralisation zwischen letzter Dachdichtungsbahn und der Wurzelschutzschicht;

– *Wurzelschutzschicht.* Jeder Dachaufbau muß durch eine Spezialkunststoffbahn gegen das Durchwurzeln aus der Pflanzenschicht geschützt werden. Nach Langzeitversuchen wurde folgenden Fabrikaten eine Wurzelfestigkeit bescheinigt: Wolfin IB, PVC-schwarz, 1,5 mm (Chemische Werke Grünau); SGtan-Dichtungsbahn, EPDM-Kautschuk, 1,5 mm (Saargummiwerke GmbH); Rhenofol C, PVC-weich, 1,5 mm (Braas u. Co. GmbH); Optima-Wurzelschutzbahn, PVC-weich, 0,8 mm (Optima); Trocal Dachbahn, Typ SGmA, PVC-weich, 1,2 mm (Hüls Troisdorf AG); Ursuplast PVC-Folie, 0,8 mm, Typ W braun und LB schwarz (Omniplast GmbH u. Co.). Darüber hinaus haben sich auch Bahnen aus Ethylencopolymerisat-Bitumen (ECB-Bahnen), chloriertem Polyethylen (PEC-Bahnen) und Bahnen aus Ethylen-Propylen-Terpolymer (EPDM-Bahnen) in der Praxis mehrjährig bewährt.

– *Schutzschicht.* Schutzmatten oder Vliese aus Kunststoff zum Schutz vor mechanischen Beschädigungen während des Einbaues und der Pflege;

– *Drainageschicht.* Schüttstoffe aus Blähschiefer, Lava, Bims und Blähton, in einer Schichtdicke von ca. 12 cm. Dränmatten und Dränplatten mit hohem Porenvolumen zwischen 20 und 80 mm Dicke;

– *Filterschicht.* Ein Glasfaservlies, das ein Eindringen von feinen Teilen der Vegetationsschicht in die Drainageschicht verhindert;

Bild 35 Extensive Dachbegrünung im ersten Jahr auf einem flach- und stark geneigten Dach. Ein Holzrost verhindert das Abrutschen des Pflanzsubstrats.

- *Vegetationsschicht.* Sie besteht aus einer Mischung von organischen und mineralischen Schüttstoffen oder aus vorgefertigten Vegetationsplatten. Als Materialien werden verwendet: Lava, Torf, Gartenerde, Kompost, Schaumstoffe, Steinwolle und Mischungen dieser Stoffe. Die Wachstumsschicht muß die Pflanzen nähren, das Wasser halten, aber auch überflüssiges Wasser abgeben, die Pflanzen dauerhaft stützen und möglichst leicht sein.
- *Pflanzen.* Geeignet sind solche, die trockenresistent sind, Temperaturschwankungen und starke Sonneneinstrahlung vertragen, unempfindlich gegen hohe Windgeschwindigkeiten sind und flach wurzeln. Pflanzen, die aggressiv wurzeln, wie Essigbaum, Scheinakazie, Bambus, Birke, Esche, Nadelhölzer usw., sind ungeeignet.

Pflanzen für eine extensive Dachbegrünung

Kräuter: Frühlingskraut (Potentilla verna), Knackelbeere (Fragraia viridis), Weiße Fetthenne (Sedum-album), Felsenfetthenne (Sedum-reflexum), Scharfer Mauerpfeffer (Sedum-acre)

Gräser: Zittergras (Briza media), Erdsegge (Carex humilis), Schafschwingel (Festuca ovina), Blaugras (Sesleria spezial), Perlgras (Melicia ciliata)

Ein- bis zweijährige Pflanzen: Storchschnabel (Geranium robertianum), Portulaca (Portulaca oleracea), Bergminze (Calamintha acinos), auch Alpensteinquendel (Acinos alpinos) genannt

Größere Dauerpflanzungen: Sadebaum (Konifere Juniperus sabina), Ginster (Genistra)

Zur Sicherung des Begrünungsziels sollte immer mit der ausführenden Firma eine zweijährige Entwicklungspflege vereinbart werden. Die Abnahme der Pflanzarbeiten kann erst dann erfolgen, wenn sichere Anzeichen für ein dauerhaftes Wachsen der unterschiedlichen Pflanzensorten vom Rasen bis zum Gehölz erkennbar sind. Die Abnahmezeiten sind also zu differenzieren.

Eine Reihe von Firmen bietet komplette Begrünungssysteme an. Das hat den Vorteil, daß alle Arbeiten in einer Hand liegen. Das schlägt sich aber auch in der Regel im Preis nieder. Außerdem werden teilweise Bauteile aus Kunststoff, z.B. kleine Container und Subtratschichten nicht klar erkennbarer Zusammensetzung, verwendet, die aus ökologischer Sicht skeptisch zu betrachten sind. Planer und Bauherren können mit in der Nähe ansässigen Gartenbaubetrieben den Aufbau der Begrünung leichter abstimmen.

Die in Tabelle 9 genannten Kosten sind erste Orientierungswerte. Bezogen auf ein bestimmtes Bauvorhaben können die Kosten weit streuen. Einbausituation, Transportaufwand und regionale Marktbedingungen beeinflussen die Kalkulation.

Informationen zur Dachbegrünung: Forschungsgesellschaft Landschaftsentwicklung-Landschaftsbau e.V. (FLL) [23]

Tabelle 9 *Kosten*

Nr.	Aufbau/Leistung	Kosten DM/m²*
1	Kompl. Schichtenaufbau (KS) mit 5 cm Drainageschicht und 10 cm Wachstumsschicht (WS) inkl. Ränder	90,–
2	KS + 20 cm WS	110,–
3	Bepflanzung, extensiv: – Sedum Sprossenaussaat – Fertigrasen – Matten von Sedum, Gras oder Kräutern – Grassaaten – Stauden mit flachem Ballen	9,– 6,– 40,– – 60,– 5,– 2,–/Stck.
4	Bepflanzung, intensiv: – Sedum und Stauden – Mittlere und kleine Gehölze – Aufwendige Gras-Kräuterbepflanzung	24,– 11,–/Stck. 40,–
5	Entwicklungspflege (Bezogen auf vier Arbeitsgänge in zwei Jahren)	10,–

* Stand: Herbst 1993

3.5 Gebäudetechnik

Der Kostenanteil der Gebäudetechnik an den Gesamtkosten liegt bei Wohn- und Verwaltungsgebäuden bei 25-30 Prozent, bei Laborbauten und Krankenhäusern über 50 Prozent. Der Technikanteil hat in den letzten 40 Jahren ständig zugenommen. Komfortdenken und der von der Industrie geförderte Glaube, Automation jeder Art sei von Vorteil, haben dafür gesorgt, daß der Aufwand für die Investitionen und die Unterhaltung der Gebäudetechnik ständig zunimmt. Die Entwicklung vom Auflegen eines Briketts auf die Feuerstelle zur computergesteuerten zentralen Heizungsanlage hat sich in wenigen Jahrzehnten vollzogen. Aber es ist bei weitem nicht alles, was unserer Bequemlichkeit dient, ökologisch und ökonomisch sinnvoll. Die Nachteile hohen Technikeinsatzes sind z.B. größerer Ressourcenverbrauch, denn die Technikbauteile müssen hergestellt werden, und in der Regel haben sie nur eine Nutzungszeit von 15 Jahren. Der Mensch koppelt sich aber auch durch die von der Technik gleichförmig gestalteten Temperatur- und Lichtverhältnisse von den Naturrhythmen ab. Außerdem gehen von einigen Techniksystemen und Geräten direkt Gefahren für den Menschen aus. Dazu gehören elektromagnetische Wellen und die mangelnde Qualität der Atemluft aus Klimaanlagen. Die Behauptungen von Spezialisten, man müßte die Technik nur optimieren, dann sei sie ein Segen, halte ich schlicht für falsch. Die Erfahrung der letzten Jahrzehnte hat deutlich gemacht, daß jeder neue Entwicklungssprung, der ausschließlich technisch bzw. ökonomisch begründet war, neue Probleme geschaffen hat. Das prominenteste Beispiel ist die Kernenergienutzung, die nach nur etwa 20 Jahren Betreibung ihren Zenit bereits überschritten hat und uns größte Schwierigkeiten für viele Generationen hinterläßt.

Leider hat der notwendige Zwang zur Energieeinsparung den Technikbefürwortern neuen Auftrieb gegeben. Anstatt mit Komfortverzicht zu reagieren, wird durch verstärkten Geräteeinsatz eine vermeintliche Optimierung der Energienutzung propagiert, z.B. Wärmerückgewinnung um jeden Preis oder die komplizierte elektronische Steuerung eines im Grundsatz zu hohen Raumtemperaturniveaus. Wer sich daran erinnert, daß die Wärmeverluste durch die Gebäudehülle im Quadrat der Temperaturdifferenz zwischen innen- und Außentemperatur zunehmen, wird begreifen, daß die wirksamste und einfachste Methode, Wärmeenergie zu sparen, darin besteht, die durchschnittliche Innenraumtemperatur von 21°C auf 16°C herabzusetzen. Es ist viel einfacher, einen kleinvolumigen menschlichen Körper mit einem Pullover warm zu halten, als das großvolumige Innere eines Gebäudes. Hemdsärmeligkeit war noch nie ein Zeichen von Intelligenz und Kultur.

Das umfangreiche Gebiet der Gebäudetechnik kann im Rahmen dieses Kapitels nicht umfassend abgehandelt werden. Darum kann auf die einzelnen Gewerke hier nur stichpunktartig eingegangen werden.

Heizung

Bis in unser Jahrhundert hinein waren die Einzelfeuerstätten, der eiserne Ofen und der Kachelofen die Regelheizquellen. Sie gaben ihre Wärme überwiegend als Wärmestrahlung ab.

Dann trat die Warmwasserzentralheizung wegen ihrer bequemen Betreibbarkeit ihren Siegeszug an. Sie gibt, je nach Formung der Heizkörper, nur noch im Mittel 40 Prozent ihrer Wärme als Wärmestrahlung, 60 Prozent jedoch durch Konvektion (Lufterwärmung und Lufttransport) ab.

Für große Bauvorhaben hat sich in den letzten 20 Jahren die künstliche Klimatisierung in großem Umfang durchgesetzt. Sie übernimmt damit teilweise auch die Erwärmung von Innenräumen über das Medium Luft.

Die Erwärmung von Räumen hat sich also prinzipiell von der Strahlungsheizung zur Luftheizung entwickelt.

Da die lebensnotwendige Entwärmung des menschlichen Körpers hauptsächlich über die Atemluft erfolgt, ist deren Wirksamkeit ganz wesentlich von der Temperaturdifferenz abhängig; d.h. hohe Raumlufttemperatur = geringe Temperaturdifferenz = geringe Entwärmung des Körpers. Anzustreben wäre eine niedrige Atemlufttemperatur, die eine ausreichende Entwärmung ermöglicht, und gleichzeitig Wärme durch Strahlung, die eine körperliche Behaglichkeit bewirkt. Diese Ziele können naturgemäß Luftheizungen nicht erfüllen. Insofern sind Heizquellen mit hohem Strahlungsanteil anzustreben. Dazu zählen der Kachelgrundofen, eiserne Öfen, einige Heizplatten und, begrenzt, einige Gliederheizkörperformen. Im Prinzip zählen auch die Fußbodenheizung und die Wandflächenheizungen dazu, sofern beide ohne Technikaufwand realisiert werden können. Das wäre z.B. bei der Hypokaustenheizung der Fall. Ihr Prinzip beruht auf der Erwärmung dünnwandiger Kanäle in Decken, Wänden oder Türmen durch heiße Luft, die durch einen Ofen erzeugt wird, eine Heiztechnik, die schon die Römer kannten. Bezogen auf unsere Ansprüche muß eine Hypokaustenheizung sorgfältig geplant und berechnet werden. Wegen der Ähnlichkeit zu den Funktionsprinzipien des Kachelofens sind Kachelofenplaner und -bauer geeignete Partner. *Informationen:* [17, 58]

Jede Wärmeversorgung herkömmlicher Art ist mit einer deutlichen Umweltbelastung verbunden. Bei der Verbrennung werden Staub, Ruß, Kohlendioxid, Stickoxid und Schwefeldioxid freigesetzt. Die Emissionen können durch den Einsatz von Brennwertkesseln, die Verbesserung der Steuerung und durch die Intensivierung der Gerätewartung durch den Einsatz schwefelarmer Brennstoffe und durch Rauchgasentschwefelung verbessert werden. Daß auch das alles seine Kehrseite hat, zeigt das Beispiel Brennwertkessel. Durch die Herabsetzung der Rauchgastemperatur fallen pro KWh Brennstoffeinsatz 0,121 Kondensat mit einem pH-Wert von 4,5 an. Bei einem 25 kW-Kessel macht das im Jahr ca. 5 m^3 saures Kondensat. Und die müssen neutralisiert bzw. entsorgt werden.

Die regenerativen Energiesysteme sind sicherlich die umweltfreundlichsten. Sie sind aus dem Entwicklungsstadium heraus, aber ihre Anwendung beschränkt sich noch auf eine kleine Zahl von Pilotprojekten, die vom Staat subventioniert werden muß, oder auf Sonderfälle der Nutzung. Komplexität und Kosten aktiver Solarsysteme lassen in absehbarer Zeit keinen Durchbruch erwarten. Dagegen sind die passiven Solarenergienutzungssysteme mit weniger Aufwand umzusetzen, langlebiger, funktionssicherer und auch von den Nutzern beherrschbarer. Bei den aktiven Systemen muß die Funktionssicherheit durch eine aufwendige Steuertechnik sichergestellt werden.

Unter betriebswirtschaftlichen Gesichtspunkten müßten die Energiekosten jährlich um ca. 7 Prozent steigen und die Anlagen 33 Jahre nutzbar bleiben, um eine Kostendeckung zu erzielen.

Wärmepumpen heben das Temperaturniveau der Erde, des Wassers oder der Luft auf eine für die Gebäudeheizung geeignete Stufe. Hohe Investitions- und Wartungskosten sowie die relativ wenigen Betriebsjahre haben die Euphorie um diese Heizform sehr gedämpft.

- Für sehr große Liegenschaften erscheint z.Z. das Blockheizkraftwerk zur Versorgung mit Strom und Wärme die beste Lösung.
- Für große und mittlere Bauvorhaben ist häufig der Anschluß an ein größeres Fernwärmenetz die beste Lösung.
- Für kleine Gebäude ist die Kombination von passiver Solarenergienutzung und Einzelofenzusatzheizung zu empfehlen.

Eine wirtschaftliche Variante des Blockheizkraftwerkes (BHKW) mit Gas-Stirling-Motor bildet der Einsatz nur für die Warmwasserbereitung und Grundlaststromversorgung. Da diese Verbräuche über das Jahr nur geringen Schwankungen ausgesetzt sind, kann die Anlage mit optimalem Wirkungsgrad laufen. In einem solchen Fall würde die Heizenergie über einen gasbeheizten Brennwertkessel bereitgestellt.

Vor jeder Entscheidung ist eine genaue Prüfung der spezifischen Voraussetzungen und Wünsche des Bauherren sowie eine anschließende Ingenieurplanung erforderlich. Sie hat Funktion und Umweltbedingungen in Einklang zu bringen.

Lüftung

Bei künstlicher Lüftung muß die Luft, um Zugerscheinungen zu vermeiden, mit ca. 23°C eingeblasen werden. Damit tritt der schon bei der Luftheizung beschriebene Effekt ein, daß die Atemluft aus medizinischer Sicht eigentlich zu warm ist. Wird die Anlage mit Umluft gefahren, um Energie zu sparen, ist der Sauerstoffanteil herabgesetzt, der Stickstoffanteil erhöht, und je nach Filterung ist auch der Anteil an Stäuben, Dämpfen, Fasern, Mikroorganismen und Gasen höher als in der Außenluft. Es ist auch einsichtig, daß die Luft bei der Durchströmung von metallenen Geräten, Filtern, Kanälen usw. die elektrische Ladung ihrer Moleküle und damit die natürliche Ionisation verändert. Ein weiterer Kritikpunkt ist die Gleichförmigkeit des künstlich erzeugten Klimas. Damit wird die natürliche Reizwirkung des Organismus durch Klimaschwankungen ausgeschlossen. Das so erzeugte Raumklima ist Gegenstand vieler Klagen von Menschen, die sich ganztägig in klimatisierten Räumen aufhalten müssen. Ihre Anfälligkeit für Erkrankungen ist in der Regel höher als die vergleichbarer Gruppen in konventionell beheizten und belüfteten Räumen.

Die künstliche Klimatisierung ist nur zu vertreten, wenn die Außenverhältnisse eine natürliche Belüftung nicht zulassen oder die Nutzung der Räume die künstliche Lüftung zwingend erfordert. In aller Regel aber kann die Hochbauplanung die Funktionen und die Raumzuschnitte so ordnen, daß eine natürliche Lüftung möglich ist, oder eine künstliche Lüftung nur für wenige innenliegende Räume erforderlich wird. Das Aufbereiten der Luft und das 'Spazierenführen' großer Luftmengen ist ein sehr aufwendiger und damit teurer Vorgang.

Wasser

Pro Person und Tag werden z.Z. in deutschen Haushalten 150 l Wasser verbraucht, und die Tendenz ist noch immer steigend. Gewinnung und Aufbereitung werden wegen des zunehmenden Schadstoffgehaltes des unaufbereiteten Wassers immer schwieriger. Die Kosten steigen schnell. Ziel einer ökologisch geprägten Planung und Nutzung muß also sein, Trinkwasser deutlich zu sparen, bzw. besser zu nutzen.

– *Trinkwassereinsparung:* Wassersparende Armaturen, wie Durchlaufbegrenzer, Intervallgeber, Verlustbegrenzer an Waschbecken und Duschen, einsetzen. Reduzierung der Spülmengen an WCs und Urinalen. Einsatz wassersparender Geräte in Küchen, Kantinen, Bädern, Labors und Wäschereien. Bei der Planung raumlufttechnischer Anlagen, der Dampferzeugung,

Tabelle 10 *Heizformen im Vergleich*

Nr.	Heizform	Bedingungen	Vorteile	Nachteile	Bemerkungen	Kosten
1	Fernwärme > 300 MW	Lange Transportwege	Geringe Schadstoffemissionen	Marktbeherrschung, anonymer Apparat, Transportverluste	Für Großabnehmer geeignet	Unter Umständen sehr hoch
2	Fernwärme < 300 MW	Lange Transportwege	Geringe Emissionen von Staub, Kohlenwasserstoff und Kohlenmonoxid	Deutliche Schwefel- und Stickstoffdioxidemissionen. Sonst wie oben	Auch für mittlere und kleine Verbraucher geeignet	Sehr stark schwankend von Anbieter zu Anbieter
3	Erdgasheizung	Versorgungsnetz	Geringste Schadstoffemissionen aller Verbrennungsheizsysteme	Monopolstellung der Anbieter	Für jeden Verbraucher geeignet. Geringer baulicher Aufwand	Mittlerer Aufwand
4	Ölheizung	Tankraum und Tank	Ausnutzung des Marktangebotes beim Ölkauf. Schadstoffemissionen bei schwefelarmem Öl beherrschbar	Relativ aufwendige Technik. Öleinkauf muß organisiert sein	Hoher baulicher Aufwand	Deutlich höher als bei Erdgas wegen Bauinvestitionen. Brennstoffkosten etwa wie bei Erdgas
5	Elektrospeicherheizung	Zustimmung des EVU. Hohe Anschlußleistung	Im Endverbrauch „sauber", keine Verbrennung im Hause, kein Einkauf	Monopolstellung des Anbieters. Schlechtester Wirkungsgrad, höchste Schadstoffemissionen. Sehr träges Heizsystem. Wärmeabgabe über Konvektion	Geringster baulicher Aufwand. Eigenes Elektrokabelnetz für die Heizgeräte	Für Investitionen unter dem Mittelwert. Für den Verbrauch relativ hoch
6	Kachelgrundofen	Hohes Gewicht des Ofens. Feste Brennstoffe erforderlich	Wärmeabgabe durch Strahlung, sparsam, gemütlich. Holz kann in Eigenhilfe besorgt werden	Muß periodisch versorgt werden, i.d.R. 2 x am Tag. Brikett sind teuer geworden, aber für die Nachtheizung erforderlich. Emissionen bei schlechter Verbrennung hoch	Nur für den Wohnungsbau. Häufig zweites Heizsystem erforderlich oder mehrere Öfen. Evtl. Kombination mit passiver Solarenergienutzung	Je nach Anforderungen stark schwankend. Im allgemeinen mittlerer Aufwand. Brennstoffkosten für Holz gering, für Brikett hoch

Fortsetzung Tabelle 10

Nr.	Heizform	Bedingungen	Vorteile	Nachteile	Bemerkungen	Kosten
7	Kachelwarm-luftofen	Brennstoffe: Gas, Öl, Holz, Kohle	Leichte Beheizung außer bei Holz und Kohle. Räume über dem „Heizraum" können mitgeheizt werden	Wärmeabgabe überwiegend durch Konvektion. Emissionen bei schlechter Verbrennung hoch	Wie Zeile 6	Wie Zeile 6, Brennstoffkosten siehe auch Nr. 3 und 4
8	Solarenergie-heizung, passiv	Bauvorschriften, Gebäudestellung	Unabhängig von Energielieferungen, keine Schadstoffemissionen	Hoher baulicher Aufwand, muß meist intelligent betrieben werden. 2. Heizsystem i.d.R. erforderlich	Für kleine Gebäude. Für große Gebäude komplizierte Verteilungssysteme. Großer Planungsaufwand	Bei Eigenleistung unter dem Durchschnitt, sonst deutlich darüber. Aber keine Brennstoffkosten
9	Solarenergie-heizung, aktiv	Bauvorschriften, Gebäudestellung, Gestaltung	Wie Zeile 8	Wie oben, Technik ist anfällig und kurzlebig	Wie oben und hohe Investitionskosten	Teures System. Aber keine Brennstoffkosten
10	Wärmepumpe	Genehmigung, insbesondere bei Grundwassernutzung. Ingenieurplanung des gesamten Heizsystems erforderlich	Reduzierung des Verbrauchs fossiler Brennstoffe	Temperaturniveau nach oben begrenzt. Neue, noch nicht langjährig bewährte Technik	Gaswärmepumpe bevorzugen. Kombination mit anderen Heizformen z.B. Solarenergienutzung sinnvoll	Relativ hohe Investitionskosten, niedrige Energiekosten

von Kälteanlagen und anderen zentralen haustechnischen Systemen sind neueste Erkenntnisse zur Wassereinsparung zu berücksichtigen.

– *Regenwassernutzung:* Sie ist sinnvoll, wo die Nutzung keine Trinkwasserqualität erfordert, z.B. bei der Garten- und Außenanlagenbewässerung, der Toilettenspülung, für das Waschen der Wäsche oder bei Kühlvorgängen in größeren Anlagen und für Schwimmbecken. Voraussetzungen sind immer ein Vorratstank, ein zweites Wasserleitungsnetz und sehr häufig Maßnahmen zur Filterung, z.B. vor Spülkästen und zur Verhinderung von Fäulnisprozessen. Chemische Aufbereitung ist abzulehnen. Vorratstanks brauchen Platz, ein zweites Leitungsnetz ist aufwendig, die Pumpe braucht Energie. Aufwand und Nutzen sind für jeden spezifischen Anwendungsfall sorgfältig zu prüfen. Lohnend sind immer einfache Maßnahmen, die unter Umständen in Selbsthilfe durchgeführt werden können.

– *Grauwassernutzung:* Im Privatbereich kann Dusch- und Badewasser oder das Wasser der Waschmaschine zur Toilettenspülung verwendet werden. Will man aber nicht nur mit dem Eimer hantieren, fangen die Probleme an. Schmutzwasser fault extrem schnell und stinkt. Zu verhindern ist das nur durch den Zusatz von Chemikalien. Werden die Armaturen des Spülkastens nicht verändert, muß das Grauwasser gefiltert werden, sonst verstopfen die Ventile. Es sind in jedem Fall Reinigungsmaßnahmen des ganzen Systems in kurzen Zeitabständen erforderlich. Lohnender erscheint die Prüfung bei Wassergroßverbrauchern, wie Gewerbe, öffentlichen Einrichtungen usw., bei denen eine Mehrfachnutzung von Betriebswasser häufig möglich erscheint. Dabei ist in der Regel der Aufwand für ein Gutachten, das die alternativen Lösungen bewertet, gerechtfertigt. In Deutschland gibt es noch keine ausgereiften Standardlösungen und keine gesetzlichen Bestimmungen.

Tabelle 11 *Wasserverbrauch und Einsparungen pro Jahr für einen 4-Personen-Haushalt*

Funktion		Verbrauch im Durch- schnitt (l)	Sparmaßnahme	Einsparungen	
				Menge (l)	Kosten (DM)
Baden, Duschen, Waschen	30 %	63.900	Schmalere Wanne, sparsamer Duschkopf, Durchflußmengen- begrenzer	11.000	55,–
WC-Spülung	32 %	68.160	6 l-WC-Spülkasten mit Stoppfunktion	48.000	240,–
Wäsche waschen, Geschirr spülen	18 %	38.340	Sparsame Maschinen	10.000	50,–
Gartenbewässerung	4 %	8.520	Regentonne	6.000	30,–
Sonstige	8 %	17.040	–	–	–
Trinken und Kochen	2 %	4.260	–	–	–
WC-Spülung, Gartenbewässerung	36 %	76.680	Regenwassersammel- anlage, Erdspeicher 6 m³	38.000	70,– – 190,– je nach Wasser-/Ab- wasserpreis

Warmwasser

Die wirtschaftlichste Warmwasserbereitung geschieht z.Z. mit einem Niedertemperaturkessel und einem gekoppelten Brauchwasserspeicher. Dieser sollte ein Speichervolumen von ca. 40 l/Person bei Gasheizung und ca. 50 l/Person bei Ölheizung haben. Diese Systeme erreichen einen sommerlichen Wirkungsgrad von 70 Prozent. Bei sehr gut gedämmten Gebäuden ist eine mit Gas betriebene Kombination aus Heizung und Durchlauferhitzer (Gas-Kombi-Therme) eine wirtschaftliche Lösung. Da dabei kein Speicher erforderlich ist, wird damit auch eine denkbare Legionellengefahr ausgeschlossen. Elektrisch betriebene Durchlauferhitzer produzieren das teuerste Wasser; Nachtstromspeicher sind etwas günstiger, Gasthermen erfordern häufige Wartung, sie haben nur einen Jahres-Wirkungsgrad von ca. 35 Prozent. Gasbeheizte Speicher kommen auf einen Jahreswirkungsgrad von ca. 40 Prozent.

Die Warmwasserbereitung für kleine Häuser ist mit Solarkollektoren bei uns noch nicht wirtschaftlich. Bei Investitionskosten von 10.000,– DM ergibt sich eine Amortisationszeit von 25 Jahren, die deutlich über der zu erwartenden Nutzungszeit liegt. Interessanter sind Solaranlagen für Großverbraucher, wie Schwimmbäder, Heime usw. Hier kann man sicherlich schon von einem volkswirtschaftlichen Nutzen sprechen, auch wenn die betriebswirtschaftliche Bilanz noch negativ ausfallen sollte. Auf lange Sicht und bei steigenden Energiepreisen werden Solaranlagen zur Wassererwärmung unverzichtbar werden. Aus ökologischer Sicht ist ihr Einsatz schon heute sinnvoll. Das gilt auch dann, wenn man berücksichtigt, daß Kollektoren komplizierte Geräte sind, deren Materialherstellung umweltbelastend ist. Sie bestehen aus Glas, Stahl, Aluminium, Kupfer, künstlichen Dämmstoffen, Klebern und Kunststoffolien.

Legionellengefahr

Die sogenannte Legionärskrankheit ist zuerst in England, dann in Amerika aufgetreten und ist seit einigen Jahren auch bei uns zu verzeichnen. Es ist eine von Bakterien hervorgerufene Lungenentzündung, die in der Regel erst spät erkannt wird und kaum bekämpft werden kann. Legionellen sind überall im Wasser. Sie vermehren sich bedrohlich, jedoch nur bei Wassertemperaturen von 30-40°C. Gefährlich ist das Einatmen von Aerosolen, also Gemischen aus verseuchtem warmen Wasser und Luft, z.B. beim Duschen. Das Trinken dieses Wassers soll keine Gesundheitsgefahr darstellen. Risikobehaftet sind alle Warmwasserspeicher, deren Wasser z.B. zum Duschen genutzt wird. Ferner Befeuchter von Klimaanlagen und Kühltürme.

Maßnahmen zur Reduzierung der Gefahr:

– Wassertemperatur periodisch auf 60-70°C aufheizen (die Legionellen sterben ab);
– stehendes Wasser in Geräten und Leitungen vermeiden;
– regelmäßig reinigen, chemische Wasserbehandlung vermeiden.

Elektrotechnik

Im Jahre 1948 hat H. Rohracher, Wien festgestellt, daß die Erde einer Dauerschwingung von 7-17 Hz unterliegt. Einige Zeit später konnte eine sehr ähnliche Schwingung für das luftelektrische Feld zwischen der normalerweise negativ gepolten Erde und der positiv geladenen Lufthülle nachgewiesen werden. Der menschliche Organismus schwingt ebenfalls in dieser Größenordnung, in der Regel mit 10-12 Hz. Es erscheint also nur folgerichtig anzunehmen, daß der Mensch als schwingendes System durch Ankoppelung an die natürlichen Schwingungsfelder der Natur Energie aufnimmt bzw. abgibt.

Der lebende Organismus steht also im Regelfall schwingungstechnisch im Gleichgewicht mit seiner Umgebung. Das muß vorausgeschickt werden, um begreiflich zu machen, daß Eingriffe in dieses natürliche Schwingungsgleichgewicht zu gesundheitlicher Beeinträchtigung führen können. Störungen können natürlichen Ursprunges sein und in einer gewissen Bandbreite durch den menschlichen Organismus ausgeglichen werden. Sie sind aber in großer Zahl künstlichen, also technischen Ursprungs, und ihre körpereigene Neutralisation ist mehr als unwahrscheinlich. Wir sind elektrischen, magnetischen und elektromagnetischen Feldern ausgesetzt, deren biologische Wirkung von der Frequenz, der Intensität und der Wirkzeit bestimmt wird.

Neben den Überlandleitungen, Trafos, Sendern, Bahnanlagen mit 16 2/3 Hz usw. müssen in zunehmendem Maße die Elektroinstallation und die elektrischen Verbraucher des Hauses beachtet werden. Durch sie entstehen elektrische Wechselfelder in einer Größenordnung von ca. 200 V/m, die direkt auf den Menschen wirken können. Die Untersuchungen zur Wirkung künstlicher Felder sind widersprüchlich. Die bisher genannten Symptome elektrischer Wechselfelder sind: Unwohlsein, Müdigkeit, Kopfschmerzen, vermindertes Reaktionsvermögen, mangelnde Konzentration. Bei längeren Einwirkzeiten werden ein Ansteigen des Blutdruckes, Verminderung der Herzfrequenz, Störungen des Stoffwechsels und des Immunsystems genannt. Andererseits schreibt R. Hanf aus Freiburg in einer Studie für die Weltgesundheitsorganisation im Jahre 1978, daß elektrische Felder, verursacht durch Hochspannungsübertragungsanlagen bis 420 kV, keine Gefahr für die Gesundheit darstellen.

Eine positive Beeinflussung des Menschen erzielt Herbert König von der TU München mit elektrischen Gleichfeldern und aufgesetzten Rechteckimpulsen von 10 Hz. Damit wurden Konzentration und Leistungsfähigkeit von Schülern und von Autofahrern gesteigert. [11]

Es gibt eine Reihe laufender und abgeschlossener Forschungsvorhaben, aber wirkliche Klarheit über die vielfältigen Wechselbeziehungen ist vorläufig noch nicht zu erwarten. Falsch wäre es allerdings, daraus den Schluß zu ziehen, man könne die bisherigen Ergebnisse ignorieren; es erscheint vielmehr sinnvoll, prophylaktisch zu reagieren, z.B. durch Ausweichen oder Abschirmen.

Dazu einige Anregungen für die Gebäudeplanung:

- Bei der Grundrißplanung sollte beachtet werden daß Schlafplätze möglichst weit von Unterverteilungen, Zählerschränken, Heizungsanlagen, Kabelbündeln, Boilern, Küchengeräten usw. entfernt liegen sollten.

- Die Installationsleitungen von den Schlafzonen möglichst weit entfernt führen. Dabei sind auch größere Kabelwege in Kauf zu nehmen.

- Die Zahl der Elektroanschlüsse sollte auf ein absolutes Mindestmaß beschränkt werden.

- Die Abschirmung von Elektroleitungen bezüglich elektrischer Wechselfelder geschieht durch Installation in dünnwandigen Eisenrohren, die untereinander leitend verbunden und insgesamt geerdet sein müssen. Preiswerter ist die Verwendung des Kabeltyps NYRUZY, der unter seinem Kunststoffmantel eine zusätzliche, nicht ferromagnetische Metallummantelung trägt.
- Die elektrische und magnetische Abschirmung kann nur mit dickwandigen Stahlrohren (mind. 1,3 mm Wandstärke) erfolgen. Zu den genannten Rohrleitungen werden auch gleichwertige Verteiler-, Schalter- und Steckdosen hergestellt.
- Die Abschirmung von Computeranlagen mittels Faradayschem Käfig erfolgt in der Regel zum Schutz der Anlagen gegen Störstrahlung, sie ist damit aber auch in umgekehrter Richtung wirksam. Ähnliche Abschirmmaßnahmen sind für ältere Transformatoren erforderlich; neue Geräte sollen bauartbedingt nur noch eine geringe Belastung darstellen.
- Netzfreischaltungen sind eine wirksame Maßnahme zur Ausschaltung von Störfeldern. Es entfällt das elektrische Feld aus den 220 V, und es verbleibt eines von etwa 6 V zur Sicherstellung der Signalfunktion. Diese Konstruktionen sind allerdings am sinnvollsten im Wohnungsbau einzusetzen und müssen Dauerverbraucher, wie Kühlschränke, elektrische Uhren usw., ausnehmen.

Einige Anregungen für den Gebrauch:

- Rücken sie Langzeitsitzplätze und das Bett mindestens 1 m von Klein-Elektrogeräten und E-Installationen ab.
- Zu folgenden Geräten sollte ein Abstand von 2 m eingehalten erden: Dachständer in Verbindung mit Elektrofreileitungen, Elektro-Boiler, Elektroherde, Mikrowellenherde, Heizungspumpen, Zähler- u. Verteilerschränke, Elektrospeicherheizungen, Kühlaggregate, Fernsehgeräte und Hi-Fi-Anlagen
- Elektrogeräte grundsätzlich bei Nichtgebrauch stromfrei schalten, notfalls den Stecker ziehen.
- Meiden sie elektrische Heizkissen und Heizdecken, die naturgemäß ihre Funktion dicht am Körper vollziehen. Sie können starke elektromagnetische Felder verursachen, zumal kleinere Defekte der Isolierung nicht immer erkannt werden.

Tabelle 12 *Grenz- und Empfehlungswerte für elektromagnetische Felder (in Anlehnung an eine Sonderinformation von Dietmar Strauß, Köln 1992*

	Werte zum Schutz von Personen außerhalb von Arbeitsstätten	
	Elektrisches Feld	Magnetisches Feld
DIN/VDE 0848 (1989)	20.000 V/m*	5.000 μT*
DIN/VDE 0848, T. A2 (1992)	7.000 V/m	400 μT
IRPA (5.1989)	5.000 V/m	100 μT
Empfehlungen der Strahlen-schutzkommissionen (1989)	5.000 V/m	100 μT
Empfehlungswerte für elektrosensible Personen	100 V/m	0,1 μT
Unbedenklichkeitsschwelle nach heutiger Erkenntnis	10 Vm	0,01 μT

* V/m = Volt pro Meter
  μT = Mikrotesla

Photovoltaik

Sie gehört in die Reihe der 'sauberen' Energienutzungssysteme, die nicht erschöpfliche Energiequellen nutzen, nämlich die Sonne. Die Energieeinstrahlung auf die Bundesrepublik Deutschland ist etwa 80 mal so groß wie der Bedarf. Trotzdem ist die Nutzung problematisch, weil der Bedarf räumlich sehr unterschiedlich ist und auch das Energieangebot zeitlich sehr variiert. Das erfordert ein geeignetes Speichersystem, das z.Z. in wünschenswerter Reife noch nicht auf dem Markt ist.

Bestandteile des Photovoltaiksystems:

– *Solargenerator:* Siliziumzellen, die Licht in elektrischen Strom wandeln. Die Einzelzellen werden zu Baugruppen in Rahmen zusammengefaßt, mit Glas abgedeckt und verdrahtet;

– *Steuerungsgerät* zur Verteilung des Stroms auf Verbraucher und Speicher;

– *Gleichstromverbraucher* bzw. über einen Wechselrichter *Wechselstromverbraucher;*

– *Speicher:* Nickel-Cadmium-Batterien, die wegen hoher Kosten und hohen Selbstentladungsgrads ungeeignet sind. Bleisäure-(KFZ-)Batterien sind eingeschränkt geeignet wegen geringer Nutzungszeit (3-5 Jahre); Bleisäure-Industriebatterien sind teuer, aber wegen ihrer technischen Reife für Solaranlagen geeignet.

Strom aus Photovoltaikanlagen kostet heute DM 2,– – 3,–/kWh. Er ist also unter betriebswirtschaftlichen Gesichtspunkten nur für Kleinverbraucher und netzferne Standorte wirtschaftlich. Prognosen gehen davon aus, daß bis zum Jahre 2000 die Kosten für die kWh auf etwa DM 1,– fallen könnten. Wirtschaftlichkeit und Versorgungssicherheit werden durch die Kombination mit regenerativen und anderen Energiequellen ganz wesentlich verbessert. Infor-

36   mationen: Zentralstelle für Solartechnik [14]

37   Ein Beispiel: Solarstromanlage des Ökohauses in Würzburg [10]

- *Solargenerator:* 42 Module mit je 44 Solarzellen bedecken eine Fläche von 25 m². Die Gesamtleistung beträgt an einem hellen sonnigen Tag 2,6 kW
- *Batterieanlage:* 24 Bleisäurebatterien mit 2 Volt-Zellenspannung und 600 Ah Zellenkapazität. Energiespeichermenge gesamt 28,8 kW/h
- *Solar-Wechselrichter:* Wandlung des Gleichstroms in 220 Volt Wechselstrom. Einspeisung des sommerlichen Überschußstroms in das öffentliche Netz. Für die Hausversorgung war ein zweiter Wechselrichter erforderlich, der aus der Batterieanlage gespeist wird
- *Solar-Laderegler:* für die richtige Spannungsumsetzung und die richtigen Ladeströme erforderlich
- *Stromsparende elektrische Geräte*
- *Stromsparende Beleuchtung.* Energiesparlampen mit 20 Prozent Wirkungsgrad für 220 V. Halogenlampen in Strahlern mit einer Direktversorgung aus den 24 V Gleichstrombatterien

Der Strombedarf des Ökohauses wird im Sommerhalbjahr weitgehend abgedeckt. Im Winterhalbjahr wird zusätzlicher Strom aus dem Netz benötigt. Die Kosten liegen bei etwa DM 2,50/kWh. Die Lebenserwartung für die Anlage liegt bei 20 Jahren.

Solarstromanlagen werden in einigen Bundesländern subventioniert. Dazu gibt es ein Merkblatt des ADAC (9).*

Licht

Das Licht ist ein Urelement des Lebens. Wir haben unsere Lebensfunktionen dem jahreszeitlichen Zyklus und dem Tag-Nachtrhythmus angepaßt. Die Forschungsarbeit von Fritz Hollwich (1948-1976) [9] erbrachte den Nachweis, daß das Auge nicht nur der optischen Wahrnehmung dient, sondern auch der Aufnahme von Lichtimpulsen zur Steuerung und Stimulierung von Stoffwechsel- und Hormonfunktionen. Das macht deutlich, wie wichtig es ist, möglichst natürliche Lichtverhältnisse in Innenräumen zu schaffen.

Normales Fensterglas verändert das Farbspektrum des Lichtes nur unwesentlich, der UV-Anteil durchdringt Fensterglas jedoch nicht. Insofern tritt auch bei Verwendung des normalen Glases eine qualitative Veränderung ein, die

---

* Ziffern in runden Klammern verweisen auf das Adressenverzeichnis im Anhang.

Bild 36 Photovoltaische Stromerzeugung am Ökohaus in Würzburg. Die Fläche ist unter 45° nach Süden geneigt. Die Solarmodule sind auf einem Stahlrahmen mit ca. 25 cm Abstand von der Dachdichtungsebene montiert.

Bild 37 Photovoltaikanlage am Ökohaus in Würzburg. Hohlraum zwischen den Solarmodulen und der Dachhaut, mit Stahlrahmenkonstruktion, deren Lagerpunkte und Verkabelung

nur durch Verwendung der teuren Quarz- oder Acrylgläser zu umgehen wäre. Eine deutliche Verschlechterung des Sonnenlichtes wird allerdings durch den Einsatz metallbeschichteter Scheiben erzielt.

Sonnenschutzgläser bzw. Wärmeschutzgläser reduzieren den Gesamtlichtdurchgang je nach Bauart um 30-60 Prozent. Sie verändern auch das Lichtspektrum entsprechend ihrer Färbung bzw. Bedampfung. Besonders nachteilig wirkt sich der Umstand aus, daß die Reduzierung des Tageslichtspektrums ganzjährig erfolgt, auch dann, wenn die positive Schutzwirkung nicht benötigt wird. Insofern sind den Strahlungsverhältnissen anpaßbare Sonnenschutzeinrichtungen vorzuziehen. Wärmeschutz an Fenstern kann auch durch Mehrscheibenkonstruktionen erzielt werden.

Wir haben uns daran gewöhnt, Innenräume in hohem Maße mit Kunstlicht auszuleuchten. Ein großes Komfortbedürfnis, ein relativer Reichtum und erhebliche Entwicklungsaktivitäten der Industrie haben zu einer stetig steigenden Lichtleistung in Innenräumen geführt. Qualitative Betrachtungen von Leuchtmitteln und Lampen erfolgen nur unter physikalischen und produktionstechnischen Gesichtspunkten. Ihre gesundheitliche Wirkung wird dabei kaum beachtet. Dabei muß auch beim Einsatz von Kunstlicht das natürliche Licht der Maßstab bleiben. Seine Eigenschaften sind:

– Ein geschlossener Spektralbereich zwischen 380 und 780 nm Wellenlänge, als Kurve ein flachgebuckeltes Bergprofil ohne Lücken und Zacken, d.h. mit natürlichen Übergängen von Farbzone zu Farbzone.

– Jahreszeitliche Veränderung in Intensität, Lichtfarbe und Einstrahlungswinkel.

– Tag- und Nachtrhythmus mit Beleuchtungsstärken zwischen 1 und 100.000 Lux (im Freien), dabei ebenfalls Wandel von Lichtfarbe und Einstrahlungswinkel.

– Witterungsbedingte Lichtfarben- und Intensitätswechsel.

Mißt man nun die heute gebräuchlichen Lichtquellen an den genannten Eigenschaften des natürlichen Lichtes, dann fällt folgendes auf:

– Ihre spektrale Zusammensetzung besteht grundsätzlich nur aus einem oder mehreren Spektralbereichen.

– Ihre Lichtleistung ist gleichförmig. Periodische oder willkürliche Veränderungen sind nicht vorgesehen.

Betrachtet man die einzelnen Leuchtmittel, ergeben sich folgende spektrale Strahlungsdichten:

– Glühlampen
Eine fast kontinuierlich ansteigende Dichte von violett (389 nm) nach rot (780 nm) mit einem stark überwiegenden Gelb-Rotbereich.

– Leuchtstoffröhren (Beispiel Lumilux – Tageslicht, Lichtfarbe 11)
Drei schmale Spektralzonen im blauen (436 nm), im gelben (546 nm) und im orangeroten Bereich (630 nm) mit einer niedrigen Sockelzone und naturgemäß großen Lücken zwischen den Spektralzonen.

- Quecksilberdampflampen
  Drei Spektralspitzen im Blau-Grün- und Gelbbereich ohne Sockel in der Kurve.
- Natriumdampflampen (Niederdruck 35-180 W)
  Eine enge Spektralzone im Gelbbereich bei 580 nm.

Das hier zur spektralen Strahlungsdichte Gesagte belegt, daß aus biologischer Sicht die Leuchtstoffröhren und die Speziallampen wegen der lückenhaften Spektralverteilung für den Einsatz in Räumen zum dauernden Aufenthalt von Menschen nicht besonders gut geeignet sind. Eine Ausnahme bildet die True-Lite Leuchtstoffröhre. Sie bietet fast ein Tageslichtvollspektrum.

Auf die Kriterien Monotonie, Flackerfrequenz und Blendung will ich hier nicht weiter eingehen. Daß Leuchtstoffröhren trotzdem so umfangreich eingesetzt werden, liegt an der Überbewertung wirtschaftlicher und rein technischer Argumente. Bedenkt man aber, daß beim Einsatz von Leuchtstofflampen für die gleiche Sehleistung die dreifache Beleuchtungsstärke benötigt wird als bei einer Beleuchtung mit Tageslichtspektrum und bezieht man gesundheitliche Aspekte in die Betrachtung mit ein, dürfte es leichter sein, Beleuchtungskonzepte für Gebäude aller Art sehr differenziert und auf den Menschen bezogen zu konzipieren.

Sanfte Technik

Unter sanfter Technik wird eine in jeder Hinsicht optimierte Technik verstanden, d.h. eine optimale Funktionserfüllung mit minimalem Einsatz an Material und Energie unter voller Berücksichtigung ökologischer Grundsätze. In unserer Zeit bedeutet das häufig einfache Technik, die von reduziertem Komfortanspruch der Nutzer begleitet sein muß. Dazu einige Beispiele:
- Doppelarmkran am Main in Würzburg, erbaut von Balthasar Neumanns Sohn Franz Ignaz um 1770. Zwei Kranarme liegen sich auf einem Drehkreuz direkt gegenüber. Ein Arm nimmt Ladung aus einem Schiff auf, der andere lädt auf einem Fuhrwerk ab. Dann dreht diese Konstruktion lediglich um 180°, und der erste Arm lädt auf dem Lande ab, der zweite nimmt Güter auf der Wasserseite auf. So wird mit einem minimalen Energieeinsatz ein Schiff entladen. *38*
- Ein- oder zweiflügliges Gartentor, das ohne zusätzlichen Energie- oder Technikeinsatz immer in seine Ausgangsstellung (geschlossen) zurückschwingt. Das wird dadurch bewirkt, daß obere und untere Aufhängung des Tores nicht senkrecht übereinander angeordnet werden, sondern die obere 1-3 cm, je nach Torgröße, in Richtung des geschlossenen Tores vorsteht. Damit sitzt das Tor etwas 'schief' und schwingt in seine 'tiefste' Lage zurück. Der untere Fixpunkt wird als doppelachsiges Drucklager ausgebildet. *39*
- Handgeschmiedetes Eisengeländer. Der Kohlenstoffgehalt des Eisens und der Schmiedevorgang verhindern, daß dieses Bauteil in nennenswertem

Bild 38 Doppelarmkran von 1770 in Würzburg

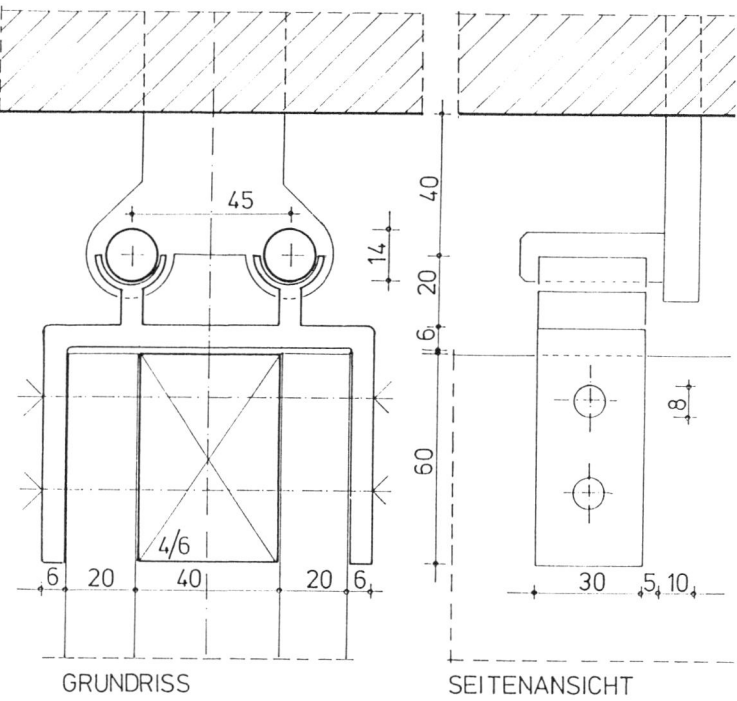

GRUNDRISS SEITENANSICHT

Bild 39 Untere Aufhängung eines Tores, das selbsttätig schließt

Bild 40 Sanfte Technik. Handläufe aus geschmiedetem Stahl mit handwerklicher Ausbildung der Verbindungspunkte

Umfang rostet. Ein Anstrich ist also nicht erforderlich. Der Kostenmehraufwand für das Schmieden wird durch den Wegfall des Erst- und der Folgeanstriche mehr als wettgemacht; denn der beste Anstrich ist der vermiedene.

– Kälte-Wärmekopplung. Damit ist die intelligente Verknüpfung von Kälte- und Wärmeerzeugung gemeint. Die dem Kältemedium entzogene Wärme wird über eine nachgeschaltete Wärmepumpe auf ein höheres Temperaturniveau gehoben und als Brauchwärme genutzt. Wenn dabei Gas als Energieträger eingesetzt wird, kann ein sehr hoher Energienutzungsgrad erzielt werden, ohne daß damit nennenswerte Schadstoffemissionen verbunden sind.

40

3.6 Vorschriften

Das Umweltbewußtsein ist in Mitteleuropa deutlich stärker ausgeprägt als im Süden des Kontinents. Vorreiterrollen haben insbesondere Österreich, die Schweiz, Deutschland und teilweise die Niederlande. Dem entsprechen auch Umfang und Intensität der gesetzlichen Regelungen. Die Europäische Gemeinschaft hat schon 1985 mit einer Richtlinie zur Umweltverträglichkeitsprüfung den Nationalstaaten den Weg gewiesen, der bei der Genehmigung relevanter Bauvorhaben beschritten werden muß, um umweltschonend zu planen und zu bauen. Zur Begleitung des Gemeinsamen Europäischen Marktes wurden eine Bauproduktenrichtlinie und eine Baukoordinationsrichtlinie eingeführt. Darin werden in Grundlagendokumenten auch die Anforderungen an Hygiene, Gesundheit und Umwelt formuliert. Sie sind eine Basis für alle gesetzlichen Regelungen und Normen in der Zukunft. Eine weitere Grundlage bildet die Europäische Charta *Umwelt und Gesundheit,* die im Dezember 1989 von 29 Staaten angenommen wurde. Vorläufer sind Leitlinien der Weltgesundheitsorganisation (WHO), die schon frühzeitig auf den Anspruch jedes Menschen auf „vollkommenes, körperliches, seelisches und soziales Wohlbefinden" hingewiesen hat. Davon sind wir allerdings noch weit entfernt. Aber eine große Zahl von Gesetzen, Richtlinien und Normen zum Schutz der Vegetation des Bodens, zum Schutz des Wassers, der Luft und nicht zuletzt des Menschen ist in Kraft gesetzt worden und wird weiter entwickelt.

– *Gesetz über die Umweltverträglichkeitsprüfung (UVPG vom 12. Februar 1990)*
  Ziel dieses Gesetzes ist es, die Auswirkungen von Bauvorhaben auf die Umwelt zu ermitteln, zu beschreiben und zu bewerten. Die Ergebnisse müssen bei allen behördlichen Entscheidungen berücksichtigt werden. Die Umweltverträglichkeitsprüfung ist ein unselbständiger Teil verwaltungsbehördlicher Verfahren.

– *Richtlinie des Bundes zur Durchführung von Bauvorhaben (RB-BAU)*
  Kap. K 14 Umweltschutz (1990)
  Darin werden die Ziele des Umweltschutzes und die Möglichkeiten seiner Realisierung bei der Durchführung bundeseigener Bauvorhaben beschrieben. Dabei wird ausdrücklich betont, daß die haushaltsrechtlichen Grundsätze der Sparsamkeit und Wirtschaftlichkeit dem nicht entgegenstehen.

– *Bundesimmissionsschutzgesetz (BImSchG), Stand 26. November 1986*
  Das Gesetz regelt den Schutz vor schädlichen Umwelteinwirkungen durch Luftverunreinigungen, Geräusche, Erschütterungen usw. aus genehmigungsbedürftigen Anlagen. Damit werden die Betreiber der Anlagen verpflichtet, Umwelteinwirkungen so weit zu verringern, wie es der Stand der Technik zuläßt. Die Parameter dafür sind in einer Reihe von Verwaltungsvorschriften beschrieben. Dazu gehören die Technischen Anleitungen zur Reinhaltung der Luft (TA-Luft) und die Technische Anleitung zum Schutz gegen Lärm (TA-Lärm) u.a.

- *Chemikaliengesetz (Chem.-G.) vom 15. September 1980*
  Das Gesetz regelt die Verpflichtung der Hersteller zur Anmeldung, Prüfung und Einstufung gefährlicher Stoffe. Durch Beschränkungen und Verbote werden Zubereitung, Verpackung, Verkauf und Verarbeitung solche Stoffe zum Schutz der Umwelt geregelt.
- *Gefahrstoffverordnung (Gef.-StoffV) 1991*
  Diese Verordnung ergänzte das Chemikaliengesetz, indem es Zubereitung, Inverkehrbringen, Umgang, Lagerung, Verarbeitung und Vernichtung gefährlicher Stoffe regelt. Dabei sollen der Mensch vor Gesundheitsgefahren und die Umwelt vor stoffbedingten Schädigungen geschützt werden.
- *Abfallgesetz (ABfG) vom 27. August 1986*
  Gesetz über die Vermeidung und Entsorgung von Abfällen. Ziele sind die Vermeidung und spätere Verwertung von Abfällen. Es werden das Sammeln, Befördern, Behandeln und Lagern von Abfällen geregelt.
- *Asbestrichtlinie vom Mai 1989* [46]
  Richtlinie für die Bewertung und Sanierung schwachgebundener Asbestprodukte in Gebäuden. Ein Anhang enthält ein Formblatt zur Ermittlung der Dringlichkeit einer Sanierung (Tabelle 15), Hinweise zur Messung von Asbestfaserkonzentrationen in der Raumluft und Anforderungen an Beschichtungsstoffe aus Kunststoff.

Bauaufsichtliche Regelungen im engeren Sinne sind in Deutschland Ländersache. Darum werden Detailregelungen von den Bundesländern getroffen. Beispielsweise haben Berlin mit der neuen Wohnungsbauförderungsrichtlinie und der Modernisierungs- und Sanierungsrichtlinie von 1990, Nordrhein-Westfalen mit der Richtlinie zur Berücksichtigung des Umweltschutzes bei der Durchführung von Bauaufgaben des Landes vom 11. Februar 1988 sowie Bayern mit einem Erlaß zum gleichen Thema auf die zwingenden Forderungen nach Umweltvorsorge, Umweltschutz und Verwendung umweltfreundlicher Baustoffe hingewiesen. Auch wenn sich diese Regelungen nur auf Bauaufgaben der öffentlichen Hand beziehen, wie in Bayern und NRW, geht von ihnen doch eine Signalwirkung auf die private und gewerbliche Bautätigkeit aus.

Die *Landesbauordnungen* (LBO) regeln die Anforderungen an die Planung und Baudurchführung aller Bauvorhaben eines Landes. Beispielsweise heißt es im Paragraph 3 LBO NRW: „Anlagen sind derart anzuordnen, zu errichten, zu ändern und zu erhalten, daß die öffentliche Ordnung, insbesondere Leben und Gesundheit, nicht gefährdet werden." Das Ziel dieser Formulierung war ursprünglich die Unfallvermeidung. Sie bietet heute aber auch eine Grundlage für die Abwehr von gesundheitlichen Gefahren aus Baustoffen oder technischen Einbauten. Im Paragraph 16 wird gefordert, daß durch Wasser, Feuchtigkeit, Witterungseinflüsse, tierische oder pflanzliche Schädlinge sowie durch physikalische, chemische und biologische Einflüsse keine Gefahren oder unzumutbare Belästigungen entstehen dürfen.

Derzeitige Situation bei der gesundheitlichen Bewertung von Baustoffen

Für die gesundheitliche Beurteilung von Baustoffen bestehen keine generellen präventiven Vorgehensweisen, sondern lediglich pragmatische behördliche Regelungen als Reaktion auf „dienstlich wahrgenommene" Produktgefahren.

Baustoffe werden auch nicht im Hinblick auf ihre Umweltverträglichkeit im Sinne ökologischer Zusammenhänge (Ressourcenschonung, Primärenergiebedarf, Schadstoffemissionen bei der Herstellung oder Entsorgung) beurteilt. Dafür sind andere Rechtsbereiche zuständig. Das heißt, im Bauordnungsrecht ist das über die vorbeugende Gefahrenabwehr hinausgehende Vorsorgeprinzip nicht verankert. Das Baurecht umfaßt die Zeiträume der Errichtung, der Nutzung und des Abbruches. Das Minimierungsprinzip von Schadstoffemissionen ist nicht abgedeckt. Inwieweit das CE-Zeichen, das nach der Bauprodukten-richtlinie die Brauchbarkeit eines Bauteiles belegen soll, hier eine Änderung herbeiführt, bleibt abzuwarten. In Deutschland wird im wesentlichen das Berliner Institut für Bautechnik damit befaßt sein.

In Anlehnung an die Forderungen einer Expertengruppe der Bauaufsicht von Anfang 1988 formuliere ich folgende Empfehlungen für eine zukünftige Entwicklung:

- Das bisherige Verfahren, nur auf bekanntgewordene Gefahren nachträglich zu reagieren (Asbest, Holzschutzmittel), kann im Hinblick auf ein gestiegenes Umweltbewußtsein der Öffentlichkeit nicht länger hingenommen werden.

- Die Bauaufsichtsbehörden sollten die von den Gesundheitsbehörden festzulegenden Immissionsgrenzwerte von Innenräumen in Emissionsgrenzwerte für aus Baustoffen abgegebene Schadstoffe umsetzen. Solche Grenzwerte sind meßbar und bei der Produktion und in der Kontrolle handhabbar. Dabei sollte im Sinne des Vorsorgeprinzips das Minimierungsprinzip gelten.

- Die Minimierung schädlicher Emissionen muß im Paragraph 3 Musterbauordnung (MBO) verankert werden.

- Es muß eine Registrierpflicht von Baustoffen mit allen gesundheitsrelevanten Daten eingeführt werden. In einem Stufenplan werden zuerst alle neuen Baustoffe überprüft und registriert.

Später kommen die alten Baustoffe nach einer Prioritätenliste hinzu. Die Registrierpflicht muß sich auch auf die bisher keinem bauaufsichtlichen Verfahren unterworfenen Baustoffe, insbesondere des Ausbaues, erstrecken.

Allerdings wird ein schwerfälliger, gemeinsamer Europäischer Markt nationale Aktivitäten bremsen, so daß wir noch lange mit Einzelfallregelungen z.B. zur Verwendung tropischer Hölzer, dem Legionellenproblem oder dem von Asbestprodukten, werden leben müssen.

3.7 Kosten

Einer weitverbreiteten Meinung zufolge ist ökologisches Bauen teuer; gesundes Bauen könnten sich nur betuchte Leute leisten. Als Beleg wird angeführt, daß naturbelassene Materialien teurer seien als industriell gefertigte Massenprodukte herkömmlicher Art. Polystyroldämmstoffe seien viel billiger als Kork, eine Büchse Naturharzlack koste doppelt so viel wie das billige Lackprodukt vom Baumarkt usw.

In vielen Fällen trifft es zu, daß Baustoffe ohne schädliche Emissionen teurer sind als vergleichbare Produkte, deren Inhaltsstoffen man skeptisch gegenüberstehen muß. Aber Materialkosten allein sind kein verläßliches Indiz für die Kosten einer Leistung, eines Gewerkes oder eines ganzen Gebäudes. Andere, die Kosten beeinflussende Faktoren, wie Größen- und Komfortvorstellungen, Grundstückslage und örtliche Situation im Bauhandwerk, sind wesentlich ausschlaggebender. Nach meiner Einschätzung muß ökologisch geprägtes Bauen nicht teurer sein als herkömmliches. Allerdings wird häufig eine Verschiebung im Kostenschlüssel erforderlich. Erfahrene Architekten beherrschen eine große Bandbreite von Möglichkeiten, Kosten in einer Position oder in einem Gewerk zu reduzieren und in anderen zu erhöhen. Voraussetzung ist, daß Bauherren bereit sind, ihre Flächenansprüche und die in der Regel technisch geprägten Komfortvorstellungen zu reduzieren, ein wenig Bescheidenheit zu üben. Die Planer müssen die Auftraggeber über Planungs-, Kosten- und Terminfolgen aufklären. Sie müssen Phantasie entwickeln, um Mehrkosten an der einen durch Einsparungen an anderer Stelle auszugleichen. Der Architekt muß in der Ausschreibungsphase vor Abgabe der Angebote mit den betroffenen Handwerkern intensive Aufklärungsgespräche führen, um Unklarheiten bei ungewohnten Leistungen und Materialien zu beseitigen. Eventuell sind Hinweise auf Bezugsquellen sinnvoll. Damit werden Angstzuschläge in der Kalkulation der Unternehmen vermieden.

Einsparungsmöglichkeiten:
- Reduzierung befestigter Flächen im Außenbereich;
- Kompakte Gebäudeform;
- Einfache Dachgeometrie;
- Teilunterkellerung oder Verzicht auf Unterkellerung;
- Wahl einfacher Baukonstruktionen, die eventuell eine Selbsthilfe zulassen;
- Dachraum durch flachgeneigtes Dach einschränken und ungenutzt lassen;
- Spannweiten der Decken begrenzen;
- Raumzuschnitte und Ausbaustandards zu reduzieren;
- allen technischen Gewerken, z.B. Elektroinstallation durch Reduzierung der Brennstellen und Stromkreise, der Heizung durch Senkung der der Berechnung zugrunde zu legenden Raumtemperatur von 21°C auf 18°C (die Senkung der mittleren Raumtemperatur um 1°C entspricht einer Energieeinsparung von 6 Prozent), durch Vermeidung künstlicher Lüftung, Reduzierung von Automation im weitesten Sinne, denn nichts, was heute 'auto-

matisch' angeboten wird, kann nicht ebensogut von Hand betrieben werden (Rolläden, Sonnenschutz, Heizungssteuerung usw.);

- Trassenführungen der Medien, z.B. durch Zusammenfassung der Steigestränge im Gebäudeinneren, reduzieren;
- Fliesenarbeiten, nur wirklich naß werdende Flächen fliesen, für die übrigen Flächen ist Kalkputz als Feuchtepuffer angemessener;
- abgehängte Decken mit integrierten Lüftungs- und Beleuchtungssystemen;
- Geräteausstattung. Notwendigkeit oder Bequemlichkeit?
- Anstricharbeiten. Viele Oberflächen von Naturbaustoffen müssen nicht gestrichen werden.

Mehrkosten können entstehen
- bei der Dämmung von Wand, Decke und Dach;
- beim Anstrich von Flächen, die gestrichen werden müssen;
- bei Oberböden. Linoleum ist in der Regel teurer als PVC oder billige Teppichböden aus Synthesegarn und Schaumrücken;
- bei der Einrichtung. Gute Massivholzmöbel mit naturbelassener Oberfläche haben ihren Preis.

Beim Kostenvergleich herkömmlicher und naturbelassener Materialien darf auch nicht vergessen werden, die Gebrauchssicherheit und die Nutzungsdauer zu berücksichtigen. Kurzlebige Produkte sind auch unter ökologischen Gesichtspunkten abzulehnen.

Als Faustregel kann gelten: Mehrkosten aus ökologischen Gründen bis 5 Prozent für ein ganzes Gebäude sind, volkswirtschaftlich betrachtet, sinnvoll angelegt. Ein Nachweis darüber, daß die vermuteten Einsparungen im Gesundheitswesen und in der Umwelt die Mehrkosten rechtfertigen, ist nicht erforderlich.

Tabelle 13 *Orientierungskostenwerte einiger Bauteile und Baustoffe* (ohne Mwst., inkl. Nebenleistungen, sofern nicht anders vermerkt)

Bauteil/Baustoffe	Preis*
Fundamente, Traßbeton, inkl. Schalung	550,– DM/m³
Fundamente, Ziegelmauerwerk	500,– DM/m³
Lehmstampfboden 15 cm	45,– DM/m²
Kiesschüttung 20 cm	26,– DM/m²
Ziegelflachschicht im Sandbett	112,– DM/m²
Lehmwand 40 cm	320,– DM/m²
Lehmwand 25 cm	240,– DM/m²
Holzfachwerkwand ohne Ausfachung	72,– DM/m²
Porenziegelwand 24 cm	125,– DM/m²
Kalksandsteinwand 24 cm	115,– DM/m²
Holzbalkendecke mit Ziegelhohlkörpern Spannweite ca. 5,00 m, D = 20 cm	140,– DM/m²
Wände von Wintergärten inkl. Verglasung, in Holz	640,– DM/m²
Dächer von Wintergärten inkl. Verglasung, in Holz	660,– DM/m²
Lehmputz	80,– DM/m²
Traßzement-Kalkputz	35,– DM/m²
Kalk-Gipsputz, innen	44,– DM/m²
Kork, 8 cm als Wärmedämmung auf Wänden	38,– DM/m²
Kork, 8 cm im Holzfachwerk	44,– DM/m²
Korkplatten, Material inkl. Mwst., 4, 6, 8 cm	480,– DM/m³
Kokosfaserplatten, Material inkl. Mwst., 10–25 mm	24,– – 28,– DM/m²
Schilfrohrmatten, Material inkl. Mwst., D = 50 mm verarbeitet, D = 10 cm	14,– DM/m² 45,– DM/m²
Zellulose, 10 cm, Material inkl. Mwst.	20,– DM/m²
Perliteschüttung, 10 cm, Material inkl. Mwst.	35,– DM/m²
Schafwolle, 10 cm, Material inkl. Mwst.	50,– DM/m²
Weichfaserplatten, Material inkl. Mwst., 18 mm	13,– DM/m²
wie vor, mit Nut + Feder	15,– DM/m²
zusätzlich bituminiert	16,– DM/m²
als Aufdachwärmedämmplatte 80 mm	40,– DM/m²
verarbeitet auf der Wand, 20 mm	34,– DM/m²
verarbeitet auf dem Dach, 20 mm	40,– DM/m²
Hartfaserplatten, Material inkl. Mwst., 8 mm	19,– DM/m²
Gipskartonplatten, Material inkl. Mwst., 9,5 mm	9,– DM/m²
Spanplatten zementgebunden, 10 mm, Material inkl. Mwst.	15,– DM/m²
Holzwolleleichtbauplatten 50 mm, Material inkl. Mwst.	24,– DM/m²
Wollfilzpappe 0,6 mm, 1,25 m breit, Material inkl. Mwst.	3,00 DM/m²
Naturkrepp-Papier, Material inkl. Mwst.	3,50 DM/m²

Bauteil/Baustoffe	Preis*
Trockenschüttungen, Material inkl. Mwst.:	
– Bimsgranulat	19,– DM/80 kg
– Zelluloseflocken 12,5 kg ca. 1/3 m³,	45,– DM/Sack
verarbeitet	295,– DM/m³
– Korkgranulat Material, inkl. Mwst.	325,– DM/m³
Holzfenster, isolierverglast, mit Einbau	495,– DM/m²
Linoleum, verlegt	45,– DM/m²
Parkett, geklebt	60,– DM/m²
Korkparkett, Material inkl. Mwst.	20,– DM/m²
Wollteppich, verlegt	95,– DM/m²
Teppichkleber schadstoffarm, Material	1,80 DM/m²
Holzschutzmittel schadstoffarm, Material	2,25 DM/m²
Holzlasuren schadstoffarm, Material	20,– DM/kg
Hartölimprägnierung, Material	28,– DM/kg
verarbeitet	20,– DM/m²
Naturharzöllack innen, Material	35,– DM/kg
verarbeitet	21,– DM/m²
Hartwachs für Böden, Material	44,– DM/kg
verarbeitet	19,– DM/m²
Leimfarbe, Material	10,– DM/kg
verarbeitet	9,– DM/m²
Caseinfarbe, Material	15,– DM/kg
verarbeitet	10,– DM/m²
Kalkanstrich	7,– DM/m²
Bienenwachspflegeemulsion	19,– DM/kg
Gründach extensiv, komplett	110,– DM/m²
Gründach intensiv, komplett	160,– DM/m²
Lärchenholzverschalung außen	300,– DM/m²

* Stand: Frühjahr 1994

4 Problematische Substanzen in Baustoffen

4.1 Schadstoffkonzentrationen in der Raumluft

In unseren Breitengraden spielt sich das Leben weitgehend in Innenräumen ab. Wegen der bei uns herrschenden Witterungsverhältnisse ist eine Erwärmung der Räume für den größeren Teil des Jahres erforderlich. Um den dafür erforderlichen Energieverbrauch in Grenzen zu halten, wird der Außenmantel unserer Gebäude immer stärker gedämmt und gedichtet. Gedämmt wird häufig mit neuen oder künstlich 'verbesserten' konventionellen Materialien, deren Inhaltsstoffe emittieren können.

Körperliche Belastung entsteht aber nicht nur durch problematische Stoffe in Baumaterialien, sondern kann vielfältige Ursachen haben. Insbesondere gehört dazu die Nutzung der Räume. Die folgende Aufstellung mag das deutlich machen:

Tabelle 14 *Belastungen des Menschen in Innenräumen*

Streß	Ärger, Unrast, Lärm, Licht
Atmungsgifte	CO, Nitrosen, sonstige Gase
Enzymgifte	Schwermetalle wie Quecksilber, Cadmium, Blei
Genußgifte	Alkohol, Nikotin, Rauschgifte
Allergien	Hausstaub, Pollen, Chemikalien
Energiereiche Strahlung	Radon, Gesteinsstrahlung, Kosmosstrahlung, Röntgenstrahlung
Energieschwache Strahlung	Elektromagnetische Strahlung
Hohe Faserkonzentration in der Raumluft	Asbestfasern, Glas- und Steinwolle
Veränderte Ionenkonzentration der Raumluft	Veränderung der elektrischen Ladung der Sauerstoffmoleküle bei der Durchströmung metaller Kanäle, Geräte, Filter

(Quellen körperlicher Belastungen nach H. Stickl, München 1986) (45)

- Wenn in einem mittelgroßen Raum in einer Stunde 12 Zigaretten geraucht werden, kann der Formaldehydgehalt der Luft über den Richtwert von 0,1 ppm ansteigen.

- Der Betrieb offener Feuerstätten wie Öfen, Kamine, Gasheiz- oder Gaskochgeräte, führt zu einem Anstieg des Kohlendioxid- und Stickoxidgehalts der Raumluft.
- Allergien auslösende Stoffe werden insbesondere dort festgestellt, wo bautechnische Mängel, wie zu geringe Dämmung und Dichtung, mit belastender Nutzung, z.B. Feuchträume, zusammentreffen. Wird dann noch unzureichend gelüftet, können Schimmelpilze und Bakterien auftreten.
- Größte Bedeutung für die Innenraumbelastung haben die flüchtigen organischen Verbindungen, insbesondere die Kohlenwasserstoffverbindungen wie Xylol und Toluol, zwei Lösemittel aus Anstrichen, Beschichtungen und Klebern sowie die Benzole in Reinigungs- und Lösemitteln, im Benzin, Zigarettenrauch, in Farbstoffen, Insektiziden usw.

Hausstaubmilben

Holländische Forscher entdeckten Mitte der sechziger Jahre die Hausstaubmilbe als Ursache der zunehmenden Hausstauballergien, wobei nicht die Milbe selbst, sondern ihr Kot Allergien auslösen kann. Es besteht ein deutlicher Zusammenhang zwischen der Zahl der Milben im Hausstaub und der Wahrscheinlichkeit, an einer Allergie oder an Asthma zu erkranken. Insofern sind einige Richtzahlen von Bedeutung:
- 100 Milben/g Hausstaub = geringe Gefahr,
- 1000 Milben/g Hausstaub = Gefahr ist achtmal höher als bei 100 Milben/g

Der Umfang des Milbenbefalls wird vom Grad der Reinigung und vom Feuchtigkeitsgehalt der Luft und damit vom Lüftungsumfang bestimmt. Kann im Winter durch Heizen und Lüften die relative Luftfeuchtigkeit unter 45 Prozent gesenkt werden, sterben die Milben ab, die Wohnung wird milbenfrei. Mit einer Stoßlüftung über die Fenster ist das in der Regel nicht zu erreichen, zumal man dadurch viel Energie verlieren würde, sondern nur mit einer Zwangslüftung, die eine Luftwechselrate von 1,0-0,5 ermöglichen muß. Als Alternative bleibt nur die nicht zu empfehlende „chemische Keule". So bleibt als sparsame Lösung für Nichtallergiker: Öfter mal die Matratze erneuern, auf Teppichböden verzichten und Feuchtigkeit möglichst am Entstehungsort abführen. Allergiker jedoch sollten über diese Maßnahmen hinaus den Einbau einer Lüftungsanlage in Erwägung ziehen, trotz der berechtigten Vorbehalte (siehe 1.3 Energieeinsparung).

(Quelle: Dr. med. Jens Korsgaard Arhus, Lüftung und Hausstaubmilben, Sonderdruck aus: „Der Allergiker" 1991)

Innen-Außenverhältnis

Die Schadstoffkonzentration in Innenräumen liegt in der Regel deutlich über der des Außenraumes. 1986 wurde in einer großen Zahl von Wohnzimmern in den Niederlanden ein Meßprogramm durchgeführt. Danach lag die Konzentration organischer Schadgase in den Räumen vierzehn mal so hoch wie in den zum jeweiligen Raum gehörenden Außenraum.

Beispiele

Teppichböden mit Kunststoffrücken

Teppichböden enthalten neben dem aus der Handelsbezeichnung erkennbaren Grundstoff eine ganze Reihe von Eigenschaften beeinflussenden Zusatzstoffe, die je nach Produktionstechnologie, Weiterverarbeitung und Nutzung in die Raumluft emittieren können. Dazu gehören: 41

- Monomere: bei der Polymerisation von Kunststoffen nicht gebundene Moleküle;
- Katalysatoren: zur Einleitung oder Aufrechterhaltung von chemischen Prozessen;
- Vernetzer: zur Sicherung chemischer Bindungen;
- Stabilisatoren: zur Stabilisierung chemischer Bindungen und Stoffgemische, häufig Schwermetalle, z.B. Cadmium;
- Antioxydantien: Mittel, die Versprödungsprozesse durch Oxydation reduzieren;
- Füllstoffe: Materialgemische, häufig aus Recyclingprozessen, deren Eigenschaften schwer einzuschätzen sind;
- Weichmacher: z.B. Phthalate, die die Verarbeitbarkeit, Dehnbarkeit und Elastizität verbessern;
- technische Verunreinigungen der chemischen Grundstoffe in sehr geringen Mengen, deren biologische Wirkung ungeklärt ist.

Anstriche, Lacke, Beschichtungen

Die Oberflächenbehandlungsmittel werden flüssig-weich aufgetragen und sollen verfestigt eine Schutzschicht bilden. Das heißt, die 'Verflüssiger' müssen flüchtig sein, gasförmig entweichen. Damit wird die Raumluft belastet, am Anfang sehr stark, dann mit fallender Tendenz langfristig gegen Null, bzw. die Nachweisgrenze. Flüchtige Inhaltsstoffe sind:

- Lösemittel, organische komplexe Gemische z.B. mit Toluol, Xylol, Testbenzin, Spiritus, Wasser, u.a.;
- Kunststoffverbindungen: Monomere, also nicht polymerisierte oder fest eingebundene Moleküle;
- Formaldehyd, als Konservierungsmittel;
- Hilfsstoffe, wie Weichmacher (Phthalate), Härtungsbeschleuniger, Benetzungsmittel, Sikkative u.a.

Ob Oberflächenbeschichtungen möglicherweise eine allergische Wirkung auslösen können, kann in einem einfachen Selbstversuch getestet werden. Man klebe ein medizinisches Pflaster auf die verdächtige Fläche, warte zwei Stunden und klebe es dann auf die Innenseite des Unterarms. Stellt sich danach

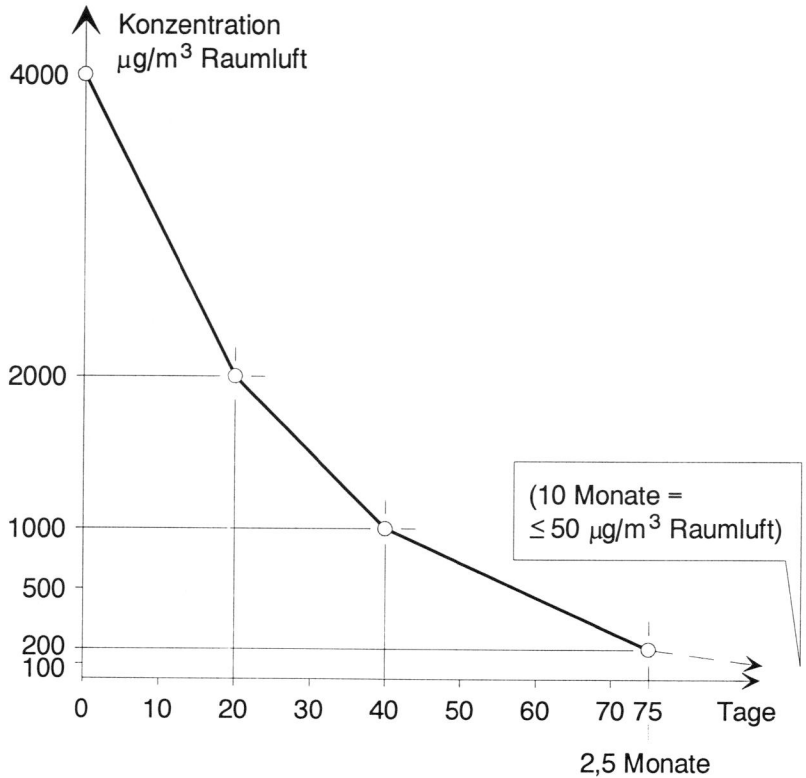

Bild 41 Styrolemissionen, auf die Zeit bezogen

Styrolmessung:
Dargestellt auf der Basis eines Vortrages in Essen von Prof. Dr. med. H.C. Sonntag, Heidelberg, vom 26.1.1985

Laborversuch unter verschärften Bedingungen
• Polystyrol-Hartschaum-Dämmplatten
• Verhältnis Dämmfläche zum Rauminhalt 1:10
• Fabrikationsfrische Platten
• Temperatur 21°C
(Bei Erhöhung der Temperatur auf 50°C, z.B. Dachschrägen, erhöht sich die Styrolemission um den Faktor 1,5)

eine Reizung der betreffenden Hautstelle ein, ist ein Hinweis auf eine allergische Reaktion gegeben. Sie sollten mit diesem Befund einen Hautarzt aufsuchen und sich mit dem Gedanken vertraut machen, das entsprechende Teil auszutauschen oder zu verschenken – mit Expertise, versteht sich.

Lüftung

Entscheidend für die Schadstoffkonzentration in Räumen ist der Umfang des Luftaustausches. Während der Arbeit mit schadstoffemittierenden Materialien ist permanent und großvolumig zu lüften (offene Fenster), nach Beendigung der Arbeiten noch einige Tage mit abnehmendem Umfang. Ein brauchbarer Indikator für das Maß der Lüftung ist die eigene Geruchswahrnehmung, auch wenn einige Stoffe nur sehr schwach riechen.

Während der normalen Nutzung sollten pro Person und Stunde ca. 30 m^3 frische Luft zur Verfügung stehen. Dazu ist bei modernen Fensterkonstruktionen Stoßlüftung durch Fensteröffnung erforderlich. Fenster in Kippstellung zur Langzeitlüftung sind Heizenergieverschwender.

Ein gesundes Raumklima wird durch drei Faktoren bestimmt:
- beim Bau, bei der Instandhaltung und der Wahl der Möbel sind schädliche Stoffe zu minimieren;
- bei der Nutzung, z.B. beim Heizen oder der Reinigung und Pflege und der Heimwerkertätigkeit, ist jedes denkbare Gefahrenpotential durch die Wahl unbedenklicher Stoffe weitest möglich herabzusetzen;
- eine angemessene Lüftung muß eine der Zahl und der Tätigkeit der Personen entsprechende Frischluftmenge sichern.

4.2 Aufnahmewege und biologische Wirkung von Problemstoffen

Kontaktzonen

Die Funktion der Kontaktzonen ist ein entscheidendes Merkmal dafür, ob und in welchem Umfang Schadstoffe aus der Raumluft vom Körper aufgenommen werden. Man unterscheidet:
- Schleimhäute des Nasen- und Rachenraumes sowie den Magen-Darm-Trakt;
- die Haut sowie die besonders „dünnhäutig" und damit aufnahmefähigen Haarfollikel;
- den Atemtrakt, dem in diesem Zusammenhang eine besondere Bedeutung zukommt.

Eigenschaften von Stoffen
Ein weiteres Merkmal für die Aufnahme von Schadstoffen durch den Körper ist die Fähigkeit, fettlöslich (lipophil) bzw. wasserlöslich (hydrophil) zu wirken. In biologischen Systemen grenzen sich sowohl ganze Körper als auch einzelne Zellen durch Membranen von ihrer Umgebung ab. Das heißt: Im Hinblick auf die Schadstoffaufnahme besteht eine enge Abhängigkeit zwischen dem Cha-

rakter der Membrane und den fett- bzw. wasserlöslichen Eigenschaften eines Schadstoffes. Da die Mehrzahl der biologischen Membranen für fettlösliche Stoffe durchlässig ist, stellen diese die größte Gefahr dar. Als Beispiel seien hier die Phenolverbindungen genannt. Entfettende Stoffe, z.B. halogenierte Kohlenwasserstoffe wie Chlorkohlenwasserstoffe, machen häufig den Weg frei für wasserlösliche Substanzen. Diese werden weitgehend in den oberen Atemwegen absorbiert und können dort zu Reizungen und Verätzungen führen.

Der Atemtrakt als Kontaktzone
Die größte Bedeutung für die Aufnahme von Stoffen aus der Luft hat naturgemäß der Atemtrakt. Aber nicht alles an eingeatmeten Substanzen wird im Körper wirksam. Wie komplex dieser Vorgang ist, wird deutlich, wenn wir einmal den verschlungenen Wegen einer chemischen Substanz in und durch den Körper folgen. Nach dem Eintritt in den Rachenraum kann sich der Stoff an einer Stelle auf einer Kontaktzone festsetzen und dort örtlich schädigend wirken, er kann dort umgewandelt werden in eine schädliche oder in eine neutrale Verbindung, und er kann weitergeleitet bzw. abgeatmet werden.

Biologische Wirkung
Häufiger als das Wirken an einer 'äußeren' Kontaktzone ist der Eintritt einer Substanz durch eine Membrane (z.B. Lungenbläschen) in die Blutbahn. Neutralisation oder Schadwirkung können sich sowohl im Blut als auch in den vom Blut berührten Organen vollziehen. Die Wirkung kann kurzfristig und aktuell oder chronisch sein.

Die in diesem Abschnitt, bezogen auf eine fast unüberschaubare Zahl von chemischen Verbindungen und biologischen Prozessen, so häufig verwendeten Einschränkungen „kann" und „entweder – oder" verdeutlichen, wie komplex die medizinische Beurteilung der Schadstoffwirkung auf den Menschen ist, sicherlich auch ein Grund dafür, daß sich Ärzte zu Krankheitsbildern, die eventuell auf Schadstoffe in der Raumluft zurückzuführen sind, äußerst vorsichtig äußern.

Den Eigenschaften der Stoffe soll noch etwas genauer nachgegangen werden.

Negative biologische Wirksamkeit
Darunter wird die Giftigkeit, die nachteilige Wirkung eines Stoffes auf den Organismus verstanden. Diese kann durch die Eigenschaften der Substanz, durch Reaktionen mit körpereigenen Stoffen oder durch den Anstoß eines Stoffwechselprozesses ausgelöst werden.

Emissionsverhalten
Der jedem Stoff innewohnende Dampfdruck und sein Filtrationsvermögen entscheiden im wesentlichen darüber, ob eine problematische Verbindung durch einen Baustoff hindurch und aus ihm heraustreten kann.

Migration
Eigenschaft einer Substanz, in ein biologisches System einzutreten

Synergismus
Damit wird das additive Zusammenwirken von Stoffen beschrieben. Dieser Komplex ist im Hinblick auf die von uns zu betrachtenden Verbindungen wenig

erforscht. Grundsätzlich muß davon ausgegangen werden, daß die Wirkung von Stoffgemischen anders ist als die Summe der Einzelwirkungen.

Antagonismus

Dieser Begriff wird dann verwendet, wenn sich die Wirkungen von Stoffen gegenseitig hemmen. Nach Ansicht von Toxikologen ist die Wahrscheinlichkeit, daß Wirkungen einander hemmen, größer, als daß sie sich addieren. Das klingt etwas beruhigend, ist aber kein Grund, die Wirkung chemischer Substanzen zu bagatellisieren.

Dosis-Wirkungs-Beziehung

Baustoffe bestehen in der Regel aus einer großen Zahl von Grundstoffen, die in ihrer Mehrzahl fest gebunden sind. Daneben gibt es jedoch auch Inhaltsstoffe, die der sogenannten Verbesserung der Grundeigenschaften eines Baustoffes dienen und die nicht selten aufgrund ihrer chemischen Zusammensetzung emittieren. Als Schadstoffe werden sie dann bezeichnet, wenn sie eine Beeinträchtigung des Wohlbefindens und der Gesundheit hervorrufen können. Der Nachweis eines Schadstoffes in der Raumluft ist jedoch noch kein verläßlicher Hinweis auf gesundheitliche Gefahren für die Benutzer des Raumes.

Als Hilfsgrößen für die Beurteilung eines möglichen Gefährdungspotentials werden die Schadstoffmengen und die Wirkungsgrenzen herangezogen. Die Kombination dieser Parameter, die Dosis-Wirkungs-Beziehung, wird damit zur entscheidenden Größe bei der Beurteilung gesundheitlicher Gefahren. Dies gilt jedoch nicht für kanzerogene (krebserzeugende), mutagene (erbgutverändernde) und viele allergene Stoffe.

Grenzwerte

Grunderkenntnisse über Wirkungsschwellen sind aus der Pharmakologie und der Arbeitsmedizin bekannt. Sie können in Experimenten am Menschen erhärtet werden, sofern es sich um nicht sensibilisierende Stoffe handelt. Diese können nur in Tierversuchen erforscht werden und erfordern größere Sicherheitszuschläge bei Rückschlüssen auf den Menschen. Im Experiment werden Versuchsgruppen einer sich verändernden Konzentration von Schadstoffen in der Raumluft ausgesetzt. Dabei ist diejenige Stoffkonzentration von Interesse, bei der die Versuchspersonen keine Beschwerden, z.B. Augenreizungen, mehr haben. Diese Wirkungsschwelle wird mit einem Sicherheitsabschlag dann noch einmal stark herabgesetzt. Dieser Abschlag soll dafür sorgen, daß auch wesentlich empfindlichere Personen, als in der Versuchsgruppe beobachtet wurden, geschützt werden. Dazu gehören Kranke, Vorgeschädigte, Kinder usw. Der Sicherheitsabschlag kann also nicht standardisiert auf Faktor 10, 100 oder gar 1000 festgelegt werden, sondern ist vom Charakter der jeweiligen Substanz abhängig. Aber er kann auch nicht allein nach wissenschaftlichen Erkenntnissen bestimmt werden. Es spielen auch politische, d.h. häufig wirtschaftliche Gesichtspunkte eine Rolle. Die Tolerierung eines Restrisikos ist eine gesellschaftliche Aufgabe, die an anderen Gefahrensituationen, wie dem Straßenverkehr oder der Nutzung der Atomenergie, gemessen wird. Bei der Verwendung von Glasfasern zur Wärmedämmung ist ein Gesundheitsrisiko nicht gänzlich auszuschließen. Trotzdem verzichten wir nicht auf ihre Anwendung, weil die dadurch erzielte Energieeinsparung auch einen Umweltnutzen hat. In diesem Fall erscheint der Nutzen deutlich größer als das Gesundheitsrisiko.

Der oben beschriebene Schwellenwert wird durch einen Sicherheitsfaktor verringert und bildet damit einen sogenannten Orientierungswert. Er stellt den Grenzwert, d.h. die maximale Raumluftkonzentration dar, unterhalb der der größte Teil der Bevölkerung geschützt ist. Das heißt jedoch nicht, daß keine Wirkung erfolgt, sondern vielleicht nur, daß die Wirkung meßtechnisch noch nicht erfaßbar ist. Im wesentlichen gilt das bis hier Gesagte für Stoffe, die reversible Wirkungen erzeugen.

Bei kanzerogenen, mutagenen und vielen allergenen Stoffen werden dagegen irreversible Schädigungsprozesse hervorgerufen. Für diese Stoffe gibt es keine Schwellenwerte. Sie können in kleinsten Dosen auf eine einzelne Zelle wirken, diese verändern und eine neue Zellpopulation einleiten, deren Wachstum nicht mehr steuerbar ist. Da es keinen Schwellenwert gibt, kann es auch keinen Grenzwert geben. Hier hilft man sich teilweise mit Orientierungswerten, denen eine Risikoabschätzung vorausgeht. Dieser liegen Schadstoffkonzentrationswerte z.B. unbelasteter Landschaftsräume und die technisch bedingten Nachweisgrenzen der Meßverfahren zugrunde.

Produktregelung

Die erläuterten Grenz- bzw. Orientierungswerte gelten für die Innenraumluft. Aber solche Werte sind immer nur für eine Nachprüfung im bereits fertig gestellten Raum anwendbar, z.B. bei Streitigkeiten zwischen Bauherren und Firmen. Sie sind für die Planung und Errichtung von Gebäuden nicht brauchbar. Es ist nicht möglich, aus der Art und der Menge eines eventuell belastenden Baustoffes auf die sich später einstellende Schadstoffkonzentration im Raum zu schließen, zumal Unwägbarkeiten im Nutzerverhalten dazukommen. Das heißt: Aus den Erkenntnissen über zumutbare Konzentrationsdichten von Stoffen in der Raumluft müssen über Experimente im Labor im Maßstab 1:1 Schlüsse auf die maximalen Schadstoffgehalte in Baustoffen gezogen werden, ein komplizierter und langwieriger Prozeß, der bisher nur für wenige Stoffe (z.B. für Formaldehyd) eingeleitet bzw. abgeschlossen ist. Für die meisten Stoffe müssen wir noch für viele Jahre mit Schätzungen leben. Ziel einer langen, aber notwendigen Entwicklung bleibt es, eine Produktregelung einzuführen, die eine Volldeklaration der Inhaltsstoffe einschließt. Sie muß sowohl für bauaufsichtlich zuzulassende als auch von der Zulassung befreite Baustoffe und Bauteile gelten.

Solange eine solche Regelung nicht besteht, können Planer und Bauherren nur nach dem Minimierungsprinzip handeln, d.h. Baustoffe mit umstrittenen Inhaltsstoffen sollten nicht oder nur in kleinem Umfang eingesetzt werden. Das erscheint auch deswegen geboten, weil die Erfahrung der letzten 30 Jahre zeigt, daß Grenzwerte nie nach oben, sondern immer nach unten korrigiert werden.

[29, 37, 42]

Kriterien der Schadstoffwirkung bei Baumaterialien:

Eine gesundheitliche Beeinflussung ist abhängig von
- der Menge des verwendeten Materials und vom Einbauort;
- der Nutzung des Raumes (Labor, Kinderzimmer, Speisesaal eines Altersheimes u.a.);
- der Luftaustauschrate (Nutzerverhalten, Fensterkonstruktion);
- der Temperatur im Raum (10°C Temperaturanstieg führt zur Verdoppelung der chemischen Reaktionsprozesse);
- der Wirkzeit des Stoffes (Daueraufenthaltsraum, Arbeitsstätte, Schule);
- der negativen biologischen Wirksamkeit (d.h. der Giftigkeit der chemischen Substanz);
- dem Emissionsverhalten (des Dampfdruckes und des Filtrationsvermögens des Stoffes);
- der Migration (dem Eindringvermögen in biologische Systeme);
- dem Synergismus (dem Zusammenwirken von chemischen Substanzen, ein wegen seiner Komplexität wenig erforschtes Phänomen);
- dem Aufnahmeweg (zum Beispiel Lunge, Haut, Magen-Darm-Trakt);
- der Konstitution (beispielsweise der Funktion des Immunsystems).

Die Bewertung analytischer Befunde und die Zuordnung zu bestimmten Krankheitssymptomen ist äußerst schwierig.

4.3 Einzelbeschreibungen von problematischen Stoffen

Hier werden einige im Bauwesen häufig gebrauchte Stoffe bzw. deren Bestandteile beschrieben, die gesundheitsschädlich wirken können. Wenn solche Stoffe vorhanden sind, bedeutet das aber nicht, daß auch in jedem Falle eine Gefährdung eintreten muß. Entscheidend sind die spezifischen Gegebenheiten: Wie gefährlich ist der Stoff, emittiert er, wie wird gelüftet? usw. Eine pauschale Ablehnung von Baustoffen, die Schadstoffe enthalten, ist also nicht gerechtfertigt. [42]

Asbest

Beschreibung
Asbest ist ein silikatisches Mineral mit einer feinfaserigen Struktur. Von den sechs bekannten Arten haben nur der Weißasbest (Chrysotil) etwa 90 Prozent der Weltproduktion und der Blauasbest (Krokydolith) mit etwa 4 Prozent eine Bedeutung. Die Struktur dieses Minerals ermöglicht eine Aufspaltung und Zerfaserung in feinste Fasern. Sie sind biegsam, reißfest, hitzebeständig, unbrennbar, korrosionsfrei, isolierfähig und weitgehend chemisch beständig.

Gesundheitsrelevanz

Faserstaub aus der Verarbeitung, der Abnutzung und der Verwitterung gelangt über die Atmung in den menschlichen Körper. Die Gefährdung geht von der geometrischen Form, nicht von der chemischen Zusammensetzung der Fasern aus. Abmessungen von unter 3 µm Durchmesser und über 5 µm Länge werden als besonders kritisch angesehen. Die Fasern setzen sich in der Lunge fest und führen dort zu Entzündungen und der Asbestose. Symptome sind Kurzatmigkeit, Husten, Engegefühl, Bronchitis usw. Nach einer sehr langen Latenzzeit von 15-30 Jahren kann es dann zu Lungenkrebserkrankungen kommen. Durch Asbestfasern kann auch, allerdings seltener, Krebs des Rippen- oder Bauchfelles hervorgerufen werden. Krebs durch Kurzzeitbelastung mit Faserstaub ist möglich, im allgemeinen jedoch steigt das Risiko einer Erkrankung mit der Intensität und der Dauer der Belastung. Ein unterer Schwellenwert, d.h. eine ungefährliche Faserkonzentration, wird nicht angegeben. Leider sind heute, aufgrund jahrzehntelanger Produktion und ebenso langem Gebrauch von Asbestprodukten, Asbestfasern in der Außenluft überall nachzuweisen. Auch wenn es in der jüngeren Vergangenheit Produktions- und Anwendungsbeschränkungen gegeben hat und in nächster Zukunft Asbestprodukte ganz aus dem Bereich des Hochbaues verbannt sind, wird die Belastung in den nächsten Jahrzehnten deutlich zunehmen. Dazu tragen auch die erforderlichen Sanierungsmaßnahmen bei, die trotz sorgfältiger Abschottung in der Regel zu einer erhöhten Faserbelastung der Umgebung beitragen. Nicht zu Ende gedachte Entsorgungskonzepte für Asbeststoffe auf unseren Deponien werden noch zu erheblichen Problemen in der Zukunft führen.

Verwendung, Ersatz, Sanierung

Es werden zwei Asbestproduktgruppen unterschieden:

1. Fest, meist mit Zement, gebundener Asbest. Faseranteil bis 15 Prozent. Produkte sind profilierte und ebene Platten für Dachdeckung und Wandbekleidung, Fensterbänke, Feuerschutzklappen, Rohre für Lüftung und Wasserführung, Pflanzkübel usw.

2. Lose gebundener Asbest mit in der Regel über 60 Prozent Faseranteil. Produkte, insbesondere für den Brandschutz, sind Spritzputze, Platten und Matten zur Verkleidung brandgefährdeter Bauteile aus Stahl und Holz, Leichtbauplatten, Dichtungsschnüre, Füllmassen, Gewebe und Füllstoffe in Lacken und Kunststoffen.

   Insbesondere von diesen schwach gebundenen Asbestprodukten geht heute eine akute Gefahr aus. Gebäude, in denen schwach gebundene Asbestprodukte eingebaut wurden, müssen untersucht und gegebenenfalls saniert werden. Das Verfahren wird in der *Richtlinie für die Bewertung und Sanierung schwach gebundener Asbestprodukte in Gebäuden* geregelt [46]. Darin werden detailliert Bewertung, Sanierung, Kontrollen und alle Sicherheitsmaßnahmen beschrieben. Formblätter im Anhang erleichtern die Durchführung der notwendigen Arbeiten. Verantwortlich für die Durchführung der in der Richtlinie beschriebenen Maßnahmen ist der jeweilige Gebäudeeigentümer.

Wegen der Komplexität und der Gefährlichkeit der Sanierungsarbeiten wird hier darauf verzichtet, Einzelheiten zu beschreiben. Die Maßnahmen dürfen nur von zugelassenen Firmen durchgeführt werden. Das Entfernen von kleinen Mengen Asbestprodukten im privaten Bereich sollte nur unter Beachtung folgender Sicherheitsmaßnahmen durchgeführt werden: Produkte durch Annässen binden, möglichst nicht oder nur im Freien kratzen, bürsten usw., Produkte in Zement binden oder in dichten Foliensäcken verpacken, nicht in den Hausmüll werfen, sondern auf der Deponie mit Angabe des Inhalts abgeben, in der Regel Schutzmaske tragen, Raumflächen und Mobiliar feucht wischen, und lüften. Untergründe von entfernten Asbestbauteilen zur Restfaserbindung mit Acrylfarbe streichen.

Häufig müssen Bauteile, von denen Asbest entfernt wurde, erneut geschützt werden. Die Auswahl der dafür geeigneten Baustoffe erleichtert ein Ersatzstoffkatalog des Umweltbundesamtes [51]. Es liegt auf der Hand, daß Materialien, mit denen ähnliche Schutzwirkungen wie mit Asbest erzielt werden sollen, auch ähnliche Eigenschaften haben müssen. Insofern kann nicht mit Sicherheit ausgeschlossen werden, daß die Ersatzprodukte nicht in einigen Jahren als ebenso gesundheitsgefährdend eingestuft werden wie heute Asbest. Insofern sollte bei Sanierungsplanungen geprüft werden, ob nicht ganz andere Schutzstrategien geeigneter sind. Dazu gehört das Einkapseln z.B. von Stahlstützen durch massive Baustoffe. Das Einmauern kostet Platz, ist aber auf Dauer eine sichere Methode.

Die Sanierung asbestverseuchter Gebäude kann sehr teuer werden. Die Erfahrungen der letzten Jahre weisen auf Größenordnungen von 25 Prozent der ursprünglichen Rohbaukosten bis zu den dreifachen Gebäudekosten hin. Der Abbruch des ganzen Gebäudes ist eine zweifelhafte Alternative, denn die Asbestbauteile müssen in jedem Falle vorher ordnungsgemäß ausgebaut und entsorgt werden.

Asbestzement

Die bisher getroffenen gesetzlichen Regelungen beziehen sich im wesentlichen auf schwach gebundene Asbestprodukte. Ähnliche Regelungen für Asbestzementprodukte sind im Entwurf zur DIN 18520 und in der TRGS 519 erarbeitet worden. Der Grund dafür sind die vielen Millionen m^2 von Asbestzementplatten auf Dächern und an Wänden. Die Oberflächen verwittern und Asbestfasern werden frei. Hier kommt ein enormer Sanierungsbedarf auf die Eigentümer zu. Dabei sollte folgendes beachtet werden:

- Flächen, deren Oberfläche noch glatt erscheinen, sollten nicht saniert werden, auch nicht gereinigt;
- keine nur optische Sanierung (Anstrich) durchführen, weil dazu die sehr kritische Reinigung erforderlich ist;
- muß gereinigt werden, dann nur naß im Wasserstrahlniederdruckverfahren. Wasser auffangen. Die Entsorgung dieses Wassers ist jedoch zur Zeit noch nicht geregelt. Unzulässig sind folgende Reinigungsmaßnahmen: Sandstrahlen, bürsten, kratzen und sonstige trockene Verfahren sowie Hochdrucknaßverfahren;

- gereinigte Flächen müssen beschichtet werden, um die herausragenden Asbestfaserbüschel zu binden. Dicke der Beschichtung mit Kunstharzlakken mindestens 3 mm. Die Anforderungen an diese Beschichtungen sind dem Anhang 2 der vorgenannten Asbestrichtlinie zu entnehmen; [46]
- eine ungefährlichere Sanierungsmethode z.B. von Asbestzementdachflächen stellt die Überdeckung mit einer neuen Dachebene dar. Das bietet sich vor allem in solchen Fällen an, in denen bereits konstruktive Mängel der alten Dachhaut erkennbar sind. In die Wellentäler der vorhandenen Platten werden Kanthölzer 6/4 cm gelegt und auf Querhölzern gleicher Stärke neue Wellplatten aus Faserzement oder Bitumen. Voraussetzung ist, daß der Unterbau die zusätzliche Belastung aufnehmen kann. Nachteilig ist, daß Ober- und Unterseite der ursprünglichen Platten wenn auch sehr verlangsamt weiter verwittern.

Regelungen, Grenzwerte
- Gefahrstoffverordnung (1991), §§ 6, 9, 18, 45. Anh. 1 Nr. 2.5, Anh. II Nr. 1.1 und 1.3.1; Anh. V, Anh. VI
- Technische Richtlinie zur Gefahrstoffverordnung (TRGS) 517 (1992), 519 (1991)
- TRGA 601 (1986), Ersatzstoffe
- Richtlinie für die Bewertung und Sanierung schwach gebundener Asbestprodukte in Gebäuden (Mai 1989) [46]
- DIN 274, Asbestzement Baustoffe
- MAK-Werte (1990), Liste III A 1; beim Menschen eindeutig kanzerogen
- TA-Luft (1986) 0.1 mg/m^3 Luft bei einem Massenstrom von 0,5 g/h
- TRK-Werte (1993) 0,025 mg/m^3 für Blauasbest, für alle anderen Sorten 0,05 mg/m^3
- TRK-Werte = 250.000 Fasern/m^3 für Weißasbest
- MIK-Wert (BGA) Orientierungswert der maximal zulässigen Faserkonzentration = deutlich unter 1.000 Fasern/m^3 Raumluft

Informationen: [30, 31, 37, 45, 46, 49, 51]

Suchliste schwach gebundener Asbestprodukte

Dazu gehören Materialien mit einem Asbestfaseranteil von über 60 Prozent. Doch nicht alle Stoffe, die wie Asbest aussehen, enthalten auch tatsächlich Asbest. In Zweifelsfällen muß eine Materialprobe analysiert werden.

Hochbau
- Bekleidung von Wänden in Ständerbauart
- Brandschutzanstriche mit Asbestfasern
- Asbestfasermatten, aus akustischen Gründen auf Deckenverkleidungen

- Heizkörperverkleidungen
- Spritzasbest als Brandschutzmaßnahme an tragenden Stahl- und Holzkonstruktionen (Stützen, Unterzüge, Binder, Dachstühle)
- Spritzasbest großflächig auf Decken als Feuchtepuffer, aus akustischen Gründen und zuweilen auch als Wärmeschutz (Schwimmbäder, Umkleide- und Duschräume)
- Abschottung von Öffnungen, wie z.B. Kabeldurchführungen, Durchführungen von Lüftungskanälen, Rauchrohren und sonstigen Leitungen, Öffnungen im Bereich von Zwischendecken oder zur Abdichtung von Türrahmen
- Schutzvorhänge in Theatern
- Fugenfüllmaterial bei elementierten Wänden

Gebäude- und Betriebstechnik
- Abdeckung von Kabelkanälen und Kabelschächten oder Ummantelung von Kabeltrassen, hinter abgehängten Decken oder im Brüstungsbereich
- Ummantelung von Lüftungskanälen im Bereich von Feuerschutzklappen, in fremden Brandabschnitten oder Installationsgeschossen im Bereich von Brandwänden
- Innenbeschichtung von Lüftungskanälen
- Auskleidungen von Nachtstromspeichergeräten
- Ummantelung von Dampf- oder Wasserleitungen und Kesselanlagen
- Asbestschnüre zur Abdichtung
- Heißluftfilter
- Lüftungskanäle aus Platten
- Feuerschutzklappen
- Speichermassen von Wärmerückgewinnungsanlagen

Bitumen

Beschreibung
Bitumen ist ein thermoplastischer, zähklebriger bis harter, dunkel glänzender Stoff aus einem Gemisch vernetzter Kohlenwasserstoffe aus der Erdöldestillation. Es ist unlöslich in Wasser und weitgehend beständig gegen chemische Einflüsse, löslich in Kohlenwasserstoffen gleicher Herkunft.

Gesundheitsrelevanz
Die Wirkung auf den Menschen ist noch umstritten. Einige Fachleute sprechen von krebserzeugenden Eigenschaften. Längere Einwirkung führt zu Hautschäden. Erwärmung führt zu verstärkter Emission. Lösemittel in Kaltbitumen sind gesundheitsschädlich. Gute Belüftung des Arbeitsplatzes ist unbedingt erforderlich.

Tabelle 15 *Formblatt für die Bewertung der Dringlichkeit einer Sanierung* [46]

Zeile	Gruppe	Asbestprodukte – Bewertung der Dringlichkeit einer Sanierung	Be-wer-tung*	Bewer-tungs-zahl
		Gebäude: .... Raum: .... Produkt:		
	I	**Art der Asbestverwendung**		
1		Spritzasbest	O	20
2		Asbesthaltiger Putz	O	10
3		Leichte asbesthaltige Platten	O	5
4		Sonstige asbesthaltige Produkte	O	5-20
	II	**Asbestart**		
5		Blauasbest	O	2
6		Sonstiger Asbest (weiß, grau)	O	0
	III	**Struktur der Oberfläche des Asbestproduktes**		
7		Aufgelockerte Faserstruktur	O	10
8		Feste Faserstruktur ohne oder mit nicht ausreichend dichter Oberflächenbeschichtung	O	4
9		Beschichtete, dichte Oberfläche	O	0
	IV	**Oberflächenzustand des Asbestproduktes**		
10		Starke Beschädigungen	O	6
11		Leichte Beschädigungen	O	3
12		Keine Beschädigungen	O	0
	V	**Beeinträchtigung des Asbestproduktes von außen**		
13		Produkt ist durch direkte Zugänglichkeit (Fußboden bis Greifhöhe) Beschädigungen ausgesetzt	O	10
14		Am Produkt werden gelegentlich Arbeiten durchgeführt	O	10
15		Produkt ist mechanischen Einwirkungen ausgesetzt	O	10
16		Produkt ist Erschütterungen ausgesetzt	O	10
17		Produkt ist starken klimatischen Wechselbeanspruchungen ausgesetzt	O	10
18		Produkt liegt im Bereich stärkerer Luftbewegungen	O	10
19		Im Raum mit dem asbesthaltigen Produkt sind starke Luftbewegungen vorhanden	O	7
20		Am Produkt kann bei unsachgemäßem Betrieb Abrieb auftreten	O	3
21		Das Produkt ist von außen nicht beeinträchtigt	O	0
	VI	**Raumnutzung**		
22		Regelmäßig von Kindern, Jugendlichen und Sportlern benutzter Raum	O	25
23		Dauernd oder häufig von sonstigen Personen benutzter Raum	O	20
24		Zeitweise benutzter Raum	O	15
25		Nur selten benutzter Raum	O	8
	VII	**Lage des Produktes**		
26		Unmittelbar im Raum	O	25
27		Im Lüfungssystem (Auskleidung oder Ummantelung undichter Kanäle) für den Raum	O	25
28		Hinter einer abgehängten undichten Decke oder Bekleidung	O	25
29		Hinter einer abgehängten dichten Decke oder Bekleidung, hinter staubdichter Unterfangung oder Beschichtung, außerhalb dichter Lüftungskanäle	O	0
30		Summe der Bewertungspunkte	■	
31		Sanierung: unverzüglich erforderlich (Dringlichkeitsstufe I)		≥ 80
32		mittelfristig erforderlich (Dringlichkeitsstufe II)		70-79
33		langfristig erforderlich (Dringlichkeitsstufe III)		< 70

* Zutreffendes ankreuzen. Wurden innerhalb einer Gruppe mehrere Bewertungen angekreuzt, darf bei der Summenbildung (Zeile 3)) nur eine – die höchste – Bewertungszahl berücksichtigt werden.

Aus: Richtlinie für die Bewertung und Sanierung schwach gebundener Asbestprodukte in Gebäuden [46]

Verwendung, Ersatz

Die Haupteinsatzgebiete sind der Straßenbau, wo Bitumen als Bindemittel eingesetzt wird, und die vielfältigen Abdichtungstechniken. Dazu gehören: Heißbitumen, Bitumenlösungen und -emulsionen, Spachtelmassen, Verguß-massen und die große Gruppe der Bitumendachbahnen. Alternativen im Bautenschutz sind Sperranstriche auf Zementbasis sowie Kunststoffdispersionen, deren Langzeitwirkung aber noch nicht eingeschätzt werden kann. Bitumendachbahnen durch Kunststoffdachbahnen zu ersetzen, kann nicht empfohlen werden. Als Alternative bietet sich das geneigte Dach an.

Regelungen, Grenzwerte
- Gefahrstoffverordnung (1991) enthält Angaben zu dem Inhaltsstoff Benzo(a)pyren (Anh. VI Nr. 127)
- MAK-Liste, Anhang III B: Stoff mit begründetem Verdacht auf ein krebserzeugendes Potential
- TRGS 150 (1989)

FCKW (Fluorchlorkohlenwasserstoff)

Beschreibung

Eine reaktionsträge, farblose, fast geruchslose Flüssigkeit aus der Gruppe der Halogenkohlenwasserstoffe. Die Gasform geht ohne Veränderung in die Atmosphäre und höher in die Stratosphäre. FCKW ist gegen UV-Strahlung nicht beständig. Die Zersetzungsprodukte gehen mit dem Ozon der obersten Luftschichten neue Verbindungen ein. Dieser Vorgang entzieht der Stratosphäre freies Ozon, der Ozonschutzschild wird löchrig, UV-Strahlung erreicht ungefiltert die Erdoberfläche. FCKW löst Fett, es ist nicht mischbar mit Wasser und Lösungen, jedoch mit anderen Kohlenwasserstoffen und Alkoholen.

Gesundheitsrelevanz

Fluorchlorkohlenwasserstoffe können leicht narkotisch wirken, sie sind jedoch nicht wirklich toxisch. Bei hohen Temperaturen kann FCKW neue toxische Verbindungen eingehen. Längere Einwirkung auf der Haut kann zu Ausschlag führen.

Verwendung, Ersatz

FCKW wird hauptsächlich in drei Bereichen eingesetzt:
- als Treibmittel für Schäume, z.B. Polyurethan (PUR), extrudiertes Polystyrol (XPS);
- als Kältemittel in Kälteanlagen aller Art, auch in Haushaltskühlschränken und Wärmepumpen;
- als Feuerlöschmittel.

Das Treibmittel F 12 kann durch das weniger schädliche F 22 ersetzt werden. Ferner laufen erste Produktionen mit Kohlendioxid. Als Ersatzkältemittel werden Ammoniak und auch F 22 genannt.

Regelungen, Grenzwerte
- DIN 8962 Kältemittel, Begriffe, Kurzzeichen (10.87)
- Anleitung zur Verringerung von Emissionen der Fluorkohlenwasserstoffe (FKW) R 11 und R 12 aus Kälte- und Klimaanlagen, Kommission der EG, 1984, EUR 9509 DE
- FCKW-Halon Verbotsverordnung, Bonn (1991). Darin werden das Inverkehrbringen, die Verwendung und teilweise die Herstellung von halogenierten Stoffen stufenweise bis 1995 wie folgt verboten:

  bis Anfang 1991: Montageschäume (Ausnahme: R 22*), Treibgas in Spraydosen

  bis Anfang 1992: Kühl- und Kältemittel in Großanlagen (Ausnahmen: R 22 und mobile Anlagen), Schaumstoffe (Ausnahme: Dämmstoffe), Handfeuerlöscher, Reinigungs- und Lösemittel, Tetrachlorkohlenstoff/Methylchloroform

  bis Anfang 1993: R 22 in Montageschäumen,

  bis Anfang 1994: Kühl- und Kältemittel in mobilen Großanlagen (Ausnahme: R 22)

  bis Anfang 1995: Kühl- und Kältemittel in Kleinanlagen (Ausnahme: R 22), Dämmstoffe (Ausnahme: R 22)

  bis Anfang 1996: Stationäre Anlagen zur Brandbekämpfung

  bis zum Jahr 2000: R 22 in Kühl- und Kältemitteln und zur Schaumstoffherstellung

  Die chemische Industrie hat sich 1990 verpflichtet, gebrauchte FCKW aus Kälte- und Klimageräten sowie Isolierschäumen zurückzunehmen und wiederzuverwerten;
- MAK-Werte (1993) für Trichlorfluormethan (R 11, F 11) 1000 ppm (5600 mg/m^3); Dichlordifluormethan (R 12, F 12) 1000 ppm (5000 mg/m^3)
- TA-Luft (1986). Dichlordifluormethan (R 12, F 12) 150 mg/m^3 bei einem Massenstrom von 3 kg/h

Informationen: [39]

Formaldehyd – CH_2O

Beschreibung
Ein farbloses, wasserlösliches, stechend riechendes Gas. Kommt in der Natur bei photochemischem Umbau organischer Stoffe, als Zwischenprodukt beim

---

* R 22 ist ein teilhalogenierter FCKW geringerer Schädlichkeit.

Stoffwechsel des Menschen und bei allen sauerstoffarmen Verbrennungen vor. Tötet Viren und Bakterien. Läßt sich leicht polymerisieren.

Gesundheitsrelevanz

Formaldehyd besitzt eine starke Reizwirkung auf den Atemtrakt, die Augen, Schleimhäute und Haut. Folgen können sein: Allergien, Hustenreiz, Engegefühl in der Brust, Kopfschmerzen. Formaldehyd wird nicht im Körper gespeichert, sondern über den Stoffwechsel abgebaut. In der MAK-Liste ist dieser Stoff als „mit einem begründeten Verdacht auf krebserzeugendem Potential" aufgeführt.

Verwendung, Ersatz, Sanierung

Zur Konservierung in Anstrichen, Teppichen, Stoffen, Kosmetika. Zur Desinfektion in Krankenhäusern in großem Umfang. In der Produktion von Kunstharzen. Dabei sind zwei Produkte besonders zu beachten: zum einen die Klebstoffe, insbesondere in der Spanplattenherstellung. Aus Spanplatten tritt langfristig Formaldehyd aus (Abschnitt 5.7 Spanplatten); zum anderen die Ortschäume z.B. in der Hohlraumdämmung, Kerndämmung und als Dachdämmung (Abschnitt 5.4, Dämmstoffe).

Als Ersatz für Harnstoff-Formaldehyd-Harze (UF) können die chemisch stabileren Melamin-Formaldehyd-Harze (MF) eingesetzt werden. Die als Alternative genannten Isocyanat-Harze sind, wenn auch aus anderen Gründen, umstritten. Im Bereich der Platten bieten sich zement-, magnesit- oder gipsgebundene Produkte an.

Zur Herabsetzung der Formaldehydkonzentration in der Raumluft bieten sich folgende Verfahren an:

– Beschichtung der ausgasenden Flächen mit einer dichten Kunststoffolie;

– Anstrich mit Kunstharzlacken (2 x Alkydharzlacke) oder Naturharzlacken;

– Ammoniakbegasung, temporäre Maßnahme, gerbstoffhaltige Hölzer können sich verfärben;

– Besprühen mit sogenannten Formaldehydfängern, wie Ammonium-, Natrium-, Kalium-, Harnstoffverbindungen (näheres siehe „Wohnung und Gesundheit" [55]).

In der Regel ist eine chemische Umwandlung durch Begasen oder Besprühen und eine Beschichtung durch Anstrich erforderlich.

Eine natürliche Lösung ergibt sich aus einer Mitteilung der amerikanischen Weltraumbehörde Nasa. Ihr zufolge ist in einem Forschungsvorhaben nachgewiesen worden, daß Zimmerpflanzen, wie Gerbera oder Chrysanthemen, die Raumluft in Wohnungen von chemischen Umweltgiften befreien können. Schon 15 Sanseveria laurentii (Bogenhanf) können die Luft einer 60 m^2 Wohnung formaldehydfrei halten.

Tabelle 16 *Wirksamkeit von Beschichtungen zur Reduzierung der Formaldehydabgabe*

Beschichtung	Wirksamkeit
Holzfurnier ohne Lackauftrag	Unzureichend, manche Furnierleime enthalten zusätzlich Formaldehyd
Polyesterlackgrund	Gut bei ausreichender Auftragsmenge, jedoch Abgabe von Lösungsmitteln durch den Lack
Grundierfolie	Gut, mechanische Beschädigung der Oberfläche kann Ausdünstungen nach sich ziehen
Maserdekorpapier	Gut
dekorative Kunststoffbeschichtung	Gut
Holzfaserdeckplatten	Gut, mechanische Beschädigung der Oberfläche kann Ausdünstungen nach sich ziehen
Preßlagendeckholz	Gut
PVC-Folie	Gut
dks-Platte	Gut
Lackierung	Gut bei ausreichender Auftragmenge. Manche Nitrolacke geben selbst Formaldehyd ab.
Stoff	Unzureichend
Tapete	Unzureichend

Quelle: Martzky, R., Mehlhorn, L., Menzel, W.: Empfehlungen zur Verwendung von Spanplatten im Möbelbau, Holz- und Kunststoffverarbeitung 17 (1982)

Regelungen, Grenzwerte

- Gefahrstoffverordnung (1991), § 6, 9, 45. Anhang I, VI
- ETB-Richtlinie 1980, Emissionswerte für Rohspanplatten
- ETB-Richtlinie 1985, Emissionswerte für UF-Schäume
- MAK-Wert (1993) 0,6 mg/m^3
- Empfehlung des Ministeriums für Jugend, Familie, Gesundheit 0,06 mg/m^3
- Empfehlung der Weltgesundheitsorganisation, unbedenklich ≤ 0,06 mg/m^3, bedenklich ≥ 0,12 mg/m^3

Wirkung bei kurzfristiger Exposition

Geruchsschwelle	0,05 –	1,0 ppm
Reizung der Augen	0,01 –	1,6 ppm
Reizung der Nase	0,08 –	1,6 ppm
Reizung der Kehle		0,5 ppm
Stechen in Nase und Augen		2–3 ppm
Erträglich bis 30 Minuten		4–5 ppm
Atemnot, Tränenfluß nach wenigen Minuten		10–20 ppm
Lebensgefahr		30 ppm

Informationen: [38, 43, 53]

Lindan

Beschreibung

Lindan ist ein farb- und geruchloser, chlorierter Kohlenwasserstoff. Ausgasendes Lindan verteilt sich im Raum auf allen Oberflächen, wie Decken, Wänden, Böden, Möbeln, Textilien und läßt sich im Hausstaub nachweisen. Umstritten sind die technisch bedingten Verunreinigungen.

Gesundheitsrelevanz

Lindan kann sowohl über die Lunge als auch über den Magen-Darm-Trakt aufgenommen werden. Als akute Vergiftungserscheinungen werden Übelkeit, Unruhe, Krämpfe und Erbrechen genannt. Lindan kann sich bei längerer Einwirkung in fetthaltigem Gewebe anreichern. Damit sind Schädigungen am Knochenmark, an der Leber und am Immunsystem möglich.

Verwendung, Ersatz

Aufgrund seiner insektiziden Wirkung wird Lindan in Holzschutzmitteln, zum Schutz von Textilien und im Pflanzenschutz eingesetzt. Es muß auf den Etiketten der Gebinde ausgewiesen werden. In der letzten Zeit wird Lindan verstärkt durch andere chemische Verbindungen ersetzt, deren ökologischen Eigenschaften jedoch zur Zeit noch nicht beschrieben werden können. Als Lösung bietet sich nur, auf Holzschutzmittel möglichst zu verzichten (Abschnitt 5.12).

Regelungen, Grenzwerte
- DIN 68800 Teil 3 Holzschutz im Hochbau. Vorbeugender chemischer Holzschutz
- DIN 55945 Lacke, Anstrichstoffe und ähnliche Beschichtungsstoffe, IV 3 Holzschutzmittel
- Anwendungsbeschränkungen des Bundesgesundheitsamtes (3) Nicht geeignet zur Anwendung bei Holz mit Erdkontakt, im Wasserbau und in direktem Kontakt mit Lebens- und Futtermitteln.
  MAK-Wert 0,5 mg/m^3, MIK-Wert (BGA) 0,004 mg/m^3
  ADI (duldbare tägliche Dosis) 0,01 mg/kg Körpergewicht

Lösemittel (Toluol, Xylol)

Beschreibung
Beide Lösemittel sind aromatische Kohlenwasserstoffe, die bei der Destillation von Steinkohlenteer und Erdöl gewonnen werden. Sie werden häufig mit anderen synthetischen Lösemitteln gemischt oder dienen als Ersatz für das krebserzeugende Benzol. Sie bilden mit der Luft explosionsfähige Gemische.

Gesundheitsrelevanz
Lösemittel werden über die Atemwege aufgenommen. Sie haben eine narkotische, manchmal auch euphorisierende Wirkung. Die Inhalation kann zu Müdigkeit, Schwächegefühl, Kopfschmerzen, Koordinations- und Gleichgewichtsstörungen, Blutbildveränderungen und Sterilität führen. Zur Zeit wird untersucht, ob Xylol krebserzeugend wirkt.

Verwendung, Ersatz
Lösemittel in Kunstharzfarben und Lacken, in konventionellen Klebern, z.B. für Bodenbeläge, in Kunststoffdichtungsmassen, in Verkieselungsmitteln (Siliconharzen), in Verdünnungs- und Reinigungsmitteln, in Bitumenfabrikaten. Absolut gleichwertige Alternativen stehen nicht zur Verfügung. Als Ausweg sollte auf lösemittelarme Farben, Kleber usw. ausgewichen werden (Abschnitt 5.11).

Regelungen, Grenzwerte
- Gefahrstoffverordnung (1981), Anh. I Nr. 2.1.4, Anh. V und Anh. VI Nr. 1376 (Toluol) und Nr. 1481 (Xylol). 12. BimSchV (1991)
- MAK-Wert 1993 Toluol 380 mg/cm^3, Xylol 440 mg/m^3
- MIK-Wert (1966), Dauer = 20 mg/m^3, Konzentriert = 60 mg/m^3
- WHO-Grenzwert = 0,5 mg/m^3

Informationen: [42, 44]

Mineralfasern

Beschreibung

Anorganische Fasern aus Basalt, Glas und Schlacke. Verwirbelt als Wolle, gesponnen als textile Gewebe. Nichtbrennbar, je nach Ausgangsmaterial geringe Radioaktivität möglich, nicht immer beständig gegen physiologische, saure und alkalische Lösungen. Im Gegensatz zu Asbest kein erkennbares Längsspaltungsvermögen. Zur Stabilisierung der Mineralwolle werden Kunstharze eingesetzt.

Gesundheitsrelevanz

Bei der Verarbeitung und im Gebrauch lösen sich Feinstbestandteile der Fasern und können eingeatmet werden. Sie reizen auch Augen, Haut und Schleimhäute. Tierversuche mit Feinstaubinjektionen weisen auf einen biologisch relevanten Bereich der Faserlängen unter 3 µm hin. Auch wenn Mineralfasern keine ausgeprägte Längsspaltungstendenz zeigen wie die Asbestfaser, sind ähnliche Gesundheitsgefährdungen, wie bei Asbest, nicht ganz auszuschließen. Erkrankungen, wie Lungenentzündung, Bronchitis und Asthma, sind bei Langzeitbelastungen möglich. Schadstoffemissionen aus den Kunstharzbindemitteln sind in geringem Umfang denkbar.

Verwendung, Ersatz

Die Fasern wurden hauptsächlich als Wärme- und Schallschutzmaterial eingesetzt. Ihre Wirkung beruht auf den eingeschlossenen Luftporen. Im Handel sind lose Wollen, Matten, Platten, Formteile, Vliese und Gewebe. Eine besondere Gefährdung muß da gesehen werden, wo Faserpartikel in Lüftungskanäle gelangen. Nicht empfehlenswert sind Mineralfasern dort, wo durch Bewegung eine gewisse Pumpwirkung von Bauteilen erzeugt wird. Das gilt für abgehängte Decken, leichte Trennwände und schwimmende Estriche. Eine dauerhaft dichte Abtrennung zur Raumluft ist in der Regel nicht möglich.

Regelungen, Grenzwerte

- Neueinstufung der unabhängigen MAK-Kommission nach „als ob III A 2", d.h. die Kommission war sich nicht einig, wie die Untersuchungsergebnisse zu werten seien
- DIN 1259 Teile 1 und 2 und ISO-PR 2078, Chemische Zusammensetzung textiler Fasern
- MAK-Wert (1993), K-Gruppe III B, begründeter Verdacht auf Kanzerogenität bei Faserdurchmessern unter 1 µm
- TRK-Werte: 100.000 F/m^3 (1993) für stationäre Anlagen 500.000 F/m^3 im übrigen
- 12. BimSchV (1993)

Informationen: [49, 51]

PCB (Polychlorierte Biphenyle)

Beschreibung

PCB ist eine chemisch sehr stabile, chlorierte Kohlenwasserstoffverbindung. Die Substanz ist fast farblos, geruch- und geschmacklos sowie lichtecht. Nicht explosionsgefährlich, schlecht löslich in Wasser, sehr gut in Ölen, Fetten und in verwandten Kohlenwasserstoffen. Im Brandfall Bildung neuer giftiger Verbindungen. PCB ist nur sehr schwer biologisch abbaubar. In der Herstellung fallen, technisch bedingt, Verunreinigungen, u.a. polychlorierte Dibenzofurane (PCDF), an.

Es sind 209 PCB-Verbindungen bekannt, von denen sechs als besonders leicht zu analysierende Leit-PCBs erfaßt und auf die Gesamtbelastung hochgerechnet werden. Die Toxizität der PCBs ist extrem unterschiedlich. Die sechs Leit-PCBs gehören nicht zu den gefährlichen Verbindungen. Insofern ist die heutige Praxis, daraus auf die Gesamtbelastung zu schließen, fragwürdig. Als besonders giftig haben sich die PCBs mit den Kennzahlen 77, 126 und 169 erwiesen.

Gesundheitsrelevanz

Die Aufnahme über die Haut und die Nahrung ist von Bedeutung, diejenige über die Atmung biologisch wenig relevant. Anreicherung im Fettgewebe. Die Gesundheitsschädigung steigt mit dem Grad der Chlorierung bzw. dem Umfang der Verunreinigung. Betroffen sind Haut, Knochenmark, Milz, Niere, Leber, Magen, das Enzymsystem, Blut und Hormone.

Als Symptome werden genannt: Gewichtsverlust, gestörtes Immunsystem, verringerte Fortpflanzungsfähigkeit, Hautschäden, Karzinomgefährdung.

Verwendung, Ersatz

Bis in die siebziger Jahre Verwendung in vielen Ausbaubauteilen, z.B. Anstrichen, Kunststoffteilen, Textilien, Bodenbelägen, Klebstoffen und in Spachtel- und Dichtungsmassen. PCB wurde als Weichmacher und zur Verbesserung der Brandschutzeigenschaften, z.B. an leichten Deckenplatten eingesetzt. Seit 1978 ist PCB nur noch in geschlossenen Systemen, wie Hydraulikölen, Wärmeträgermedien und als Isoliermittelzusatz in Trafos, Gleichrichtern und Kondensatoren zulässig.

Seit 1983 wird PCB in Deutschland nicht mehr hergestellt, seit 1989 gilt ein Nutzungsverbot. In bestehenden Gebäuden findet sich in den genannten Bauteilen, Geräten und Systemen noch ein bedeutendes Potential dieser chemischen Substanz. Bei Sanierungs- oder Abbruchmaßnahmen sind PCB-haltige Materialien als Sondermüll zu entsorgen. Als Weichmacher wird PCB inzwischen durch Phthalate, Dicarbonsäure, Phosphorsäureester u.a. ersetzt, deren Gesundheitsgefährdung jedoch ebenfalls unbestreitbar ist. Als Isoliermittel werden inzwischen andere spezielle Öle, Silicone, Paraffine usw. eingesetzt. Auch Trockenkondensatoren sind eine Alternative. Häufig bleibt nur, auf bestimmte Bauteile, technische Systeme und Geräte zu verzichten, weil technisch gleichwertige und ökologisch einwandfreie Produkte nicht erhältlich sind.

Aufgrund der Ergebnisse eines im April 1991 durchgeführten Expertengespräches geht das Bundesgesundheitsamt davon aus, daß folgende Bewertungen dem Schutz des Menschen vor gesundheitlichen Gefahren hinreichend gerecht werden:

- Raumluftkonzentrationen bis 300 ng PCB/m^3 sind als unbedenkliche Vorsorgewerte anzusehen;
- zwischen 300 ng PCB/m^3 und 3000 ng PCB/m^3 sollte die Quelle der Raumluftverunreinigung aufgespürt und nach Möglichkeit beseitigt werden; eine Verminderung der PCB-Konzentration ist (z.B. durch regelmäßiges Lüften sowie gründliche Reinigung und Entstaubung der Räume) anzustreben (Zielwert < 300ng/m^3);
- über 3000 ng PCB/m^3: Die dem BGA durch Messungen verschiedener Bundesländer bisher bekannt gewordenen PCB-Raumluftkonzentrationen bilden – zumal die vorausgesetzte 24-stündige Exposition in den untersuchten Gebäuden in der Regel nicht gegeben ist – noch kein konkretes gesundheitliches Risiko; dennoch sollte eine solche überhöhte Exposition vermieden werden.

Bei einem solchen Befund sind unverzüglich Kontrollanalysen durchzuführen; bei Bestätigung des Wertes der Erstanalyse hat eine rasche Sanierung aller PCB-Quellen zu erfolgen.

Sanierung:

PCB-haltiges Fugenmaterial sollte mit Stickstoff vereist und einschließlich der flankierenden Betonkanten herausgeschlagen oder mit dem Tapetenmesser herausgeschält werden. Keine „staubenden" Entfernungstechniken einsetzen. Flächen mit Acrylfarbe streichen. Sekundärkontamination durch gründliches Reinigen aller Raumflächen und Möbel verringern. Anstatt der Entfernung kann auch in Einzelfällen die bauliche Einkapselung – verbunden mit einer dauerhaften Kennzeichnung – zum Ziel führen. Überdeckende Anstriche sind keine dauerhafte Lösung.

Regelungen, Grenzwerte

- Gefahrstoffverordnung (1991), Anh. VI Nr. 1229
- PCB-PCT-VC-Verbotsverordnung (1989)
- EG-Richtlinie (1978) Gebrauchseinschränkung
- MAK-Wert (1993), Liste III B begründeter Verdacht auf Kanzerogenität. Bei 42 Prozent Chlorgehalt MAK-Wert = 1,0 mg/m^3, Schwangerschaftsgruppe B
- PCB-haltige Abfälle gelten als Sondermüll

Informationen: [32]

PCP (Pentachlorphenol)

Beschreibung

PCP gehört zur großen Gruppe der chlorierten Kohlenwasserstoffe. Es ist leicht flüssig und in Wasser sowie anderen Kohlenwasserstoffen löslich. PCP ist sehr beständig und kann nur langsam biologisch abgebaut werden. Es wirkt pilztötend, bakterizid und herbizid. Durch seine Resistenz und sein Emissionsbestreben gast PCP z.B. aus Holzschutzmitteln sehr lange aus (10-20 Jahre).

Technisches PCP enthält bis zu 13 Prozent Verunreinigungen wie Dibenzodioxine (PCDD) und Dibenzofurane (PCDF).

Gesundheitsrelevanz

Die Langzeitwirkung des PCP, seine Fähigkeit, sich im Körper akkumulativ zu sammeln und sein Vorkommen, in der Regel mit anderen kritischen chemischen Verbindungen, machen diesen Stoff zu einem besonders gefährlichen Umweltgift. PCP lagert sich überall an und ist inzwischen in fast jedem Menschen nachweisbar. Die Aufnahme erfolgt über die Lunge, die Haut und den Magen-Darm-Trakt.

Bei chronischer Belastung werden folgende Erkrankungssymptome genannt: Reizung der Haut, Augen und Schleimhäute, Chlorakne, Müdigkeit, Kopfschmerzen, Leberfunktionsstörungen, Blutbildveränderungen und Neuralgien. Akute Vergiftungen äußern sich in Kopfschmerzen, Krämpfen, Schwindel, Übelkeit, Erbrechen, Atemnot, Beschleunigung der Herz- und Atemfrequenz und Stoffwechselstörungen.

PCP ist in den kontaminierten Bauteilen und im Hausstaub nachweisbar (Abschnitt 5.12).

Verwendung, Ersatz

PCP wird aufgrund seiner giftigen Eigenschaften eingesetzt, um unerwünschtes „Leben" abzutöten. Zielgruppen sind Pilze, Bakterien und teilweise Insekten. Folgerichtig ist PCP in allen Mitteln, die zum Schutz bestimmter Bauteile und Stoffe eingesetzt werden. Dazu gehören Holzschutzmittel, Farben, Lacke, Leder, Textilien, Papiere und Pappen, Kleber, Sanitär- und Industriereiniger usw. Alternativen bieten sich durch weitgehenden Verzicht auf Holzschutzmittel (Ausnahme Borsalzpräparate), Verwendung von Naturfarben und lösemittelarmen Klebern. Bei bekämpfendem Holzschutz in bestehenden Häusern ist die Heißluftbehandlung der chemischen Keule vorziehen.

Regelungen, Grenzwerte

- Gefahrstoffverordnung (1991) Pentachlorphenol, Anhang VI Nr. 116 und 1167
- PCP-Verordnung (1989), Verwendungsverbot von PCP in allen neu hergestellten Verbrauchsgütern ab 1.1.1990
- 12. BimSchV (1991)

- MAK-Wert K-Gruppe III A 2
- MRK-Wert (BGA) 0,06 mg/m^3

Informationen: [42]

Radioaktivität, Radon

Beschreibung

Radioaktive Strahlung entsteht durch den Zerfall von Atomkernen, die entweder kein ausgewogenes Verhältnis von Neutronen und Protonen oder eine zu große Protonenzahl haben. Im wesentlichen werden drei Zerfallsreihen unterschieden. Im Alpha-Zerfall werden die Atome sehr schnell abgebremst. Sie durchdringen Luft nur wenige Zentimeter und werden schon durch ein Blatt Papier abgeschirmt. Eine Gesundheitsgefährdung geht von eingeatmeten Teilchen aus. Beim Beta-Zerfall werden hochenergetische Elektronen ins Freie geschleudert. Die hohe Energie läßt Beta-Strahlung in biologische Systeme einige Zentimeter eindringen. Die dritte Zerfallsform ist die Kernspaltung, die jedoch in der Natur selten ist. In ihrer Folge, aber auch in der des Alpha- und Beta-Zerfalls, kann der Gamma-Zerfall einsetzen. In ihm wird schlagartig Überschußenergie eines Atomkerns in sogenannten Strahlenblitzen mit sehr hohem Energiegehalt abgegeben. Diese können von allen Strahlungen Materie am weitesten durchdringen, biologische Systeme mehrere Meter. Die Abschirmung ist nur mit schwersten Baustoffen, wie Barytbeton oder Blei, möglich.

Die Strahlung baut ihren Energiegehalt beim Zusammenstoß mit anderen Atomen eines Materials ab. Bei den Zusammenstößen werden einzelne Elektronen der getroffenen Atome herausgeschleudert, ungeladene werden zu geladenen Atomen. Der Vorgang heißt Ionisation. Das geladene Atom ist chemisch nicht mehr stabil und will eine neue chemische Verbindung eingehen. Das heißt, ein radioaktiver Strahl verändert auf seinem Wege die chemische Struktur eines Stoffes.

Ein Zwischenprodukt bei den oben beschriebenen Zerfallsprozessen radioaktiver Stoffe ist das Radon. Radon ist ein Edelgas, es verbindet sich nicht mit anderen Substanzen und ist unbrennbar. Es verteilt sich leicht und strömt durch alle Hohlräume, auch in der Erdkruste. Radon unterliegt der Alpha-Zerfallsreihe und gibt dabei auf sehr kurzen Wegen hohe Energiedosen ab.

Strahlenquellen sind zum einen die kosmische Strahlung, die in der Lufthülle der Erde stark abgefangen wird und somit auf dem Wege zur Erdoberfläche Energie verliert, zum anderen, für unsere Betrachtung wichtiger, die Bodenstrahlung, die in Deutschland von Nord nach Süd im Schnitt um den Faktor 5 zunimmt. Die Strahlung aus Baustoffen, die ja aus der Erdrinde stammen, ist in der Regel aufgrund des Verwendungsprinzips dieser Stoffe höher als die natürliche Strahlung aus dem Baugrund. Weitere Strahlenbelastungen können von kerntechnischen Anlagen und medizinischen Geräten ausgehen. Beide Quellen sind durch sehr hohe Spitzenwerte gekennzeichnet, bei denen Durchschnittszahlen kaum eine Risikoabschätzung zulassen.

Gesundheitsrelevanz

Die Strahlung verändert die chemische Zusammensetzung und die chemischen Abläufe in biologischen Systemen. Die Funktion von Körperzellen kann in Unordnung geraten. Absterben, Entarten oder Wuchern der Zellen kann die Folge sein. Die Strahlung kann Krebserkrankungen hervorrufen, das Erbgut schädigen, Organfunktionen beeinträchtigen oder das Immunsystem schwächen. Kinder sind grundsätzlich empfindlicher als Erwachsene, Raucher wesentlich stärker gefährdet als Nichtraucher. Das hängt damit zusammen, daß die Zerfallsprodukte des Radons sich an Rauch- und Staubteilchen anlagern, eingeatmet werden und dann das Lungengewebe radioaktiv bestrahlen. In verqualmten Räumen ist die Strahlenbelastung der Lunge aus der Radonquelle dreimal so hoch wie in qualmfreien. Das Krebsrisiko durch Radon wird in Deutschland wie folgt geschätzt:

Belastung von 1000 Bq/m^3 = 45.600 Tote/Jahr
Belastung von 250 Bq/m^3 = 11.500 Tote/Jahr
Belastung von   50 Bq/m^3 = 2.400 Tote/Jahr

Die Strahlenschutzkommission der Bundesrepublik (SSK) empfiehlt, bei Werten ab 250 Bq/m^3 Sanierungsmaßnahmen einzuleiten. Verantwortungsvoller ist es sicherlich, schon ab 100 Bq/m^3 erste und vielleicht einfachere Maßnahmen durchzuführen. 50 Bq/m^3 sind ein Mittelwert aller Innenräume der Bundesrepublik, wobei die zunehmende Belastung nach Süden beachtet werden muß.

Gesundheitsgefahren durch Radon werden wesentlich höher eingeschätzt als aus der direkten radioaktiven Strahlung.

Um das Gesundheitsrisiko aus den verschiedenen Strahlenquellen abwägen zu können, wurde für die drei wichtigsten Strahler Kalium 40, Radium 226 und Thorium 232 eine Summenformel entwickelt, die ihre Gesundheitsrelevanz wichtet. Das Verhältnis ihrer relativen Schädlichkeit beträgt 1:10:15. Wichtig bei der Einschätzung von Stoffen nach der Summenformel ist, daß zum Vergleich ein Standardraum herangezogen wird, der allseitig ohne Öffnungen aus dem betreffenden Material besteht, eine recht unrealistische Basis. Jedenfalls führen bei diesen Bedingungen Werte der Summenformel von Baustoffen bis maximal 1,0 zu einer Höchstbelastung von 1,5 mSv, einem Wert, der nach Meinung der Expertenkommission der Regierung als tolerierbar, nach der anderer Fachleute als viel zu hoch angesehen wird.

Verwendung, Ersatz, Sanierung

Zur Minimierung der Strahlenbelastung sind möglichst Baustoffe zu verwenden, deren Summenformelwerte deutlich unter 1,0, besser unter 0,5 liegen. Die folgende Tabelle stellt einen Auszug aus einer Studie der Bundesregierung von 1978 dar. Neuere Untersuchungen bestätigen im wesentlichen diese Werte.

Die Tabelle zeigt eine Tendenz auf, deren Verbindlichkeit z.B. durch die Zahl der Proben eingeschätzt werden kann. Im konkreten Anwendungsfall können die Werte ganz anders liegen, denn die Schwankungsbreite der möglichen Meßergebnisse ist sehr groß.

Hohe Strahlenwerte weisen alle Tiefengesteine, wie z.B. Granit, oder aus der Tiefe kommende Natursteine, wie Bims, auf. Lehm kann je nach Herkunft ebenfalls beachtenswerte Strahlenmeßwerte aufweisen. Erzschlacken und deren Folgeprodukte, wie Steine, Zemente, Schüttungen sind in der Regel belastet. Chemiegips als Nebenprodukt der Phosphorherstellung weist einen hohen Wert auf. Die hier aufgezählten Materialien können problemlos durch weniger kritische Stoffe ohne Qualitätsverlust ersetzt werden.

Die Strahlenbelastung aus Radon ist wesentlich stärker als die der Direktstrahlung. Sie resultiert aus dem Radiumgehalt der Stoffe. Die Belastung aus dem Untergrund ist in der Regel größer als aus Baustoffen. Sie ist im Keller am größten und nimmt nach oben ab. Radon sickert durch jede Öffnung, z.B. Schächte, Fugen und Fenster, sowie durch poröse Baustoffe in das Innere von Gebäuden.

Zur Reduzierung der Strahlenbelastung aus Radon sind folgende Maßnahmen zu empfehlen:

- Das Einsickern von Radon aus dem Untergrund durch eine Betonbodenplatte, Kellerwandisolierung mit dichtem Putz und Verschließen aller, auch der kleinsten Öffnungen, z.B. Revisionsschachtdeckel, vermindern;
- Zum weiteren Abdichten von Böden und Wänden eignen sich Materialien mit einem Diffusionskoeffizienten D von $< 10^{-6}$; dazu gehören: Asphalt, Bitumen, Bitumenschweißbahnen, Silikon-Kautschuk, Polyurethanbeschichtung, Epoxidharz, Buthylbahnen usw.;
- die Radonkonzentration durch Lüften herabsetzen. Querlüftung, Absaugen am Boden, in schwierigen Fällen einen Ventilator einsetzen. Unterdruck im Hause vermeiden. Dazu gehört, daß Geräte, die Luft zu ihrer Funktion benötigen, z.B. Öfen, Kamine, Gasbrenner, Abluftventilatoren innenliegender Räume usw., mit einer ausreichenden Zuluftrate versorgt werden. Ein leichter Überdruck im Gebäude wäre aus dieser Sicht sinnvoll.

Die Messung des Radongehaltes läßt sich relativ einfach mit einem sogenannten Passivsammler durchführen. Das ist eine mit Aktivkohle bestücke Dose, die drei Tage offen aufgestellt wird. Die Auswertung kann nur in einem Speziallabor durchgeführt werden. Eine aussagekräftigere Analyse kann durch einen Kernspurdosimeter erfolgen. Diese Langzeitmessung gibt auch Aufschluß über die Schwankungen in der Radonbelastung.

Vorgehensweise bei Verdacht auf Radonbelastung

- Liegt das Grundstück in radioaktiv belasteten Gebieten? Das sind die Eifel, der Hunsrück, das Becken von Andernach, das Saarland, der Schwarzwald, das Fichtelgebirge und der Bayerische Wald.
- Wurden Baustoffe verwendet, die hohe Strahlenwerte (Summenformelwerte von 0,7 und größer) haben können?
- Wird eine der beiden Fragen mit Ja beantwortet, dann bei einer Meßstelle eine Passivsammlerdose anfordern, aufstellen, nach drei Tagen zurückschikken und Auswertung abwarten. Kosten zwischen DM 60,– und DM 100,–.

Tabelle 17 *Bewertung der natürlichen Radioaktivität in Baustoffen*

Nr.	Baustoff	Proben-zahl	Niedrigster Wert	Höchster Wert	Mittelwert
				Summenformeln	
1	Granit	32	0,4	2,8	0,9
2	Andere Erstarrungsgesteine	21	0,1	1,7	0,3
3	Tuff, Bims	20	0,3	1,8	1,0
4	Schiefer	8	0,3	0,7	0,5
5	Marmor, Kalkstein	20	0,0	0,2	0,1
6	Sandsteine, Quarzit	18	0,1	0,7	0,3
7	Ziegel	109	0,2	1,6	0,6
8	Schamottsteine	9	0,3	0,9	0,6
9	Bimssteine	31	0,3	1,9	0,7
10	Schlackensteine	9	1,0	3,0	0,9
11	Kalksandsteine/Gasbeton	31	0,1	0,6	0,2
12	Asbestzementprodukte	7	0,1	0,3	0,2
13	Sand und Kies	50	0,0	0,4	0,2
14	Blähton, Blähschiefer	11	0,2	0,7	0,5
15	Hochofenschlacke	12	0,3	2,0	0,9
16	Flugasche	28	0,5	2,3	1,2
17	Portlandzement	14	0,1	0,4	0,2
18	Hochofenzement	3	0,2	0,8	0,5
19	Tonerdeschmelzzement	2	0,8	1,3	1,0
20	Kalk	8	0,1	0,5	0,2
21	Naturgips	23	0,0	0,3	0,1
22	Chemiegips (Apatit)	2	0,1	0,3	0,2
23	Chemiegips (Phosphorit)	33	0,8	3,6	1,6
24	Fertigmörtel/Fertigputz	9	0,0	0,8	0,2
25	Bitumen, Teer	4	0,0	0,7	0,1
26	Ton, Lehm	11	0,2	1,1	0,7
27	Bauxit, Rotschlamm	14	0,3	6,1	2,1

- Bei Meßergebnissen über 250 Bq/m^3 eine Sanierung einleiten. Einen mit ökologischen Betrachtungsweisen vertrauten Architekten hinzuziehen. Eventuell einen kritischen Baustoff untersuchen lassen. Probengröße 10/10/10 cm, an Meßinstitut schicken. Kosten etwa DM 150,–.

- Bei Meßergebnissen zwischen 100 und 250 Bq/m^3 wenn möglich in Eigenhilfe handeln, z.B. besser lüften und einfachere Abdichtungsmaßnahmen durchführen.

- Bei Meßergebnissen unter 100 Bq/m^3 sind im allgemeinen keine Maßnahmen erforderlich.

Einige Meßstellen

- KATALYSE, Institut für angewandte Umweltforschung, Meßstelle Gamma, Mauritiuswall 24-26, 50670 Köln, Tel. 0221/23 59 63
- Umweltinstitut München, Elsässer Str. 30, 81667 München, Tel. 089/ 48 87 07
- MAUS – Meßstelle für Arbeits- und Umweltschutz, Universität Bremen, FB Physik, 28757 Bremen, Tel. 0421/218 – 2433/2213
- Österreichisches Ökologie-Institut, Seidengasse 13, A-1070 Wien, Tel. 0043/193 61 05

Darüber hinaus können Sie sich auch an Institute des Bundesgesundheitsamtes, einiger Universitäten und Kernforschungsanlagen wenden.

Regelungen, Grenzwerte

Eine umfassende, verbindliche Regelung der zumutbaren radioaktiven Strahlenbelastung aus Untergrund und Baustoffen besteht in der Bundesrepublik nicht. Da theoretisch die kleinste vorstellbare Strahlendosis eine Körperzelle so schädigen kann, daß daraus Krebs entsteht, ist die Festlegung von Grenzwerten eine politische Aufgabe. Sie muß die natürliche Strahlenbelastung und viele andere Gesundheitsrisiken, wie den Straßenverkehr oder das Rauchen, berücksichtigen. Einen Grenzwert, unterhalb dessen kein Gesundheitsrisiko besteht, gibt es bei radioaktiver Belastung nicht.

Schwellenwerte

- Mittelwert Radonbelastung von Innenräumen in der Bundesrepublik 50Bq/ m^3
- Mittelwert Radonbelastung im Freien in der Bundesrepublik 14 Bq/m^3 mit zunehmender Tendenz nach Süden und abnehmender nach Norden
- Empfohlene Schwellenwerte für Radonsanierungen
  BRD =   250 Bq/m^3
  USA =   450 Bq/m^3
  Schweden =   175 neue, 1000 Bq/m^3 alte Häuser
  Kanada =   925 Bq/m^3
  England =   200 neue, 1000 Bq/m^3 alte Häuser

Informationen: [34, 35, 40]

Schwermetalle: Blei, Cadmium, Chrom

Beschreibung

Blei: Weiches, graues Schwermetall. Bildet schnell eine Oxidschicht, die vor weiterer Korrosion schützt. Wirkt wegen seiner hohen Dichte strahlenhemmend. Wird von weichem Wasser gelöst (alte Wasserleitungen).

Cadmium: Helles, glänzendes, weiches Schwermetall. In Säuren löslich, läßt sich elektrisch als Rostschutzfilm auf Eisen und Stahl erzeugen. Cadmium ist Nebenprodukt der Zinkgewinnung.

Chrom: Weiß glänzendes, hartes aber auch sprödes Schwermetall, das in vielen Mineralien vorkommt. Bei Raumtemperatur ist Chrom chemisch sehr widerstandsfähig. Wird von Salz- und Schwefelsäure gelöst.

Gesundheitsrelevanz

Blei: In gelöster Form und als Staub wirkt Blei stark gesundheitsstörend. Wasser aus bleiernen Trinkwasserrohren ist bei Langzeitbenutzung äußerst belastend. Bleistaub, z.B. beim Abstrahlen oder Abschleifen bleihaltiger Anstriche (Mennige-Anstrich als Rostschutz), wird über die Lunge aufgenommen und in verschiedenen Organen akkumuliert. Krankheitssymptome sind: Nervosität, Schwächegefühl, Kopfschmerzen, Übelkeit, Magen-Darm-Beschwerden, Blutbildveränderungen, Nierenbeschwerden, Lähmungen, Störungen des Nervensystems usw.

Cadmium: Aufnahme als Cadmiumoxid über die Lunge und aus der Nahrung (Cadmium in Düngemitteln). Krankheitssymptome sind Reizung der Schleimhäute, sowie Lungen-, Nieren- und Leberschäden. Es besteht Verdacht auf ein krebserzeugendes Potential.

Chrom: Metallisches Chrom ist fast unlöslich und daher unschädlich. Chromoxidverbindungen jedoch sind von erheblicher biologischer Relevanz. Dreiwertiges Chrom ist ein wichtiges Spurenelement, während vierwertiges Chrom im Verdacht steht, Krebs zu erzeugen. Chromstaub wird für Magenkrebs verantwortlich gemacht. Chromverbindungen verursachen an Wunden Geschwüre. Sechswertiges Chrom kann Allergien verursachen (Reaktionen auf Zement führen zur sogenannten Maurerkrätze). Weitere Krankheitssymptome sind Magen- und Darmentzündungen, Leber- und Nierenschäden sowie Krämpfe und Durchfall.

Verwendung, Ersatz

Blei: Pigment in Anstrichstoffen, Rostschutzmitteln, Kunststoffprodukten (als Stabilisator), Bleibleche- und -rohre, Bleiwolle, Bleilegierungen, Bleiplatten (Strahlenschutz), Kabelummantelungen usw. Außer im Strahlenschutz kann Blei überall ersetzt werden.

Cadmium: Pigment vor allem in leuchtenden Farben wie gelb, orange, rot, als Stabilisator in Kunststoffprodukten (z.B. im PVC), im Korrosionsschutz, bei der Batterieherstellung (z.B. in Ni-cd-Akkus), Legierungsmetall und Lötmittel.

Chrom: Pigment in gelb, orange, rot, grün, Legierungsmetall Chromnickelstahl), Verchromung als Korrosionsschutz, Chromsalze zur Fixierung von Holzschutzsalzen, Chromate zur Fixierung von Silikatfarben.

Regelungen, Grenzwerte

Blei:

- Gefahrstoffverordnung (1991) Anh. III Nr. 2, Besondere Vorschriften für bleihaltige Anstrichmittel § 9, 26
- TRGS 505 (1988) Blei
- 12. BimSchV (1991)
- MAK-Wert (1993), 0,1 mg/m^3, Schwangerschaftsgruppe B. Für Bleiarsenate Liste III A 1 Kanzerogen. Für Bleichromat Liste III B Verdacht auf Kanzerogenität
- MIK-Wert (1974) im Tagesmittel 3-4 µg/m^3, im Jahresmittel 1,5-2 µg/m^3
- TA-Luft (1986) 2 µg/m^3 Gesundheitsgefahr (Jahresmittel)

Cadmium:

- Gefahrstoffverordnung (1991) § 6 (6). Anh. II Nr. 1.1, Anh. VI Nr. 236-245
- MAK-Wert (1993) K-Gruppe III A 2, Kanzerogen im Tierversuch
- MIK-Wert (1974) 0,05 µg/m^3 (Tagesmittel)
- TA-Luft (1986) 0,04 µg/m^3 im Jahresmittel Gesundheitsgefahr
- 12. BimSchV (1991) Anh. II Nr. 57-60

Chrom:

- Gefahrstoffverordnung (1991) Anh. II Nr. 1.1, Anh. V, Anh. VI Nr. 246, 336, 340, 920, 921, 1095, 1485. Anh. I Nr. 2.2.4
- 12. BimSchV (1991)
- MAK-Wert (1993) für Chromverbindungen 0,1 mg/m^3. TRK-Wert = 0,01 mg/m3, Zinkchromat = Liste III A 1 eindeutig kanzerogen. Calciumchromat = Liste III A 2 Kanzerogenität ist im Tierversuch bewiesen. Bleichromat u.a. = Liste III B begründeter Verdacht auf Kanzerogenität

Informationen: [42, 48]

4.4 Meßmethoden, Kosten, Institutionen

Im Abschnitt 4.2 wurde schon darauf hingewiesen, daß die Anwesenheit eines Schadstoffes in einem Baustoff allein nicht ausreicht, um auf eine bestimmte Schadstoffkonzentration in der Raumluft zu schließen. Zur eigenen Sicherheit, zur Vorbereitung eines Arztbesuches bei Beschwerden oder zur Stützung einer möglichen Klage z.B. gegen eine Firma ist immer ein exakter Nachweis einer Schadstoffkonzentration durch eine Messung erforderlich. Für alle häufig vorkommenden Schadstoffe sind zuverlässige Meßmethoden entwickelt, der apparative Aufwand ist jedoch teilweise sehr hoch, was sich dann natürlich in den Kosten niederschlägt. Eine Dioxin-Untersuchung kostet etwa DM 3.000,–.

Schadstoffe lassen sich in der Raumluft, in Feststoffen und in Körperflüssigkeiten nachweisen. Schwieriger als die Messung ist häufig die medizinische Interpretation der Ergebnisse. Darum sollten Auftraggeber immer von dem Meßinstitut eine erste, an Grenzwerten orientierte Bewertung der Meßergebnisse verlangen. Am aussagekräftigsten ist der MIK-(Maximale Innenraumluft-Konzentrations-)Wert des Bundesgesundheitsamtes. Raumluftkonzentrationen unterhalb der MIK-Werte sollen im allgemeinen gesundheitlich unbedenklich sein. Besonders empfindliche Menschen, z.B. durch Erkrankungen Vorgeschädigte oder auch Kinder, können allerdings auch durch niedrigere Konzentrationen in ihrer Gesundheit beeinträchtigt werden. Das bedeutet, daß der MIK-Wert nur einen ersten Anhalt gibt.

Die MAK-(Maximale Arbeitsplatz-Konzentrations-)Werte sind für einen Vergleich weniger geeignet und nur hilfsweise heranzuziehen, wenn MIK-Werte nicht festgelegt wurden. MAK-Werte bezeichnen die maximale Schadstoffkonzentration am Arbeitsplatz für eine gesunde Arbeitskraft mittleren Alters bei 8-stündiger Exposition pro Tag. Für beide Werte gilt, daß die Substanz um so giftiger ist, je kleiner der Grenzwert ist, wobei aber auch zu bedenken ist, daß in der Regel diese Stoffe auch in geringeren Mengen verarbeitet werden. Bei dieser Grenzwertbetrachtung werden Belastungen aus anderen Umweltgiften, z.B. auch aus der Nahrung, nicht berücksichtigt. Es ist also zweckmäßig, in der Bewertung die Grenzwerte eher restriktiv zu handhaben.

Nach einer ersten Grenzwert-Beurteilung sollte eine Feinanalyse im Hinblick auf ein mögliches Krankheitsbild und dessen medizinischer Betrachtung einem Arzt überlassen, sowie im Hinblick auf Konsequenzen im Raum/Haus einem Architekten übertragen werden, der angemessene Sanierungsmaßnahmen entwickeln muß.

Probenentnahme

Hausstaub:	Eine Woche in neuem Staubsaugerbeutel sammeln
Holz:	Span etwa 10 cm lang, Brett etwa 10/10 cm
Textilien:	Ein handgroßes Stück
Leder:	Von einer verdeckten Stelle ein mindestens 5 cm langer Streifen
Sonstige Teststoffe:	Mindestgröße wie eine Streichholzschachtel, besser ein faustgroßes Stück
Alle Proben getrennt in Alufolie dicht verpacken	
Urin-Probe:	In Kunststofflaschen des Meßlabors 24 Stunden sammeln. Beginn immer mit dem zweiten Urin am Morgen. Normale Nahrung, normales Verhalten, ohne besondere körperliche Anstrengungen nach mindestens 14-tägigem Aufenthalt im belasteten Raum
Blut, Serum:	Entnahme nur beim Arzt
Luftprobe:	Je nach Methode unterschiedliche Voraussetzungen. Gebrauchsanleitungen beachten. Siehe auch Tabelle 9 Meßmethoden

Es empfiehlt sich, in Zweifelsfällen bei den zu beauftragenden Instituten Einzelheiten zu erfragen.

Einige Anhaltswerte zu einer ersten Wertung von Holzschutzmittelmeßergebnissen im Hausstaub (PCP und Lindan):

- Als *nicht erhöhte* Belastung gelten Konzentrationen von bis zu 1 µg/g.
- Als *leicht erhöht* gelten Konzentrationen von bis zu 15 µg/g.
- Als *erhöht* gelten Konzentrationen oberhalb von 15 µg/g.

Für Lindan wurden schon Werte von 300 µg/g im Holz und 50 µg/g im Hausstaub, für PCP bis zu 100 µg/g gemessen.

Von der Schadstoffkonzentration in einer Materialprobe kann nicht ohne weiteres auf eine bestimmte Raumluftbelastung geschlossen werden. Sie ist abhängig von der eingebauten Materialmenge, der Raumtemperatur und den Lüftungsgewohnheiten. Holzschutzmittel gasen in den ersten 6 Monaten zu ca. 50 Prozent aus. Die zweite Hälfte entweicht über einen Zeitraum von 10-20 Jahren.

Informationen über die Messung von gefährlichen Stoffen und eine Liste von Meßstellen im Bundesgebiet enthält die Broschüre *Verzeichnis der Meßstellen für gefährliche Stoffe* der Schriftenreihe der Bundesanstalt für den Arbeitsschutz. [31]

Tabelle 18 *Schadstoffmessung*

Meßarten / Schadstoffe	Kosten*	Raumluft				Feststoffe				über Körperflüssigkeiten			
		VDI Methode	Dräger Prüfröhrchen	Passivsammler	andere	Holz	Textilien	Hausstaub	im verwendeten Material	Serum	Blut	Urin	andere
Asbest					•								
									•				
Formaldehyd	250-550,– DM/Raum	•											
	100,– DM/Raum		•										
	80,– DM			•									
	450,– DM					•							
							•						
	80,– DM							•					
PCP	–				•								
						•							
							•						
	250-380,– DM							•					
	–									•			
	–										•		
	380,– DM											•	
Lindan (gamma-HCH) alpha + beta Isomeren	ab 200,– DM					•							
							•						
								•					
										•			
											•		
												•	
Dibenzo-p-Dioxine Dibenzo Furane	ca. 3.000,– DM pro Untersuchung					•							
							•						
									•[1,2]				
											•		
												•	
													•[3]
Dichlofluanid, Chlortalonil, Endosulfan	ab 200,– DM					•							
								•					
Radioaktivität	75,– DM/Raum			•									
	75,– DM					•							
							•						
								•					
									•				
Radon	175,– DM/ Kammer			•[4]									

1,2 = Wasser, Erde
3 = Körperfett
4 = Radondiffusionskammer

* Stand: Herbst 1990

116

5 Baustoffe und Bauteile

Einleitung

Das Baustoffangebot und die Baustoffverwendung haben sich in den letzten Jahrzehnten wesentlich geändert. Dazu haben sowohl höhere Komfortansprüche als auch die Notwendigkeit, Energie einzusparen, beigetragen. Die Industrie ist den Forderungen nach Multifunktionalität von Produkten und ihrer einfacheren Verarbeitbarkeit mit neuen Produktionsprozessen und Zusatzstoffen zu traditionellen Materialien nachgekommen. Die daraus resultierenden 'Verbesserungen' sind nicht selten Ursache für eine negative Beurteilung ihrer ökologischen Eigenschaften. Die Verlagerung von Arbeitsgängen der Baustelle in die Vorfertigung der Fabrikhallen hat die Wertung der Gesundheitsrelevanz noch schwieriger gemacht. Generell muß für die Wahl der Baustoffe die Prämisse der Schadstoffminimierung gelten, d.h. es sollten Baustoffe verwendet werden, die bei ihrer Herstellung, Nutzung und etwaiger späterer Beseitigung möglichst wenig Schadstoffe emittieren. Dieses Vorsorgeprinzip ist geboten, weil von offizieller Seite in absehbarer Zeit eine Bewertung von Baustoffen bezüglich ihrer ökologischen Parameter nicht zu erwarten ist. Darum sollten folgende Prinzipien gelten:

- Verwendung traditioneller Materialien mit möglichst langer Nutzungsdauer ohne künstliche Verbesserungen;
- Besinnung auf einfache Konstruktionsprinzipien, z.B. Mauerwerksbau;
- Verzicht auf überzogene Komfortansprüche;
- Bremsen von nicht ausgereiften und einseitig auf Dämmung und Technikeinsatz (mechanische Lüftung mit Wärmerückgewinnung) ausgerichteten Energiesparprogrammen.

Um sowohl Hintergrundinformationen als auch Detailaussagen zu den üblichen Baustoffen und Bauteilen überschaubar zu gestalten, wurde im vorliegenden Handbuch für erstere die Textform, für die letztere die Tabellenform gewählt. Darin werden Baustoffe aus ökologischer Sicht in umweltbeeinflussenden Kennwerten erfaßt und teilweise bewertet. Wissenschaftliche Grundlagen stehen für die hier getroffenen Aussagen nicht in vollem Umfang zur Verfügung oder sind widersprüchlich. Das sollte bei der Einschätzung der Verbindlichkeit unbedingt berücksichtigt werden. Die Baustoffwahl muß also immer unter Berücksichtigung des spezifischen Anwendungsfalls getroffen werden.

Die Baustoffbeschreibung kann weder die Menge des einzusetzenden Stoffes noch die wichtige Einwirkzeit einer möglichen Schadstoffabgabe berücksichtigen. Darum sind Hinweise auf gesundheitlich bedenkliche Inhaltsstoffe nur unter Berücksichtigung der konkreten Verwendung im Gebäude zu werten.

Es ist zur Zeit noch nicht möglich, allein aus der Kenntnis von Schadstoffen in einem Baustoff auf eine Belastung der Raumluft zu schließen. Daher sollte die Minimierung als Vorsorgeprinzip gelten.

In den Tabellen wird die Rohdichte in Zahlen ausgedrückt, die ökologischen Werte werden beschrieben. Alle Angaben können je nach Herkunftsort, Produktionsprozeß und Hersteller erheblich streuen.

Da der Energieaufwand für die Herstellung und Verarbeitung von Stoffen zu einem wichtigen Wahlkriterium geworden ist, werden auch dazu Angaben gemacht. Den Quellen ist nicht immer eindeutig zu entnehmen, ob auch Transport und Verarbeitung auf der Baustelle berücksichtigt sind. Die Angaben können somit nur die Größenanordnung verdeutlichen und in einem Vergleich die Tendenz belegen. [64, 72]

42   Die Entsorgung bzw. das Recycling von Baustoffen erhält unter ökologischen Gesichtspunkten eine zunehmende Bedeutung. Soweit möglich, sind dazu Hinweise gegeben. Die schon jetzt deutlich werdenden Schwierigkeiten bei der Bauschuttentsorgung zwingen zur Entwicklung praktikabler Recycling-Verfahren. Man kann damit rechnen, daß bis zum Jahre 2000 für die meisten am Bau verwendeten Stoffe Wiederverwendungsstrategien entwickelt sind. Sie werden für Massenbaustoffe und naturbelassene Materialien einfach, für komplizierte und zusammengesetzte oder 'veredelte' Stoffe und Bauteile aufwendig sein. Insofern kommt der Baustoffwahl heute eine besondere Bedeutung für die Entsorgung bzw. Wiederverwertung in der Zukunft zu.

In den Abschnitten 5.1-5.8 und 5.10 sind den Texten auch Tabellen zugeordnet, um Vergleiche zu erleichtern.

Erläuterung der Tabellen

In den Spalten *Schadstoffabgabe im Gebrauch, Schadstoffabgabe bei der Herstellung* und *Radioaktivität* bedeuten:

- Ja =   Es ist im Regelfall mit einer Schadstoffabgabe zu rechnen; eine Mengenangabe erfolgt nicht.

- Nein =   Eine Schadstoffabgabe ist in einem nennenswerten Umfang nicht zu erwarten.

- Möglich = In dieser Produktgruppe gibt es Verfahren, die umweltbelastend sind, Erzeugnisse, die Schadstoffe abgeben und andere, die bedenkenlos verwendet werden können.

In der Spalte *Primärenergiebedarf* bedeuten bezogen auf Kwh/m^3:

++ sehr gering	=	0 –	100	Kwh/m^3
+ gering	=	101 –	400	Kwh/m^3
o mittel	=	401 –	1.000	Kwh/m^3
– hoch	=	1.001 –	10.000	Kwh/m^3
– – sehr hoch	=	10.001 –	200.000	Kwh/m^3

In der Spalte *Anmerkungen* werden die Kurzaussagen der vorherigen Spalten vertieft bzw. Hinweise zu technsicher Qualität, Verwendung oder Recycling gegeben.

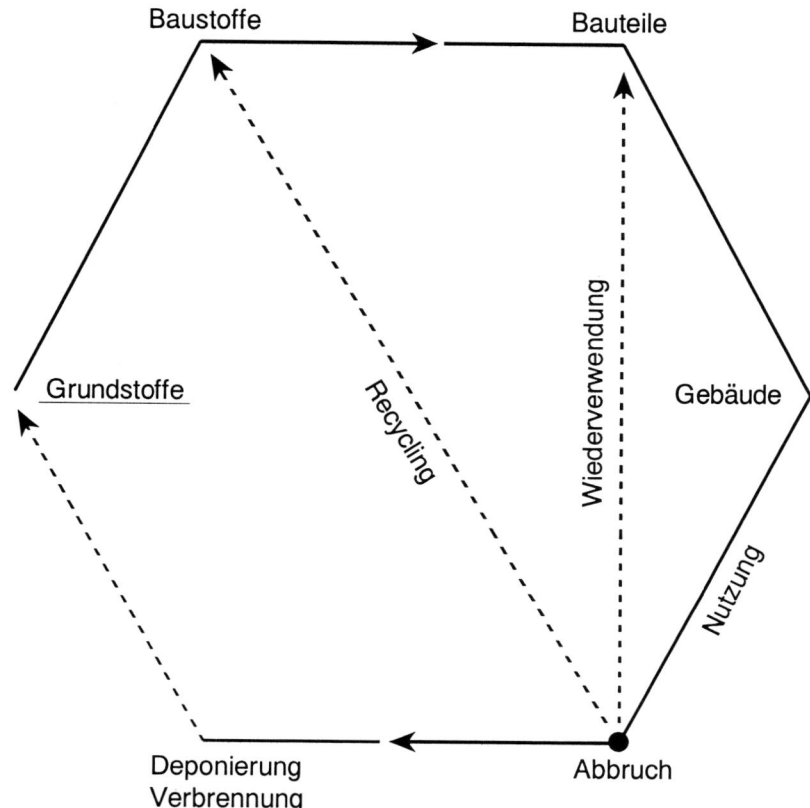

Bild 42 Kreislauf der Stoffe im Bauwesen

5.1 Steine, Keramik, Estriche, Mörtel, Putz

Diese Materialien sind Massenbaustoffe zur Errichtung des Rohbaues bzw. zur Bekleidung unebener Wände und Decken. Sie bestehen, wie z.B. der Ziegelstein, aus einem Grundstoff oder sind aus Bindemitteln und Zuschlagstoffen zusammengesetzt. Es sind in der Regel seit Jahrhunderten bewährte Baustoffe, die erst in aller jüngster Vergangenheit teilweise Veränderungen im Hinblick auf ihre Herstellung und Eigenschaften erfahren haben.

Im allgemeinen stellt diese Baustoff-Bauteilgruppe bei ökologischen Betrachtungen kein besonderes Problem dar. Allerdings gilt es auch hier, einige Besonderheiten zu beachten. Kritisch sind solche Stoffe zu sehen, die über ihre natürlichen Eigenschaften hinaus 'verbessert' worden sind, um mehreren Funktionsforderungen zu genügen. Dazu gehören Materialien für Bauteile mit tragender Funktion, Stoffe also, die eine hohe Festigkeit haben müssen und zugleich dämmen sollen und damit ein porig-leichtes Gefüge aufweisen müssen. Das wird erreicht durch porige, synthetische Zuschlagstoffe oder durch Aufblähen des Grundstoffes. Da jedoch die Energieeinsparung durch gute Wärmedämmung unserer Gebäude ein ökologisch sinnvolles Ziel ist, müssen bei der Wahl der Stoffe Kompromisse geschlossen werden. Dazu müssen die Funktionsforderungen sorgfältig geprüft, muß die zu ihrer Erfüllung notwendige Stoffwahl den spezifischen Verhältnissen angepaßt werden. Generalisierende Vorgaben sind auch hier fehl am Platze.

Gebrannte Baustoffe und Bauteile

Diese Gruppe erfordert einen hohen Primärenergiebedarf, dessen Bereitstellung eine beträchtliche Belastung des Ökosystems darstellt. 700 kWh/m^3 sind z.B. bei den Mengen, die von den hier behandelten Stoffen benötigt werden, schon ein hoher Wert.

Bei den Brennvorgängen sind in der Regel auch Schadstoffemissionen zu verzeichnen. Neuere Produktionstechniken und verschärfte Vorschriften haben zwar dazu geführt, daß weniger Schadstoffe an die Außenluft abgegeben werden, aber die in den Filtern zurückgehaltenen Stoffe müssen entsorgt werden und belasten die Sondermülldeponien oder die Müllverbrennungsanlagen.

Synthetische Zusatzstoffe

Polystyrolkügelchen zur Porosierung von Ziegeln oder Lösemittel, Entschäumer, Pestizide und Filmbildner bei Kunstharzputzen sind doppelt kritisch zu sehen, sowohl in bezug auf die Herstellung dieser Kunststoffprodukte als auch hinsichtlich der möglichen Schadstoffabgabe bei der Nutzung.

Verwendung von Abfallstoffen aus der Industrieproduktion

Beispiele: Chemiegips aus der Phosphatherstellung, Hochofenschlacke aus der Eisengewinnung zur Herstellung von Zement und Steinen, Flugasche aus verschiedenen industriellen Brennvorgängen als Zuschlagstoff in der Beton- und Steinherstellung.

Radioaktiv strahlende Stoffe

Dazu gehören aus der Gruppe der Natursteine die Tiefengesteine z.B. Granit, aber auch Bims. Auch Ziegelsteine fallen in diese Gruppe, sofern der Lehm belastet ist, oder Glasuren auf keramischen Bauteilen. Zement kann radioaktiv sein, wenn Schlacke mitverwendet wurde; Chemiegips, wenn er aus der Phosphatproduktion stammt.

Recyclinggeeignete Materialien

Mörtel, Estriche, Putze, Steine und Keramik sind in der Regel wiederverwendbar, sofern sie nicht, wie oben beschrieben, selbst schon belastet sind. Steine und Keramik können nach der Säuberung direkt wieder verwendet werden. Alle Stoffe dieser Gruppe können entweder getrennt oder auch als Gemisch gebrochen als Zuschlagstoff in der Stein- und Betonherstellung oder im Straßenbau eingesetzt werden (Abschnitt 1.4).

Tabelle 19 *Steine, Keramik, Estriche, Mörtel, Putze*

NR.	BAUSTOFF/ BAUTEIL	BESCHREIBUNG					ANMERKUNGEN
		Roh-dichte kg/m^3	Schadstoffabgabe		Radio-aktivität	Primär-energie-bedarf	Herstellung, Anwendung, Wiederverwendung, Ersatzstoffe usw.
			im Gebrauch	in der Herstellung			
Künstliche Steine als Mauerwerk							
1	Lehm:						
	– massiv	1800	nein	nein	möglich	+ +	Unbelasteter Wandbaustoff, feuchte- und frostempfindlich. Lehmstein, Stampflehm
	– Strohlehm	1400	nein	nein	möglich	+ +	Bis 50 kg Stroh/m^3. Bessere Wärmedämmung, geringere Rißbildung
	– Leichtlehm	800	nein	nein	möglich	+ +	50-90 kg Stroh/m^3. Ausfachung in Holzbauweise, in Schalung gegossen
2	Ziegel:						
	– Porenhochlochziegel	700	möglich	ja	möglich	–	Mit Polystyrol oder Sägespänen porosiert. Emissionen beim Brennen
	– Leichthochlochziegel	1000	nein	ja	möglich	–	Emissionen beim Brennen
	– Mauerziegel Mz 18 HLz, VMz, VALz	1600	nein	ja	möglich	–	Wie vor
	– Klinker KMz, KHLz, KHK 36	2000	nein	ja	möglich	–	Hart, dicht, dauerhaft
							Alle Ziegel sind recyclinggeeignet. Radioaktivität je nach Herkunft. Im Gebrauch fast schadstofffrei. Herstellung nicht ganz unbedenklich

NR.	BAUSTOFF/ BAUTEIL	BESCHREIBUNG					ANMERKUNGEN
		Roh-dichte kg/m³	Schadstoffabgabe im Gebrauch	in der Herstellung	Radio-aktivität	Primär-energie-bedarf	Herstellung, Anwendung, Wiederverwendung, Ersatzstoffe usw.
3	Leichtbeton-steine: (Bims usw.)						Zuschläge: Bims, Hütten-schlacke, Ziegelsplitt, Blähschiefer
	– Vollblock (DIN 18152)	600	nein	möglich	ja	+	Vulkanischer Ursprung. Radioaktiv. Tragfähig und wärmedämmend
	– Hohlblock (DIN 1851) HBL 6	1200	nein	möglich	ja	+	Wie vor
4	Betonhohl-blocksteine (DIN 18153) HD 6	1800	nein	möglich	möglich	+	Schwere tragfähige Steine z.B. für Keller. Geringe Dampfdiffusionsfähigkeit und Wärmedäm-mung. Gute Wärmespei-cherung
5	Kalksandsteine (DIN 106)						Emissionen bei Autoklav-prozeß möglich. Recyclinggeeignet
	– Vollsteine VKSV 28	2000	nein	möglich	möglich, jedoch gering	o	
	– Lochsteine KSL, KSHBL 18	1400	nein	möglich	möglich	o	Wie vor. Etwas höhere Wärmedämmfähigkeit
6	Gasbeton-steine (DIN 4165) Blocksteine						Emissionen bei Autoklav-prozeß möglich. Treibmit-tel ist Aluminiumpulver. Stein ist tragfähig und wärmedämmend. Be-schichtungen und Anstriche technologisch an-spruchsvoll
	– G 6	800	nein	möglich	möglich, jedoch gering	o	
	– G 4	500	nein	möglich		o	

Natursteine als Mauerwerk

NR.	BAUSTOFF/ BAUTEIL	Roh-dichte	im Gebrauch	in der Herstellung	Radio-aktivität	Primär-energie-bedarf	ANMERKUNGEN
1	Sandstein	2400	nein		möglich		Wandbaustoff, Böden, Fassaden. Dauerhaft. Re-cyclinggeeignet. Bei der Herstellung Lärm, Staub, Eingriff in die Landschaft. Primärener-giebedarf abhängig von der Verarbeitung und vom Transportweg. Gilt für alle Natursteine.
2	Kalkstein und Dolomit.	2500	nein		nein		
3	Kalktuff, Muschelkalk, Travertin	2500	nein		nein		
4	Marmor	2700	nein		nein		
5	Quarzit	2600	nein		möglich		
6	Schiefer	2800	nein		ja		
7	Gneis	2900	nein		ja		
8	Bims-Lava	400-1500	nein		ja		Siehe künstliche Steine Nr. 3
9	Tuffstein	1200-1500	nein		ja		
10	Basalt	3000	nein		ja		Hart, dauerhaft.
11	Basaltlava	3000	nein		ja		Porös, zäh, dauerhaft
12	Porphyr und Diabas	2600-2900	nein		ja		

NR.	BAUSTOFF/ BAUTEIL	BESCHREIBUNG					ANMERKUNGEN
		Roh-dichte kg/m^3	Schadstoffabgabe im Gebrauch	in der Herstellung	Radio-aktivität	Primär-energie-bedarf	Herstellung, Anwen-dung, Wiederverwen-dung, Ersatzstoffe usw.
13	Granit-Syenit	2600-2800	nein		ja		Hart, dicht, dauerhaft.
14	Diorit-Gabbro	2800-3000	nein		ja		Vollkristallin.
							Alle Natursteine sind recyclinggeeignet
Keramik							
1	Steingutfliesen (DIN, EN, 159)	2000	nein	ja	möglich	–	Glasuren teilweise er-höht radioaktiv strah-lend. Nicht frostbestän-dig. Emissionen bei Brennvorgang
2	Steinzeug (DIN, EN, 176)	2000	nein	ja	möglich	–	Wie vor, jedoch frostbe-ständig
3	Porzellan	2300	nein	ja	möglich	–	Wie vor. Sanitäreinrich-tungen
Estriche							
1	Zementestrich	2000	nein	möglich	möglich	+	Radioaktivität wenn Hochofenschlacke verar-beitet. Schadstoffe bei der Zementherstellung: CO_2, SO_2, Säuren, Schwermetalle, Staub
2	Magnesia-estrich	1500	nein	möglich	möglich	+	Magnesiumchlorid hygro-skopisch, korresionsför-dernd. Zuschläge: Holz, Kork, Gummi. Elastisch, wärmedämmend. Heute von geringer Bedeutung
3	Anhydritestrich	2100	möglich	möglich	möglich	+	Brennofenemissionen. Bei synthetischem Anhy-drit Schadstoffabgabe möglich
Mörtel und Putze							
1	Gips: – rein – mit Sand	1200 1400	möglich möglich	möglich möglich	möglich möglich	o +	Atmungsfähig, Feuchte-empfindlich. Brennofen-emissionen. Naturgips: Keine Schadstoffe. Rauchgasentschwefe-lungsgips: Bei Trennung von Entstaubung u. Ent-schwefelung kaum Schadstoffe. Chemie-gips: Radioaktiv, Schad-stoffe. Recycling möglich
2	Anhydrit	1400	möglich	möglich	möglich	+	Gipsähnliche Eigenschaf-ten. Schadstoffe u. Ra-dioaktivität bei syntheti-schem Anhydrit. Recy-cling möglich

NR.	BAUSTOFF/ BAUTEIL	BESCHREIBUNG					ANMERKUNGEN
		Roh-dichte kg/m³	Schadstoffabgabe		Radio-aktivität	Primär-energie-bedarf	Herstellung, Anwen-dung, Wiederverwen-dung, Ersatzstoffe usw.
			im Gebrauch	in der Herstellung			
3	Kalk:						
	– Luftkalk	1800	nein	möglich	nein	+	Brennofenemissionen. Recycling möglich
	– Hydrauli-scher Kalk					+	Dampfdiffusionsoffenes Material mit mittlerer Festigkeit für tragendes Mauerwerk und Putz
4	Mischbinder (MB)	1800	nein	möglich	möglich	+	Ähnlich wie vor, hydrau-lisch abbindend. Be-standteile: Zement, Hüt-tensand, Traß, Kalk, Pla-stifizier, Verzögerer usw.
5	Zement PZ, EPZ, HOZ, TrZ	2000	nein	möglich	möglich	+	Hydraulisch abbindend. Radioaktiv bei Zusatz von Hochofenschlacke. Siehe auch Estriche Nr. 1
6	Kunstharzputz	1100	möglich	ja	nein	–	Dünnschichtputz z.B. auf außenliegender Wär medämmung (Thermo-haut). Entsorgung proble-matisch. Schadstoffe aus Kunstharz und Zu-schlägen möglich. Brenn-bar
7	Blähperlite-Vermiculite Dämmputz	600-800	nein	ja	möglich	–	Wärmedämmend. Nicht brennbar. Hydrophobie-rung erforderlich. Radio-aktiv wegen vulkani-schen Ursprungs. Recy-celbar
8	Polystyrol-Wärmedämm-putz	350	möglich	möglich	nein	–	Brennbar B 1. Emission von Styrolmonomeren möglich. Extrudiertes Polystyrol wird mit FCKW geschäumt. Ent-sorgung problematisch

5.2 Beton

Beton ist ein Baustoff, der an einer oder für eine Baustelle frisch hergestellt wird. Er ist ein Gemisch aus Zement und Zuschlagstoffen, wie Kies und Splitt. In dieser Zusammensetzung kann er nur Druckkräfte aufnehmen. Wird Betonbauteilen auch die Übernahme von Zugkräften zugewiesen, übernehmen Stahleinlagen diese Aufgabe. Beton kann in fast jede Form gegossen werden und durch Variierung seiner Zusammensetzung sehr viele Funktionen übernehmen. Der Beton ist ein unverzichtbarer Konstruktionsbaustoff.

Die in der Vergangenheit nicht immer beherrschte Technologie, die zu beträchtlichen Schäden geführt hat, spricht nicht gegen den Beton grundsätzlich, sondern mahnt zu sorgfältiger Planung und Ausführung.

Die Eigenschaften des Betons, seine Tragfähigkeit und Dichte oder seine Verarbeitungsfähigkeit werden nicht nur von den Hauptbestandteilen Zement, Kies und Wasser bestimmt, sondern auch von Zusatzmitteln und Zusatzstoffen. Diese Zusätze (siehe Tabelle) sind entscheidend dafür, ob das Endprodukt im baubiologischen Sinne als neutral oder als bedenklich eingestuft werden muß. Zu berücksichtigen sind auch die bauphysikalischen Eigenschaften. Beton ist schwer und dicht, d.h. er hat gute Wärmespeicherungseigenschaften, kann aber Wärme schlecht dämmen. Eine Wasserdampfdiffusion von innen nach außen ist so gut wie ausgeschlossen.

Beton bleibt nach seiner Herstellung noch recht lange 'feucht'. Beton*wände* sind daher für Räume zum dauernden Aufenthalt von Menschen wenig geeignet. Für Decken gilt das zwar auch, jedoch kann auf Betondecken häufig nicht verzichtet werden. Für kleinere Gebäude gibt es folgende Alternativen:

- Holzbalkendecken, für die jedoch im Hinblick auf den Schallschutz ein erheblicher Aufwand getrieben werden muß (Abschnitt 3.3);
- Stahlsteindecken aus linear angeordneten, tragenden Stahlbetonbalken und dazwischen angeordneten leichten Hohlkörpern aus Ziegel, Bims, Holzwolleleichtbauelementen u.a. (Abschnitt 3.3).

Die Stahleinlagen in Betonwänden und -decken bilden ein Netz, das die Wirkung eines Faradayschen Käfigs hat. Die natürliche Strahlung, an die der Mensch gewöhnt ist, wird abgeschirmt. Es ist umstritten, inwieweit eine große Fensteröffnung die Abschirmung aller anderen raumumschließenden Flächen durch Stahleinlagen im Beton aufhebt.

Betonoberflächenschäden durch abgeplatzte Betondeckungen über angerosteten Stahleinlagen werden heute in der Regel mit kunststoffvergüteten Reparaturmörteln auf Zementbasis instandgesetzt. Da keine Langzeiterfahrungen mit den neuen Materialien aus anorganischen Bindemitteln, dem Zement und organischen Zusätzen, wie Kunstharzen, vorliegen, ist im Hinblick auf die Dauerhaftigkeit dieser Betonsanierungen Skepsis angebracht. Die Sorgfalt bei der handwerklichen Ausführung ist häufig entscheidender, als die Wahl des Materials.

Tabelle 20 *Beton*

NR.	BAUSTOFF/ BAUTEIL	BESCHREIBUNG					ANMERKUNGEN
		Roh- dichte kg/m³	Schadstoffabgabe		Radio- aktivität	Primär- energie- bedarf	Herstellung, Anwen- dung, Wiederverwen- dung, Ersatzstoffe usw.
			im Gebrauch	in der Herstellung			
1	Stahlbeton DIN 1045	2400	nein	möglich	möglich	–	Bei Verwendung von Hochofenschlacke oder Flugasche Schadstoffab- gabe u. Radioaktivität möglich. Mit dem Grad der Baustoffveredelung steigt der Energieauf- wand. Betonzusätze bedenklich
2	Leichtbeton, geschlosse- nes Gefüge DIN 4219 DIn 4226 LB 25	1800	nein	möglich	möglich	–	Wie vor. Zuschläge: Naturbims, Hüttenbims, Ziegelsplitt, Blähschiefer. Bindemit- tel Zement
3	Leichtbeton, haufwerkspori- ges Gefüge DIN 4232 LB 8	1200	nein	nein	ja	o	Radioaktivität aufgrund vulkanischen Ur- sprungs. Gute Wärme- dämmung, ausreichen- de Schalldämmung. Bindemittel Zement
4	Gasbeton DIN 4223 GB 5	600	nein	möglich	möglich, jedoch gering	o	Bindemittel Kalk, Zu- schlagstoff Sand. Dampfgehärtet. Emissio- nen durch Autoklav-Pro- zeß. Aluminiumpulver als Treibmittel. Wärme- dämmend, tragfähig
5	Holzspanbeton LB 2	600	nein	nein	nein	+	Bindemittel Kalk oder Zement. Zuschlagstoff Holzspäne ähnlich wie für Spanplatten. Wärme- dämmend, feuchte- empfindlich
6	Polystyrolparti- kelbeton. (Styropor- beton)	800	möglich	möglich	nein	o	Bindemittel Zement, Zu- schlagstoff Polystyrol. Emissionen von Rest- monomeren möglich. Extrudiertes Polystyrol wird mit FCKW geschäumt
7	Betonzusatz- mittel	–	möglich	möglich	–		Betonverflüssiger, Luft- porenbildner, Dichtungs- mittel, Erstarrungsver- zögerer bzw. -beschleu- niger, Stabilisatoren

NR.	BAUSTOFF/ BAUTEIL	BESCHREIBUNG					ANMERKUNGEN
		Roh-dichte kg/m³	Schadstoffabgabe		Radio-aktivität	Primär-energie-bedarf	Herstellung, Anwendung, Wiederverwendung, Ersatzstoffe usw.
			im Gebrauch	in der Herstellung			
8	Betonzusatz-stoffe	–	möglich	möglich	möglich		Gesteinsmehle von Kalk, Puzzolane, Traß. Hochofenschlacke, Elektrofilterasche, Farbpigmente, Kunstharzzusätze als Emulsionen u. Dispersionen. Radioaktivität u. Schadstoffemissionen je nach Herkunft möglich

Beton kann wiederverwendet werden, z.B. als Zuschlagstoff bei der erneuten Beton- oder Steinherstellung, zur Baugrundverbesserung und als Packlage im Straßen- und Wegebau. Voraussetzung ist eine Trennung des Materials. Der Energieaufwand für das Brechen, Sortieren und den Transport ist beträchtlich.

5.3 Platten an Wand und Decke

Die Platten werden je nach Einsatzort und Funktion aus einer großen Zahl von Grundstoffen hergestellt. Sie umfassen sowohl einige Massivbaustoffe, z.B. Gasbeton, als auch Dämmstoffe, wie Holzwolleleichtbauplatten. Viele bestehen aus zerkleinerten Grundstoffen und Bindemitteln. Aus den Kurzdarstellungen der Tabelle wird erkennbar, daß die Eigenschaften sowohl vom Grundstoff als auch vom Binder bestimmt werden.

Platten mit Dicken unter 6 cm werden in der Regel auf einer Unterkonstruktion aus Holz oder Metall angebracht. Je nach Anforderung, z.B. Raumtrennung, Schallschutz, Schalldämpfung, Brandschutz usw. werden verschiedene Materialien auch kombiniert.

Neben der Funktionserfüllung sollten die ökologischen Eigenschaften (Tabelle) der Materialien die Wahl bestimmen. Platten werden im Innenausbau großflächig eingesetzt. Die Emission von Schadstoffen kann die Raumluftqualität spürbar beeinflussen. Insofern sind alle Flächenbauteile, auch Anstriche und Böden, besonders kritisch zu prüfen. Für viele Planungsaufgaben kann auf die Verwendung von Platten überhaupt verzichtet werden, weil der angemessene Einsatz von Massivbaustoffen und deren Oberflächennutzung oder der Verputz die einfachere, dauerhaftere und hygienischere Lösung ist. Auch Wirtschaftlichkeitserwägungen sprechen häufig für diesen Weg.

Leichte Plattenbaustoffe erlauben keine Wärmespeicherung. Da Außenwände immer stärker die Dämmung übernehmen, sollten die Innenbauteile verstärkt die Wärmespeicherung ermöglichen.

Platten mit kunstharzbeschichteter Oberfläche

– *Vorteile:* Glatte oder genarbte Oberfläche, dicht und dauerhaft, große Farbauswahl, pflegeleicht;
– *Nachteile:* Ausdünstungen aus der Platte und ihrer Oberfläche sind möglich. Da unterschiedliche Materialien verwendet werden, die Zusammensetzung vor Ort häufig weder erkannt noch belegt werden kann und auch die Qualität der Produktion Schwankungen unterliegt, stellt der Einbau dieser Platten in der Regel im Hinblick auf die Hygiene ein Risiko dar. Die Feuchte- und Wärmepufferung wird unterbunden. Die elektrostatische Aufladung bindet Staubpartikel an der Oberfläche. Das nicht unerhebliche Spannungspotential wird von Medizinern als bedenklich eingestuft. Die kühlen, glatten Oberflächen bieten keine haptischen Qualitäten.

Gipsplatten

Möglichst nur Naturgipsprodukte ausschreiben. Der Nachfragedruck dämmt die Flut der Gipsprodukte aus Industriegips ein. Nachweise verlangen und Kontrollen auf der Baustelle ankündigen. Ob tatsächlich Naturgipsprodukte verwendet wurden, ist mit dem Geigerzähler nicht erkennbar. Naturgipsprodukte geben ebenfalls radioaktive Strahlung ab. In Zweifelsfällen ist eine Laboruntersuchung erforderlich.

Rabitzdecken und -wände

Konventionelle Bauart mit relativ großem Lohnaufwand und geringen Materialkosten. Putzmörtel wird in ein Draht- bzw. Ziegeldrahtgewebe gedrückt, plan abgezogen und an der Oberfläche geglättet. Der Putzträger wird über eine Unterkonstruktion, in der Regel Holz, gespannt.

Diese Bauteile sind leicht, jeder Form anpaßbar und bei Verwendung von Kalk- und Naturgipsmörtel im gesundheitlichen Sinne unbedenklich. Das Drahtnetz bildet jedoch eine Abschirmung im Sinne eines Faradayschen Käfigs.

Faserzementplatten

Ein neuer Baustoff, der die umstrittenen Asbestzementplatten ablöst. Das Bindemittel bleibt Zement. Die Armierungsfasern sind synthetisch, also organische Fasern, z.B. aus Polyvinylalkohol oder Polyacrylnitril. Die Oberflächen werden im Werk auf Acrylat-Basis beschichtet. Ein Hersteller bietet für seine Produkte fünf Jahre Garantie, was als sehr gering anzusehen ist. Im Hinblick auf eine Langzeitbeständigkeit ist Skepsis angebracht.

Tabelle 21 *Platten an Wand und Decke*

NR.	BAUSTOFF/ BAUTEIL	BESCHREIBUNG					ANMERKUNGEN
		Roh-dichte kg/m³	Schadstoffabgabe im Gebrauch	in der Herstellung	Radio-aktivität	Primär-energie-bedarf	Herstellung, Anwen-dung, Wiederverwen-dung, Ersatzstoffe usw.
1	Holzwolle-leichtbau-platten	360	nein	nein	nein		Gebunden mit: Gips = feuchteempfindlich. Ma-gnesiabinder, Zement. Hydrophobiert
2	Holzfaser-platten – porös – dicht	200 310	nein möglich	nein möglich	nein nein		Porös = verfilzt oder leicht gepreßt, getränkt. Dicht = gepreßt, gebun-den mit Kunstharzen o. Bitumen
3	Sperrholz	800	möglich	möglich	nein		Furnierblätter mit Kunst-harz verleimt. Evtl. For-maldehydabgabe bei Melaminharzen
4	Spanplatten – kunstharz-gebunden	800	ja	ja	nein	o	Späne kunstharzgebun-den. Formaldehydabga-be möglich. Grenzwerte: E1 = max. 0,1 ppm E2 = max. 1,0 ppm E3 = max. 2,3 ppm
	– zement-gebunden	1200	nein	nein	nein	o	Keine Zusatzmittel im Hinblick auf Pilzbefall
	– kunstharz-beschichtet	800-1000	möglich	ja	nein	–	Sehr dicht, harte Ober-fläche. Elektrostatische Aufladung möglich
5	Gipsplatten – Massivgips – Gipskarton	1000 900	möglich möglich	möglich möglich	möglich möglich	o o	Naturgips: keine Schad-stoffabgabe u. Radioak-tivität. Chemie- bzw. Rauchgasentschwe-lungsgips: Schadstoffab-gabe und Radioaktivität möglich
6	Gasbeton-platten DIN 4166	800	nein	möglich	möglich	o	Emissionen durch Auto-klavprozeß möglich. Treibmittel = Aluminium-oxyd
7	Pabitzdecken und -wände	2000	nein	nein	nein	o	Putz auf Drahtgewebe. Evtl. Schadstoffabgabe abhängig vom Bindemit-tel, siehe 5.1
8	Lamellen-decken – Aluminium – Kunststoff	2700 1400	nein möglich	ja ja	nein nein	– – –	Siehe 5.5 Siehe 5.8
9	Asbestzement-platten	2000	ja	ja	nein	–	Ab 1990 verboten. Siehe Kap. 4
10	Faserzement-platten	2000	möglich	möglich	nein		Ersatz für Asbest-zementplatten. Langzeit-wirkung nicht bekannt

5.4 Dämmstoffe

Die Dämmung von Gebäuden hat im Hinblick auf die Notwendigkeit, Energie zu sparen, eine besondere Bedeutung gewonnen. Die hier behandelten Materialien werden zur zusätzlichen Wärmedämmung benutzt, wenn der gewählte Konstruktionsbaustoff zur Einhaltung der gültigen Normen nicht ausreicht. Die Funktion des Dämmstoffes wird durch Zahl, Größe, Form und Anordnung seiner Luftporen bestimmt. Zur Dämmung werden eingesetzt:

Naturstoffe
wie Kork, Kokosfasern, Schilfrohr, Stroh, Holzfasern, Baumwolle, Schafwolle. Unbehandelt oder mit Bindemittel gebunden, z.T. gepreßt. Bitumen- und Kunststoffdispersionsbindung, insbesondere im frischen Zustand nicht unbedenklich. Naturstoffe wachsen zwar nach, sind jedoch nur in sehr kleinem Umfang am Markt. Transportwege sind teilweise extrem lang.

Kombinierte Stoffe
wie Holzwolleleichtbauplatten. Magnesit- oder Zementbindung gilt in diesem Zusammenhang als neutral. Relativ geringer Wärmedämmwert führt zu großen Einbaustärken.

Recyclingstoffe
wie Zellulose. Schüttungen in Flockenform, Brandschutzklasse B 2 bei Behandlung mit Boraxsalzen. Platten aus einer Mischung von Zellulose und Strohhäcksel, gepreßt, mit Recyclingpapier kaschiert. Wegen der Herstellung der Zelluloseprodukte aus Zeitungspapier ist mit geringfügigen Belastungen durch Schwermetalle und Formaldehyd zu rechnen.

Mineralische Dämmstoffe
wie Schaumglas, Blähton und Blähperlite. Sie gelten als chemisch neutral. Radioaktivität je nach Herkunft des Grundstoffes möglich (nicht bei Schaumglas). Trockenschüttungen aus vulkanischem Aluminium-Silikat (Bims) sind eine neue Entwicklung. Das Material ist unbrennbar, chemisch neutral und beständig. Die Gesundheitsrelevanz der teilweise verwendeten Hydrophobierungsmittel ist zur Zeit noch nicht eindeutig zu beurteilen.

Mineralfasern
wie Glaswolle, Steinwolle, Schlackenwolle lose oder in Matten oder Platten. Stabilisierung mit Kunstharzen, die teilweise Formaldehyd abgeben. Frei werdender Faserstaub kann ähnlich wie bei Asbest dann gesundheitsgefährdend sein, wenn die Faserabmessungen über 5 μm Länge und unter 3 μm Durchmesser liegen (Verhältnis ca. 3:1). Eine Längsspaltung, wie bei Asbest, ist bei Mineralfasern nicht zu verzeichnen. Die chemische Beständigkeit, insbesondere gegenüber wäßrigen Lösungen, ist je nach Grundstoff sehr unterschiedlich. Von der Verwendung dieser Dämmstoffe ist dort abzuraten, wo Fasern in die Raumluft eintreten können, z.B. bei Lüftungsanlagen oder an nicht

wirklich dauerhaft dicht gegen die Innenraumluft abgeschlossenen Dachschrägen, abgehängten Decken und schwimmenden Estrichen.

Schaumkunststoffe als Ortschaum
aus Polyurethan oder Harnstoff-Formaldehydharzen. Paßt sich bei richtiger Dosierung der Inhaltsstoffe unebenen Untergründen und Hohlräumen 100-prozentig an. Als Schäummittel wird teilweise FCKW (Fluor-Chlor-Kohlenwasserstoff) eingesetzt. Die Industrie arbeitet an weniger schädigenden Treibmitteln. Bei den Harnstoff-Formaldehydharzen muß mit Formaldehydausgasungen gerechnet werden. Darüber hinaus können sonstige Inhaltsstoffe, wie Restmonomere, Stabilisatoren und Weichmacher, emittieren. Der Grad der Abgasung wird weitgehend davon bestimmt, wie die Inhaltsstoffe zusammengesetzt sind und die Schäumung gesteuert wird. Unter Baustellenbedingungen ist eine optimale Herstellung nicht gewährleistet.

Schaumkunststoffe in Platten
aus Polystyrolhartschaum, als Partikelschaum (weiß) oder Extruderschaum (blau, grün). Letztere werden in der Regel mit FCKW aufgeschäumt. Die Emission von Styrolen (kanzerogenverdächtig) kann unmittelbar nach der Herstellung beträchtlich sein, nimmt dann jedoch stark ab. Darum sollte dieser Dämmstoff vor seiner Verarbeitung mindestens drei Monate nach der Fabrikation locker geschichtet gelagert werden.

'Transparente Wärmedämmung'
Das Ziel dieser neuen Entwicklung ist es, die solare Wärmestrahlung auf geschlossene Wände zu nutzen. Eine transparente Wärmedämmung aus Acrylschaum läßt die Wärmestrahlung zum leit- und speicherfähigen schweren Kern der Wand passieren und verhindert die Abstrahlung nach außen.

Im Prinzip ist folgender Wandaufbau erforderlich:
– Äußerer Schutz der Dämmung, z.B. durch Glas;
– transparente Wärmedämmung (Acrylschaum);
– Luftschicht;
– schwere, leitfähige Wand, z.B. Mauerwerk, außen schwarz gestrichen.

Dieser Aufbau empfiehlt sich an Süd-, Ost- und Westfassaden. Die Nordseite kann konventionell gedämmt werden.

Ein Praxistest am Lehrstuhl für Konstruktive Bauphysik der Universität Stuttgart 1988/1989 hat gezeigt, daß mit dieser neuen Konstruktion Wärmegewinne zu erzielen sind. Allerdings ist der bauliche Aufwand erheblich, die konstruktive Detailausbildung schwierig und die Langzeitbewährung noch ungewiß.

Schlußbetrachtung
Dämmstoffe gehören heute zu den Massenbaustoffen. Die natürlichen Ressourcen reichen zur Deckung des Bedarfs nicht aus. Die teilweise bedenklichen Inhaltsstoffe der sogenannten 'künstlichen' Dämmstoffe können nur im

spezifischen Anwendungsfall unter Berücksichtigung der Einbaumenge und des Einbauortes gewertet werden. Eine generelle Ablehnung dieser Stoffe erscheint nicht gerechtfertigt. Allerdings muß auch darauf hingewiesen werden, daß künstliche Dämmstoffe über die etwaige Schadstoffabgabe bei der Produktion, während der Nutzung und bei der Abfallverwertung deutlich zur Gesamtbelastung des Ökosystems beitragen.

Bei Fachleuten ist noch immer umstritten, ob die positiven Auswirkungen der zusätzlichen Wärmedämmung und damit der Energieeinsparung nicht höher zu werten sind als die denkbare Gesundheitsbelastung durch Schadstoffe aus diesen Baumaterialien.

Bei der Betrachtung des Bauelementes Dämmstoff wird besonders deutlich, daß die Ziele Umweltschutz (hier Energieeinsparung) und Gesundheitsschutz 43 (Innenraumklima) nicht immer deckungsgleich sind. Nur eine verantwortungsvolle Abwägung im konkreten Einzelfall führt zu einer vertretbaren Entscheidung.

In der folgenden Dämmstoffliste stellt die Reihenfolge auch eine vorläufige Priorität dar. Dabei wurden berücksichtigt:

einerseits
- Primärenergieverbrauch bei der Herstellung;
- Umweltbelastungen bei Produktion und Nutzung;
- Probleme bei der Entsorgung;

andererseits
- die Umweltentlastung durch die erhöhte Wärmedämmung und die damit verbundene Energieeinsparung.

Nicht berücksichtigt wurden:
- die Kosten, da insbesondere diejenigen der Verarbeitung weit differieren;
- die Dauerhaftigkeit, da deren Wertung vom Einbauort mit bestimmt wird;
- die physikalischen Eigenschaften, wie Diffusionsverhalten, Hygroskopizität, Wärmespeicherung und Brandverhalten, weil deren Berücksichtigung von der jeweiligen Funktion des Dämmstoffes im spezifischen Anwendungsfall bestimmt werden muß.

Es wäre jedenfalls falsch, nur die Dämmeigenschaften und die Kosten bei der Wahl des Dämmstoffes zu berücksichtigen. [58, 75]

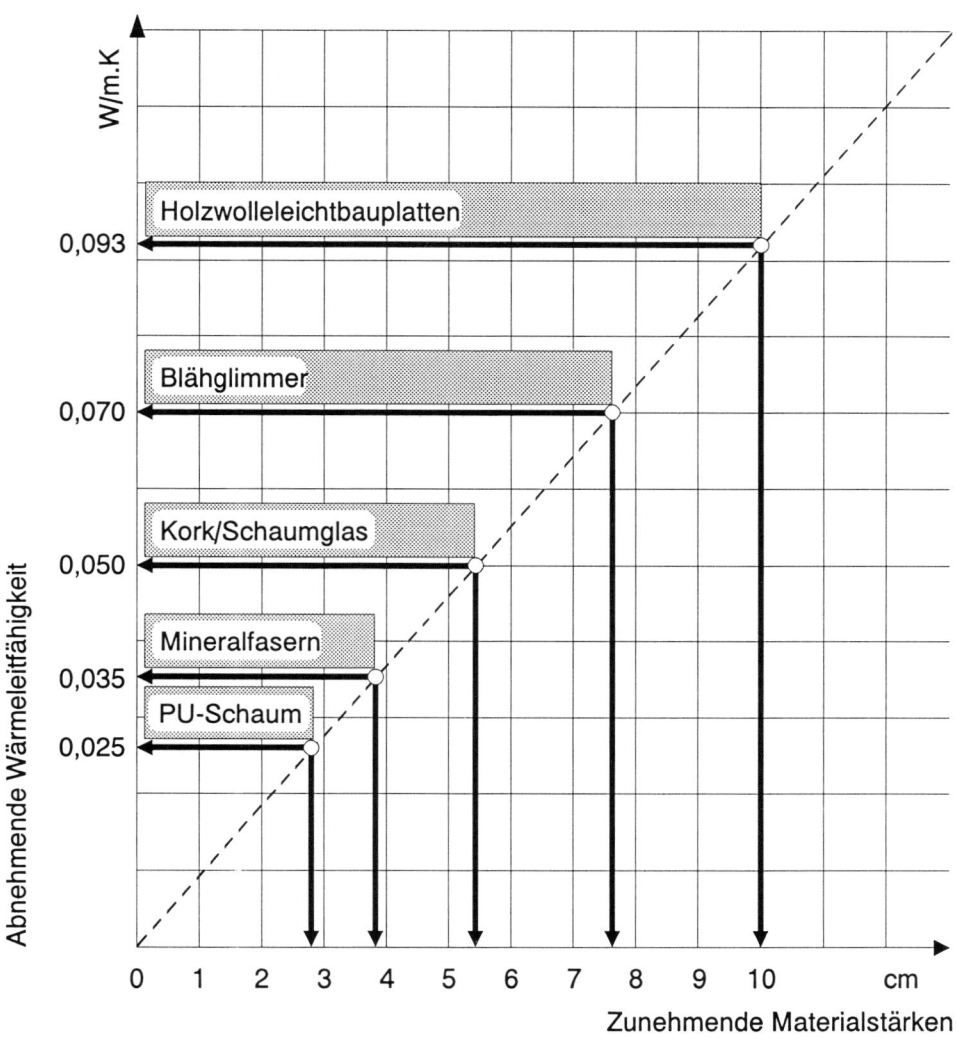

Bild 43 Darstellung der Wärmedämmung x mit einem k-Wert von 0,8 mit Materialien unterschiedlicher Wärmeleitfähigkeiten und den daraus resultierenden Materialdicken

Tabelle 22 *Dämmstoffe*

NR.	BAUSTOFF/ BAUTEIL	BESCHREIBUNG					ANMERKUNGEN
		Roh- dichte kg/m³	Schadstoffabgabe im Gebrauch	Schadstoffabgabe in der Herstellung	Radio- aktivität	Primär- energie- bedarf	Herstellung, Anwen- dung, Wiederverwen- dung, Ersatzstoffe usw.
1	Kork Wärmeleit- fähigkeit 0,045 W/mk	120-200	möglich	möglich	nein	+	Benzo(a)pyrenemission. Bei Temperaturbehand- lung während der Her- stellung Ausgasung möglich, ablüften las- sen. Wiederverwendung begrenzt möglich
2	Kokosfasern – Matten – Platten Wärmeleit- fähigkeit 0,040 W/mk 0,045 W/mk	75 125	nein möglich	nein möglich	nein nein	+ +	Schadstoffabgabe ab- hängig vom Bindemittel, Kunstharz oder Bitu- men. Sehr lange Trans- portwege. Wiederver- wendung bzw. Kompo- stierung begrenzt möglich
3	Schilfrohr Stroh Wärmeleit- fähigkeit 0,055 W/mk	200	nein	nein	nein	+ +	Neutrales Material, so- fern nicht künstlich ge- bunden. Brennbar. Sehr geringes Angebot. Rück- führung in Naturkreislauf möglich
4	Holzwolle- leichtbau- platten Wärmeleit- fähigkeit 0,093 W/mk	360	nein	nein	nein	+	Bindung mit Zement oder Magnesit. Hydro- phobierungsmittel nicht unbedenklich. Material- dicken beachten. Nicht brennbar. Wiederverwen- dung begrenzt möglich
5	Holzfaser- dämmplatten Wärmeleit- fähigkeit 0,055 W/mk	200	nein	nein	nein	+	
6	Schafwolle Vliesbahn oder Filzmatten Wärmeleit- fähigkeit 0,04 W/mK	70	nein	nein	nein	+	z.Z. Überangebot an Schafwolle. Sehr um- weltverträglich, aber teuer
7	Baumwolle Matten, Filz, Zopf Wärmeleit- fähigkeit 0,04 W/mk	20	nein	nein	nein	++	Naturprodukt, B_2, neu am Markt, teuer

Fortsetzung Tabelle 22

NR.	BAUSTOFF/ BAUTEIL	BESCHREIBUNG					ANMERKUNGEN
		Roh- dichte kg/m³	Schadstoffabgabe		Radio- aktivität	Primär- energie- bedarf	Herstellung, Anwen- dung, Wiederverwen- dung, Ersatzstoffe usw.
			im Gebrauch	in der Herstellung			
8	Zellulose – Schüttung Wärmeleit- fähigkeit 0,045 W/mK – Platten (Zellulose und Stroh) Wärmeleit- fähigkeit 0,050 W/mK	ca. 50 300	nein nein	nein nein	nein nein	+ + + +	Ein Recyclingprodukt mit geringen Schadstoff- anteilen aus dem Vor- produkt Zeitungspapier. Die Platten sind papier- kaschiert und dichter als die Schüttung. Boraxbehandlung, B₂
9	Schaumglas Wärmeleit- fähigkeit 0,050 W/mK	130	nein	ja	nein	o	Nicht brennbar, bestän- dig, geringste Wasser- aufnahme, chemisch neutral, Klebstoffe be- denklich evtl. dübeln. Wiederverwendung möglich
10	Aluminium- Silikat- schüttung (Bims) Wärmeleit- fähigkeit 0,08 W/mK	260	nein	möglich	möglich	+	Nicht brennbar, che- misch neutral, als Schüt- tung in Dächern, Dek- ken unter Estrichen usw.
11	Blähperlite- Schüttung Wärmeleit- fähigkeit 0,045 W/mK	100	nein	nein	ja	o	Nicht brennbar, feuchtre- sistent. Hydrophobie- rungsmittel nicht unbe- denklich. Wiederverwen- dung möglich. Zuschlag für Steine, Mörtel und Putz
12	Blähton- Schüttung Wärmeleit- fähigkeit 0,16 W/mK	300	nein	nein	möglich	o	Wie Nr. 8
13	Glaswolle – Matten – Platten Wärmeleit- fähigkeit 0,040 W/mK	80	möglich	möglich	nein	o	Faserstaub bedenklich. Bindemittel aus Kunst- harzen sind evtl. ständi- ge geringe Emissions- quellen
14	Steinwolle – Matten – Platten Wärmeleit- fähigkeit 0,040 W/mK	80	möglich	möglich	ja	o	Faserstaub etwas weni- ger bedenklich als bei Glaswolle, sonst wie Nr. 10

NR.	BAUSTOFF/ BAUTEIL	BESCHREIBUNG					ANMERKUNGEN
		Roh-dichte kg/m^3	Schadstoffabgabe		Radio-aktivität	Primär-energie-bedarf	Herstellung, Anwen-dung, Wiederverwen-dung, Ersatzstoffe usw.
			im Gebrauch	in der Herstellung			
15	Schlacken-wolle – Matten – Platten Wärmeleit-fähigkeit 0,040 W/mK	80	möglich	möglich	ja	o	Schadstoffabgabe ab-hängig von Zusammen-setzung der Schlacke. Alle Mineralfasern sind begrenzt wiederverwen-dungsfähig
16	Polystrol-schaum – Partikel schaum – Extruder schaum Wärmeleit-fähigkeit 0,035 W/mK	30	ja	ja	nein	–	Emission von Styrolmo-nomeren mit stark ab-nehmender Tendenz. Extruderschaum wird noch mit FCKW ge-schäumt. Siehe auch Grundsätze im Kap. Kunststoffe
17	Polyurethan-schaum – Ortschaum Wärmeleit-fähigkeit 0,030 W/mK	30-60	ja	ja	nein	–	Schadstoffemissionen in Herstellung und Ge-brauch, mit abnehmen-der Tendenz, teilweise nahe der Nachweis-grenze. Siehe auch Grunsätze im Kap. Kunststoffe
	– Platten Wärmeleit-fähigkeit 0,25 W/mK	30	ja	ja	nein	–	

Tabelle 23 *Empfehlungen zur Wahl von Dämmstoffen unter Berücksichtigung von ökologischen Aspekten, bezogen auf die Einbausituation*

Material / Einbauort	Holzwolleleicht-bauplatten	Zellulosefasern	Holzfaser-dämmplatten	Korkplatten	Kokosfasermatten	Perliteschüttung	Blähtonschüttung	Bimsgranulat	Polystyrol-extruderschaum	Mineralwolle	Schaumglas
Wärmeleitzahl W/mK	0,09	0,045	0,055	0,045	0,045	0,050	0,16	0,08	0,035	0,040	0,05
Dachschrägen		x x	x	x	x						
Flachdach									x		x
Außenwanddämmung außen, zweischalig		x[1]			x					x	
Kellerwand, außen									x		x
Leichte Trennwände		x[2]			x						
Holzdeckenfüllung		x x[2]			x	x	x	x			
Dämmung unter schwimmendem Estrich			x		x	x	x	x			
Konstruktionsbauteil an Dachschrägen, Decken und Trennwänden	x		x[3]	x							

[1] Aufgespritzt
[2] Schüttung oder eingeblasen
[3] Dichtere Qualitäten

5.5 Dachdeckungen und Metalle

Die meisten Dachdeckungsmaterialien haben eine sehr lange Tradition. Herstellung und Verarbeitung sind ausgereift. Neuere Entwicklungen, wie zementgebundene Pfannen und Platten, haben inzwischen eine gute Produktionsqualität erreicht. Kunststoffe haben sich im Dachbereich nicht durchsetzen können. Nur in Verbindung mit Bitumen hat die Mitverwendung von Kunststoffen bei Dachbahnen zu einer Verlängerung der Nutzungszeiten geführt.

Dacheindeckung

Stroh und Rohr: In Gewinnung, Nutzung und Entsorgung unproblematische Stoffe. Das Material ist knapp und sollte nur dort verwendet werden, wo es gewonnen wird. Es sind Spezialkenntnisse für die Verarbeitung erforderlich. Bei fachgerechter Verarbeitung ausreichend lange Nutzungszeit. Das dicke Paket bildet eine sehr gute Wärmedämmung. In feuchten Randbereichen leben Kleintiere.

Holzschindeln: In der Regel wird Lärchen- und Zedernholz verwendet. Die Bretter sollten gespalten, nicht gesägt sein, weil dadurch die Haltbarkeit erhöht wird. Die Lebenserwartung steigt mit zunehmender Dachneigung, weil das Wasser schneller abfließt, d.h. Schindeln an der Wand halten länger als auf dem Dach. Holzschutzmaßnahmen sind nicht erforderlich und traditionell nicht üblich.

Beide Naturbaustoffe gehen problemlos in den Naturkeislauf zurück. Sie belasten weder Deponien noch Verbrennungsanlagen.

Schiefer: Ein zu dünnen Platten gespaltenes Material aus silikatisiertem und entwässertem Tonschiefer. Er muß frei sein von Schwefelkies, Kalk, Ton, Bitumen und Kohle. Weitere Eigenschaften: wetterfest, wasserdicht, frostbeständig, hitzebeständig und lochbar. Die Brüche mit hochwertigem Schiefer sind in Deutschland weitgehend ausgebeutet. Darum wird Schiefer heute in erheblichem Umfang aus Spanien und Portugal eingeführt. Durch die langen Transportwege steigt der Energieaufwand. Das Material kann je nach Herkunft in geringem Umfang radioaktiv strahlen. Recycling ist nur begrenzt möglich, die Deponierung jedoch unproblematisch.

Dachziegel: Die Ziegel haben eine alte Tradition, ihre Herstellung ist technisch ausgereift. Allerdings führt der Brennvorgang zu Schadstoffemissionen und bedarf eines hohen Energieeinsatzes. Je nach Herkunft des Tons ist leichte Radioaktivität möglich. Dachziegel können wiederverwendet oder gebrochen als Zuschlag- oder Füllstoff eingesetzt werden. Eine Deponierung ist ohne Risiko möglich.

Betondachsteine: Die Bestandteile sind Sand und Zement. Die Steine haben heute eine gute Gebrauchsqualität. Sie sind dicht, maßhaltig und frostsicher. Prinzipiell gelten die Anmerkungen zu 5.2 Beton.

Bitumendachschindeln: Das Material entspricht im wesentlichen dem der Bitumendachbahnen. Schadstoffemissionen aufgrund von Lösungsmitteln, Emulgatoren, Stabilisatoren, Kunststoffen und des Bitumens selbst sind anzunehmen. Bitumen ist kanzerogenverdächtig.

Bitumenschindeln können aufgrund ihres kleinen Formates allen Dachformen, auch gewölbten und schrägen, problemlos angepaßt werden. Ihre Nutzungszeiten liegen bei 20-25 Jahren. Recycling erscheint nicht praktikabel. Die Deponierung ist aufgrund des Bitumengehaltes kritisch.

138

Bild 44 Strohdach: Dichtung und Dämmung zugleich

Bild 45 Holzdach auf einem Nebengebäude. Stülpschalung mit 3 cm Überdeckung

Asbestzementplatten: Die Produktion wurde aus Gründen der Gesundheits-gefährdung durch Asbestfasern 1990 eingestellt. (Siehe Abschnitt 5.3 Platten an Wand und Decke).

Faserzementplatten: Diese Bauteile sind als Ersatz für die Asbestzementplat-ten in den letzten Jahren entwickelt worden. Die anorganische Asbestfaser wurde durch organische Kunststoffasern ersetzt. Die Oberflächen werden mit Kunstharzprodukten beschichtet. Damit sind die Eigenschaften verändert. Ihr Brandverhalten und ihre Dauerhaftigkeit sind zur Zeit schwer einschätzbar, aber eher zurückhaltend zu beurteilen.

Metalle
Alle Metalle erfordern zu ihrer Herstellung einen erheblichen Primärenergiebe-darf, auch wenn sich die auf einen Kubikmeter bezogenen Werte der Tabelle beim Einsatz von dünnen Blechen im Einzelfall erheblich reduzieren. Da in den Produktionsprozessen auch Schadstoffe emittieren, sollte grundsätzlich der Einsatz von Metallbauteilen gering gehalten werden und auf zwingende kon-struktive bzw. nutzungstechnische Anwendungsfälle beschränkt werden. Dachdeckungen, abgehängte Decken, aufgeständerte Böden und Ständer-werke für leichte Trennwände gehören in der Regel nicht dazu.

Stahl: Dieses Metall hat im Bauwesen die weitaus größte Bedeutung. Es ist als Konstruktionsmaterial unverzichtbar. Bewittert erfordert der Stahl einen häufig zu wiederholenden Korrosionsschutzanstrich, der sowohl aus ökologi-schen als auch aus Kostengründen sehr kritisch zu sehen ist. Das Material wird als Schrott wiederverwendet.

Blei: Ein sehr schweres, dichtes, aber dehnfähiges Metall, das sich gießen (Schmelzpunkt 327°C), ziehen, walzen und löten läßt. Blei wird schnell durch eine schützende Oxidschicht überzogen. Es wird zu Rohren, Blechen und Draht verarbeitet. Als Wasserleitung sind Bleirohre aus hygienischen Gründen nicht mehr im Gebrauch. Heute wird Blei in der Hauptsache zur Abdichtung von und zwischen Bauteilen verwendet. Bei der Abwitterung ist eine geringe Schadstoffabgabe zu verzeichnen. Blei wird recycelt.

Kupfer: Das Metall ist mörtelbeständig, jedoch korrosionsgefährdet durch Schwefelwasserstoff, Ammoniak, Sauerstoff im Wasser sowie in lehm-, ton- und mergelhaltigem Erdreich. Verarbeitung zu Blechen für Dachdeckungen, Regenrinnen, Regenfallrohren, Abdichtungen sowie Rohren der Wasserinstal-lation. In der Vergangenheit wurden, um die Korrosion von Wasserleitungen aus Kupfer zu verhindern, dem Wasser sauerstoffbindende Chemikalien, z.B. Hydrazin, beigegeben. Das ist inzwischen aus gesundheitlichen Gründen ver-boten. Um Lochfraßkorrosion auszuschließen, dürfen unedle Bauteile, z.B. Armaturen aus Stahl, nicht in Fließrichtung gesehen hinter Kupferrohren in-stalliert werden. Kupfer kann in den Materialkreislauf zurückgeführt werden.

Bild 46 Dachdeckung mit Asbestzementwellplatten. Oberfläche stark angewittert, teilweise bemoost. Ein Sanierungsfall für die nahe Zukunft

Tabelle 24 *Dachdeckungen und Metalle*

NR.	BAUSTOFF/ BAUTEIL	BESCHREIBUNG					ANMERKUNGEN
		Roh- dichte kg/m³	Schadstoffabgabe		Radio- aktivität	Primär- energie- bedarf	Herstellung, Anwen- dung, Wiederverwen- dung, Ersatzstoffe usw.
			im Gebrauch	in der Herstellung			
Dachdeckungen							
1	Stroh und Rohr	220	nein	nein	nein	+ +	In jeder Beziehung un- problematischer Natur- baustoff mit sehr guter Wärmedämmung. Gerin- ges Angebot. Spezial- kenntnisse für die Verar- beitung erforderlich
2	Holzschindeln	700	nein	nein	nein	+	Traditionelles, dauerhaf- tes Material. Nutzungs- zeit steigt mit zuneh- mender Dachneigung. Holzschutz nicht erfor- derlich
3	Schiefer	2700	nein	nein	möglich		Dünne Natursteinplatten unterschiedlicher Quali- tät. Radioaktivität je nach Herkunft
4	Dachziegel	1800	nein	möglich	möglich	–	Brennvorgang führt zu Schadstoffemissionen. Radioaktivität je nach Herkunft. Recycelbar
5	Betondach- steine	2400	nein	nein	möglich	o	Material ist sehr dicht. Schadstoffe siehe bei Zement
6	Bitumendach- schindeln	1200	möglich	ja	nein		Bitumen ist kanzerogen- verdächtig. Schadstoff- emissionen auch wegen der Zusatzstoffe, wie Stabilisatoren, Lösemit- tel u. Kunststoffe. Kein Recycling, belastet Deponien
7	Asbestzement- platten	2000	ja	ja	nein	–	Durch Verwitterung Frei- setzung von Fasern. Produkt ab 1990 verbo- ten. Sanierung nur un- ter Beachtung strenger Sicherheitsvorschriften
8	Faserzement- platten	2000	möglich	möglich	nein		Ersatzprodukt für As- bestzementplatten. Or- ganische künstliche Fa- sern, Zementbindung. Oberfläche kunstharzbe- schichtet. Langzeitver- halten nicht bekannt

NR.	BAUSTOFF/ BAUTEIL	BESCHREIBUNG					ANMERKUNGEN
		Roh-dichte kg/m^3	Schadstoffabgabe		Radio-aktivität	Primär-energie-bedarf	Herstellung, Anwen-dung, Wiederverwen-dung, Ersatzstoffe usw.
			im Gebrauch	in der Herstellung			
Metallbleche							
1	Blei	11300	möglich	ja	nein	–	Geringe Schadstoffab-gabe, wird recycelt
2	Aluminium	2700	nein	ja	nein	– –	Schadstoffemissionen bei der Herstellung und Eloxierung. Sehr hoher Energiebedarf. Recy-cling wird praktiziert
3	Verzinkter Stahl	7500	nein	ja	nein	–	Kombiblech mit sehr guter Stabilität und gutem Rostschutz Kritisch bei Verletzun-gen der Zinkhaut
4	Zink	7200	nein	ja	nein	–	Schadstoffemissionen im Produktionsprozeß. Hohe Temperaturdeh-nung. Anstriche proble-matisch. Wird recycelt
5	Kupfer	8900	möglich	ja	nein	–	Schadstoffemissionen bei der Verhüttung. Langlebig, jedoch Korro-sion durch Schwefelwas-serstoff, Sauerstoff im Wasser, Ammoniak u. Elektrolytkorrosion

Zink: Das Metall bildet durch Bindung der Luftkohlensäure eine Korrosions-schicht aus Zinkkarbonat. Es bleibt empfindlich gegen Säuren, Basen und Wasserdampf. Elektrolytische Korrosion kann dadurch vermieden werden, daß keine gleichzeitige Verarbeitung verschiedener Metalle erfolgt, sofern sie durch Wasser leitend verbunden sind. Zink nicht nach oder unter edleren Metallen, z.B. Kupfer, verarbeiten. Zink hat eine große Wärmedehnung (2,9 mm/m bei 100°C Temperaturdifferenz). Darum nur begrenzt löten und ausreichend Schie-benähte einplanen. Anstriche halten auf Zink sehr schlecht. Sie sind häufig nicht erforderlich. Zink wird problemlos recycelt.

Aluminium: Durch Bildung einer grauen Oxidschicht wird das Metall gegen Korrosion geschützt. Säuren, Basen sowie Kalk- u. Zementmörtel greifen Alu-minium an. In Mauerwerk einbindende Aluminiumteile mit Lack oder Bitumen gegen Korrosion schützen. Aluminium wird auch von frischem oder getränk-tem Holz, Holzwolle- oder Faserplatten angegriffen. Zur elektrolytischen Kor-rosion siehe auch Zink. Aluminium wird durch Legierung mit Kupfer, Mangan, Silizium, Magnesium speziell für bestimmte Beanspruchungen und Einsatzgebiete hergestellt. Für alle Aluminiumverbindungen sind chemische Oxidations-prozesse (Eloxalverfahren) zum Aufbau einer Schutzschicht entwickelt worden. Herstellungsprozeß und Oberflächenveredelungen des Aluminiums sind sehr kritisch zu sehen. Der Primärenergiebedarf ist extrem hoch, Schadstoffemissionen müssen zwar aufgefangen, dann aber entsorgt werden, was Sonderdeponien bzw. Verbrennungsanlagen belastet. (Das gilt teilweise auch für andere Metalle.) Recycling von Aluminium wird praktiziert, wegen der verschiedenen Legierungen ist das jedoch ein anspruchsvoller technischer Prozeß.

5.6 Fenster

Zur natürlichen Belichtung und Belüftung von Innenräumen sind Fenster ohne Einschränkung notwendig. Die Zeit fensterloser – künstlich belichteter – Schulen, Seminarräume oder Küchen ist vorbei. Lediglich die Größe der Fenster kann in der Planung umstritten sein. Für große Fenster spricht das Bestreben, möglichst viel Tageslicht in die Räume zu lassen, je nach Himmelsrichtung auch die Möglichkeit, Wärmeenergie durch Sonneneinstrahlung zu gewinnen. Gegen große Fenster spricht der Energieverlust, der bei transparenten Flächen immer erheblich größer ist als bei geschlossenen Wandflächen (Wärmeschutz-verordnung!).

Aus ökologischer Betrachtung sind alle verwendeten Baustoffe für Rahmen bedenklich. Einheimische Hölzer sind knapp und nur eingeschränkt einsetzbar. Die Verwendung von exotischen Hölzern aus Indonesien oder Brasilien trägt mit zur Zerstörung der für ein ausgeglichenes Globalklima notwendigen Regenwälder bei. Aluminium hat einen enorm hohen Energiebedarf bei seiner Herstellung. Kunststoffe entstehen ebenfalls mit großem Energieaufwand und sind im Produktionsprozeß der Nutzung und Entsorgung umstritten. Stahl erfordert auch erhebliche Energien in der Herstellung, ist wegen seiner guten Wärmeleitung bauphysikalisch negativ zu werten und erfordert einen hohen Bauunterhaltungsaufwand. Es gibt also keine eindeutige Präferenz für ein Material. Vielmehr sind die spezifischen Randbedingungen des Einzelfalls, insbesondere die der Nutzung, entscheidend für die Materialwahl.

Mittel- und nordeuropäische Hölzer

Diese Hölzer werden unter forstwirtschaftlichen Bedingungen mit Langzeitperspektiven angebaut und in gleichmäßiger Qualität angeboten. In Frage kommen:
- Fichte: leichtes, nicht sehr dauerhaftes und pflegebedürftiges Holz;
- Tanne: ähnlich Fichte, häufig sehr astreich;
- Kiefer: Kernholz ist hart, Bläuepilzgefahr, Harzfluß;
- Lärche: sehr standfestes, dauerhaftes Holz;
- Douglasie (Oregonpine): ähnlich wie Fichte und Tanne, aber zäher;

- Eiche: schwer, hart, sehr dauerhaft, sicher gegen Holzschädlinge und Schwamm, teuer;
- Esche: hart, zäh, elastisch, geringes Angebot;
- Ulme (Rüster): hart, fest, langfaserig, geringes Angebot;
- Erle, Akazie oder Obstbaumsorten: ebenfalls geeignet, aber nur selten am Markt.

Die hier genannten Hölzer werden von Handwerkern verarbeitet. Fertigfensterhersteller beginnen erst langsam, sich der Nachfrage nach einheimischen Hölzern anzupassen. Der Verwendungsstop exotischer Hölzer großer Bauverwaltungen und einzelner Gemeinden wird jedoch die Umstellung der großen Fensterfabriken beschleunigen.

Die Oberflächen der Fenster sind möglichst offenporig zu tränken bzw. zu lasieren (Abschnitt 5.11 Anstriche). Die Nutzungszeit von Weichholzfenstern beträgt im Mittel 35 Jahre, von Hartholzfenstern etwa 70 Jahre. Je nach Pflegeaufwand kann in der Praxis die Nutzungszeit zwischen 15 und 100 Jahren liegen. Die Wartungsintervalle liegen bei etwa fünf Jahren. Der Aufwand ist also nicht unerheblich. Eine Alternative dazu ist die Überdimensionierung der Profile und der Verzicht auf die Wartung, sofern man sich mit der verwitterten Oberfläche abfinden kann. Die Rückführung des Holzes in den Naturkreislauf ist problemlos.

Tropische Hölzer

Die große Nachfrage nach dauerhaften, in gleichmäßiger Qualität angebotenen und preiswerten Hölzern hat in den Herkunftsländern zu einer rücksichtslosen Ausbeutung der Ressourcen und damit häufig zur Vernichtung großer Waldgebiete geführt. Diese Zonen sind jedoch für eine weltweite Klimaregulierung unabdingbar. Das bedeutet, daß aufgeklärte Abnehmer, insbesondere in den Industriestaaten, durch einen weitgehenden Verzicht auf die Verwendung dieser Hölzer einen Beitrag zur Erhaltung der Regenwälder leisten können. Um damit nicht die falschen Adressaten zu treffen, sollte, sofern das bei den Händlern eindeutig nachgewiesen werden kann, Holz aus geordnetem forstwirtschaftlichem Anbau nicht boykottiert werden (s. auch Kap. 5.7). In einigen Gemeinden und Ländern Deutschlands sind für den jeweiligen eigenen Verantwortungsbereich Verwendungsverbote oder Anwendungseinschränkungen verfügt worden. Diese Weisungen sind für private Bauherren nicht bindend, sie könnten jedoch als Vorbild gelten.

Für den Fensterbau geeignete Holzsorten:
Afzelia, Brasilkiefer, Makore, Meranti, Sapeli, Sipo, Teak, Oregonpine

Die Oberflächenbehandlung erfolgt in der Regel durch Tränkung, offenporig, und muß sehr genau auf die Holzsorte abgestimmt werden. Die Nutzungszeit kann mit ca. 45 Jahren angenommen werden. Die Entsorgung des Holzes belastet das Ökosystem nicht.

Kunststoffe

Kunststoffenster halten einen Anteil von etwa 50 Prozent am Fenstermarkt. 90 Prozent davon entfallen auf PVC (Polyvinylchlorid), 10 Prozent auf PU (Polyurethan). PVC wird zu Hohlkammerprofilen verarbeitet, PU dagegen zu massiven Hartschaumprofilen polymerisiert und an der Oberfläche zu einer glatten Haut verdichtet. Bei der Fensterherstellung werden die Profile in den Ecken und im Bereich der Bänder und Schlösser mit Metallprofilen ausgesteift. Konstruktive Ausbildung und Bemessung sind für die Dauerhaftigkeit der Fenster ausschlaggebender als die heute recht gleichmäßige Qualität der Profile.

Die Kunststoffenster der ersten Generation hatten nicht die Qualität der heutigen. Sie müssen häufig schon ausgetauscht werden. In der Industrie existieren Recyclingverfahren, die eine Wiederverwendung der Kunststoffe ermöglichen. Die Metallteile, wie Aussteifungswickel und Beschläge, werden ausgebaut, die Profile zerkleinert und das Material wiederverwendet. Wegen der vielen Zusatzstoffe ist jedoch die Verwendung in der Fensterprofilherstellung in der Regel nicht möglich. Der größere Teil der ausgebauten Kunststoffenster wird auf Hausmülldeponien abgelagert, dort von dem aggressiven Milieu angegriffen und langfristig zersetzt. Kunststoffenster tragen damit auch zur Belastung des Ökosystems bei. Im Brandfall entstehen bei PVC-Fenstern Chlorgas (ätzend) sowie rund 30 weitere chemische Verbindungen. In einigen Fällen wurden dabei auch Dioxine und Furane gemessen.

Berücksichtigt man die Herstellung, die Nutzung (Lebenserwartung etwa 40 Jahre), die notwendige Behandlung der Fensteraußenseite nach etwa 15-25 Jahren sowie die Beseitigung, so schneiden Kunststoffenster im Vergleich zu anderen nicht vorteilhaft ab.

Aluminium

Aluminiumprofile sind außerordentlich dauerhaft. Die Nutzungszeit wird jedoch von der Dimensionierung und Konstruktion bestimmt (etwa 50 Jahre). Aluminium liegt mit dem sehr hohen Primärenergieaufwand von rund 200.000 kWh/m^3 für seine Herstellung an der Spitze aller Baustoffe. Bei der Elektrolyse (Abscheideprozeß bei 2050°C) entstehen Schwermetallemissionen. Die inneren Oberflächen sind, auch bei neueren thermisch getrennten Profilen, relativ kalt. Farbige Oberflächenbeschichtungen aus Kunstharzverbindungen und eloxierte Oberflächen halten zuweilen nur 25 Jahre, d.h. daß nach dieser Zeit eine relativ teure Erneuerung in Form eines Anstriches erforderlich werden kann, der dann regelmäßig einer Wartung durch den Maler unterzogen werden muß.

Stahl

Stahlfenster sind seit vielen Jahrzehnten im Industrie- und Gewerbebau eingeführt. Im Büro- und Wohnungsbau ist ihr Anteil gering. Mit thermisch getrennten Profilen können sie auch den Forderungen der Wärmeschutzverordnung entsprechen. Ihre innere Oberfläche bleibt jedoch kalt. Stahlfenster müssen im besonderen Maße durch Beschichtung oder Anstrich gegen Rost geschützt und regelmäßig gewartet werden. Während man bei Aluminiumfenstern notfalls über einen längeren Zeitraum mit defekten Oberflächen leben kann, müssen Schäden an den Beschichtungen von Stahlfenstern kurzfristig beseitigt werden. Stahlfenster kommen aufgrund der größeren Festigkeit des Materials mit geringeren Profilquerschnitten aus als Aluminiumfenster, was gestalterisch von Bedeutung sein kann. Allerdings ist der Hang zum schlanken Profil in der Vergangenheit vereinzelt übertrieben worden, was dann zu mangelnder Stabilität und damit zu einem vorzeitigen Verschleiß geführt hat. Stahl hat mit etwa 70.000 kWh/cm^3 auch einen hohen Primärenergiebedarf; bei der Verhüttung entstehen in erheblichem Umfang Schadstoffemissionen. Dabei müssen auch die kurzen Intervalle zwischen fünf und zehn Jahren für eine Anstrichreparatur bzw. Erneuerung beachtet werden. Jeder neue Materialeinsatz führt zu einer Umweltbelastung. Die Nutzungszeit von Stahlfenstern liegt bei etwa 40 Jahren. Das Fenster kann über den Schrotthandel in den Materialkreislauf zurückgeführt werden. Beim Einschmelzen verdampfen die Bestandteile des Anstrichs und belasten die Luft.

Die Gläser

Das normale Fensterglas (Silikatglas) absorbiert die ultraviolette (UV) Strahlung, was bisher als Nachteil angesehen wurde, denn der Mensch ist an das gesamte Spektrum des natürlichen Lichtes angepaßt. Heute kann die Aussperrung des UV-Lichtes auch als Vorteil gewertet werden, denn das größer werdende Ozonloch beschert uns eine derartige Zunahme, daß Ärzte inzwischen eindringlich vor Hautschäden warnen. Quarzgläser sind für UV-Strahlung durchlässig, aber deutlich teurer als Silikatgläser.

Für besondere Anforderungen sind Spezialgläser entwickelt worden, von denen hier nur die Wärmeschutzgläser behandelt werden sollen. Der Wärmedurchgang durch Scheiben wird beschränkt durch:

- die Anordnung von zwei oder drei Scheiben hintereinander und einem 6-20 mm breiten Luftraum, der die eigentliche Dämmwirkung herbeiführt;
- die Füllung des Zwischenraumes durch ein weniger wärmeleitendes Gas;
- die Beschichtung von inneren Scheibenoberflächen mit Materialien, die Wärmestrahlung reflektieren;
- die Kombination der beschriebenen Maßnahmen bis zu einem k-Wert von zur Zeit 1,3 W/m^2 · K (bzw. 0,7).

Dem Vorteil der Energieeinsparung stehen jedoch auch Nachteile gegenüber. Eingefärbte oder beschichtete Gläser verändern das Farbspektrum im Raum und können durch Reflexion nach außen störend auf Fauna und Flora wirken.

Der Primärenergiebedarf für die Herstellung ist mit fast 15.000 kWh/m^3 sehr hoch. Bei der Produktion fallen erhebliche Schadstoffemissionen an. Gasfüllungen in Mehrscheibenisoliergläsern entweichen mit der Zeit.

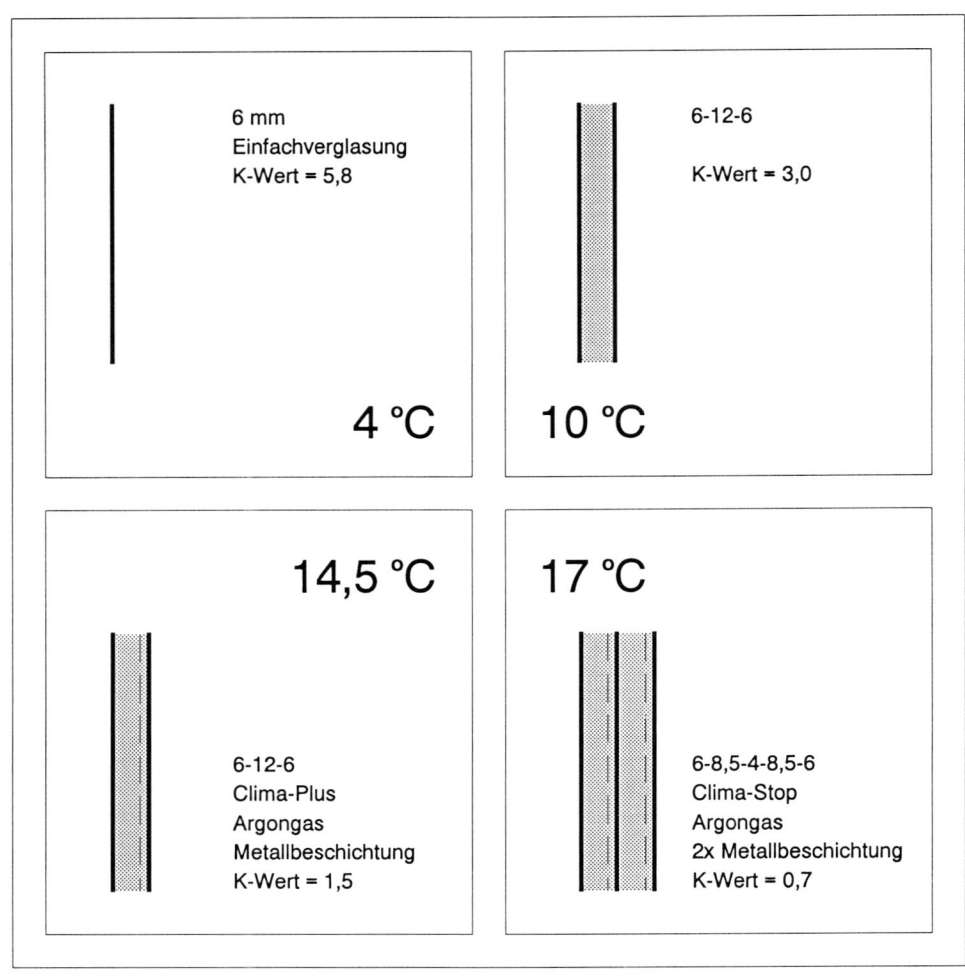

Bild 46 Fenster vor einer Klimakammer (+4°C) im Deutschen Museum in München. Anhand von vier verschiedenen Scheibenkonstruktionen und den daraus resultierenden inneren Oberflächentemperaturen der Gläser wird der unterschiedliche Wärmedurchgang und damit der Energieverlust demonstriert. Die Temperaturunterschiede sind beim Handauflegen sehr deutlich spürbar.

Das Recycling von Bauglas ist technisch ohne weiteres möglich, wird jedoch organisatorisch häufig nicht bewältigt. Spezialgläser sind wegen der Einfärbungen und Beschichtungen, der Zwischenfolien beim Sicherheitsglas oder den eingeschlossenen Schäumen beim Brandschutzglas für das Recycling weniger geeignet.

Die Kunststoffgläser, z.B. Makrolon und Acrylglas (Plexiglas), sind für Spezialeinsatzgebiete entwickelt worden und wegen ihres hohen Preises sowie der nicht kratzfesten Oberfläche im Bauwesen nicht in großem Umfang für Fensterverglasungen einsetzbar. Sie sind für UV-Strahlung durchlässig. Ihre mittlere Nutzungszeit wird auf 25 Jahre geschätzt, das gilt auch für Mehrscheibenisolierglas, während Einscheibensilikatglas 100 Jahre halten kann. In bezug auf Belastungen bei der Herstellung der Kunststoffgläser und Problemen bei der späteren Beseitigung gilt das zu Kunststoffrahmen Gesagte, im übrigen Abschnitt 5.8.

Glaseinbau und Abdichtungen

Die Nutzungszeit von Isoliergläsern und von Holzfenstern wird entscheidend von der Einbauart, der handwerklichen Sorgfalt beim Einbau, z.B. der Klotzung, und der Pflege der Dichtungen bestimmt. Isoliergläser müssen heute in einem belüfteten Falzraum eingebaut werden. Das ist mit Dichtprofilen aus Synthetikgummi einfacher als mit der herkömmlichen Kittverglasung. Dichtprofile sind bei der Verglasung von Aluminium- und Stahlprofilen Standard, bei Kunststoff- und Holzfenstern weniger üblich. Die Profile können nicht gewartet und müssen bei Verschleiß (nach etwa 20 Jahren) ausgetauscht werden. Die traditionelle Kittverglasung mit Leinölkitt (85 Prozent Schlämmkreide, 15 Prozent Leinöl) mußte in der Vergangenheit in engen Intervallen gepflegt werden. Sie wird jedoch heute fast nur noch in Verbindung mit einer Siliconversiegelung an der Oberfläche angewendet, die jedoch auch ca. alle fünf Jahre gewartet werden sollte. Die Abdichtung zwischen Glas und Rahmen sowie die Belüftung des Falzraumes halten das Profilmaterial und die Abstandhalter der Isoliergläser trocken. Sie verlängern damit die schadensfreie Nutzungszeit der Fenster. Die optimale Nutzung des einmal eingesetzten Materials ist ein entscheidender Faktor in der ökologischen Planung (Abschnitt 1.4).

Kunststoffdichtungsprofile, Vorlegebänder und Versiegelungsmassen auf Polybutadien-Polysulfid-Polyacrylat-, Polyethylen-, Polypropylenbasis usw. inclusive der vielen Zusatzstoffe können giftige bzw. kanzerogene Bestandteile in kleinen Mengen freisetzen. Ihre Entsorgung ist wegen der umweltbelastenden Inhaltsstoffe, die in der Regel biologisch nicht abbaubar sind, sehr problematisch (Sondermüll). Leinölkittdichtungen belasten die Deponien nicht.

Zusammenfassung

Überall dort, wo mit den Bauherren genaue Absprachen über Vor- und Nachteile verschiedener Fenster getroffen werden können, insbesondere im privaten Wohnungsbau, sind Fenster aus mitteleuropäischen Hölzern mit überdimensionierten Profiltiefen, Doppelscheiben, Kittverglasung mit Silicondichtung und offenporiger Oberflächenbehandlung die erste Wahl. Dabei ist die Wartung der Dichtung zwischen Glas und Rahmen wichtiger als die der Oberflächenbehandlung der Profile.

Tabelle 25 *Fenster*

NR.	BAUSTOFF/ BAUTEIL	BESCHREIBUNG					ANMERKUNGEN
		Roh-dichte kg/m³	Schadstoffabgabe im Gebrauch	Schadstoffabgabe in der Herstellung	Radio-aktivität	Primär-energie-bedarf	Herstellung, Anwen-dung, Wiederverwen-dung, Ersatzstoffe usw.
Rahmen							
1	Mittel- u. nordeuropäische Hölzer: Nadelhölzer Eiche, Buche	600 800	nein nein	nein möglich	nein nein	o o	Für die Mehrzahl der Bauaufgaben geeignet. Wiederverwendungsfähig u. recycling geeignet. Buchenholzstaub ist kanzerogenverdächtig
2	Tropische Hölzer:	700/800	nein	nein	nein	o	Möglichst nur tropische Hölzer aus geordnetem forstwirtschaftlichem Anbau verwenden. Lange Transportwege
3	Kunststoffe: Polyurethan Polyvinyl-chlorid	400 1500	möglich möglich	ja ja	nein nein	– –	Restmonomere Vinyl-chlorid bzw. Isocyanate. Schadgas im Brand-fall. Entsorgung problematisch
4	Aluminium:	2700	nein	ja	nein	– –	Schadstoffemissionen bei Elektrolyse u. Eloxierung
5	Stahl:	7500	nein	ja	nein	–	Schadstoffemissionen bei der Verhüttung u. den Rostschutzmaß-nahmen
Gläser							
6	Silikatglas Fensterglas	2500	nein	ja	nein	– –	Schwermetallemissionen. Absorption der UV-Strahlung
7	Spezialgläser: Wärme-Schall-Brandschutz	2500	nein	ja	nein	– –	Einschränkung des Farbspektrums. Gasfül-lungen entweichen. Weniger recycling geeignet

NR.	BAUSTOFF/ BAUTEIL	BESCHREIBUNG					ANMERKUNGEN
		Roh-dichte kg/m³	Schadstoffabgabe im Gebrauch	in der Herstellung	Radio-aktivität	Primär-energie-bedarf	Herstellung, Anwen-dung, Wiederverwen-dung, Ersatzstoffe usw.
8	Kunststoff-gläser: Makrolon Acrylglas (Plexi)	– 1150	nein nein	ja ja	nein nein	– –	Durchlässig für UV-Strahlung
Dichtstoffe							
9	Glaserkitt	–	nein	nein	nein		
10	Kunststoff-dichtungs-stoffe	–	ja	ja	nein	–	Restmonomere, Silikone, Polysulfid, Polyacrylate u. Zusatzstoffe. Teilweise kanzerogenverdächtig
11	Kunststoff-dichtungs-bänder	–	ja	ja	nein	–	Restmonomere. Bei PVC im Brandfall Chlorgas. Problematische Entsorgung

Tabelle 26 *Hochwärmedämmende Fensterkonstruktionen*
(Die Auswahl ist beliebig, sie stellt keine Wertung dar.)

	Maßstab 4/12/4 Kryptongas	Installa-TOP-Therm	Solarfenster Fa. Held	DVR-Ver-bundfenster Fa. Schmidt	HIT-Toptherm Silverstar Fa. Tobler	Wendefenster Fencal von A.J. Kloep
Rahmen	Holz	Holz	Holz	Holz-Alu	Holz-Alu	Holz
Verglasung[1]	2 Scheiben	3 Scheiben (4 Scheiben)	2 Scheiben	2 Scheiben	3 Scheiben	3 Scheiben Sonderglas
Zusatzein-richtungen	keine	bis zu 5 Rollos, Lüftung, Wärmerück-gewinnung	1 Rollo	1 Rollo Wärmeschutz, 1 Rollo Sonnen-schutz	keine	um 180°C schwenkbar, Sommer-betrieb, Winterbetrieb. Permanent-lüftung
k-Wert	2,6	0,18 – 0,7	1,27 – 2,70	0,95 – 2,70	1,0	0,95
g-Wert[2]	0,8	0,4 – 0,5	0,8	0,8	0,45	0,53 – 0,39
g/K Quotient[3]	0,26	2,2 – 0,6	0,62 – 0,29	0,84 – 2,84	0,45	0,55 – 0,41
etwaige Kostenrelation	1,0	5,5	3,0	3,3	3,5	3,3

[1] Fast alle Hersteller bieten mehrere Glastypen und Zusatzfunktionen an.
[2] g-Wert = Gesamtenergiedurchlaßgrad
[3] g/K-Quotient. Je höher der Wert, desto besser

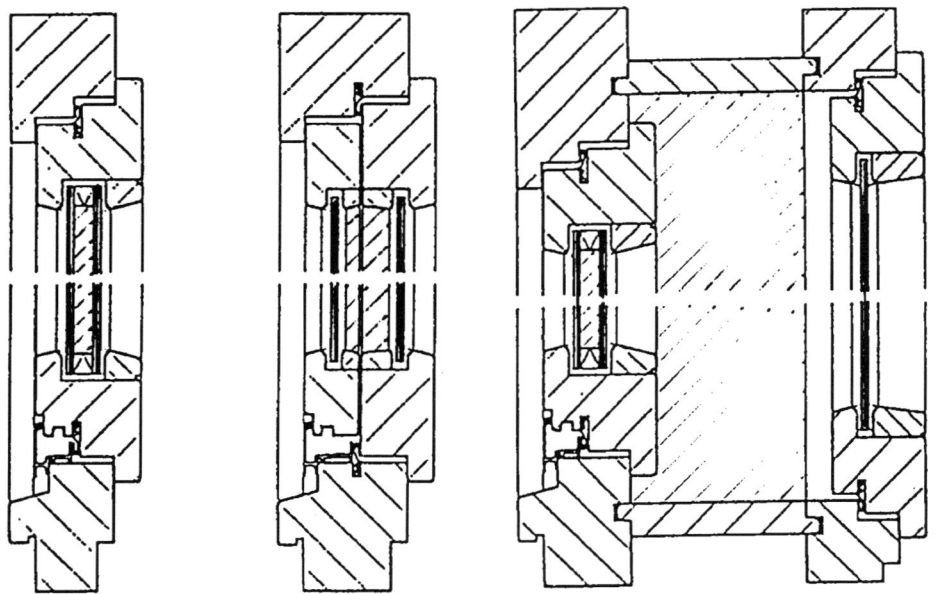

Bild 47 Vereinfachte Darstellung der Konstruktionen *Einfach-*, *Verbund-* und *Kasten*fenster am Beispiel des Rahmenwerkstoffes Holz

5.7 Holz und Holzwerkstoffe

Bäume

„Im Jahre 1630 schickte der Maharadscha von Jodhpur im indischen Staat Rajasthan seine Soldaten in die Gegend des Dorfes Khejadli, um Bäume für den Bau seines neuen Palastes zu fällen. Doch die Dorfbewohner und die der 49 Nachbardörfer umringten schützend die Bäume. Worauf die Soldaten, statt Bäume zu fällen, so viele Menschen köpften, bis ihnen das Gemetzel unerträglich wurde. 294 Männer und 69 Frauen starben. Für Bäume. Ihre Namen sind überliefert."
Martin Ahrends

Heute ist der Zusammenhang von Leben und Tod bei Menschen und Bäumen nicht mehr so blutig. Subtiler, auf dem Umweg über die Veränderung des globalen Klimas, wirkt das Sterben von Bäumen auf die anderen Lebewesen.

Holz

Holz ist ein besonderer Stoff. Am Bau kann man fast alles aus Holz machen, denn seine physikalischen Eigenschaften sind hervorragend. Aber das ist nicht der Grund für seine Beliebtheit. Näher kommt man der Wahrheit mit der Feststellung, daß man sich zwischen Holz wohlfühlt. Der Grund: Holz ist ein organischer Baustoff, wir fühlen uns biologisch verwandt. Aber auch das trifft wohl nicht den Kern: Entscheidend ist, daß neben sinnlichen auch metaphysische und mentale Gesichtspunkte eine Rolle spielen. Dem Holz haftet noch etwas vom Lebendigen des Baumes an.

Symbole

Bäume sind die größten Lebewesen, sie verbinden Erde und Himmel, sie symbolisieren die Vielgestaltigkeit des Lebens und den Rhythmus der Zeit, das Kommen und Gehen, das Leben und den Tod. Sie liefern Sauerstoff, Schatten und Früchte. Sie bieten Lebensraum für Vögel und Insekten und sind eingebunden in den sinnvollen Kreislauf der Natur.

So kann es nicht verwundern, daß sich zu allen Zeiten Philosophen, Schriftsteller und bildende Künstler mit dem Baum beschäftigt haben. Und in den Religionen nahm der Baum immer eine hervorragende Rolle ein. Der Mensch kostete vom Baum des Lebens und wurde aus dem Paradies vertrieben, Buddha kam seine Erleuchtung unter einem Bodhibaum. Wir kennen den Baum der Erkenntnis und haben ihn als Orakel befragt. Er beschirmte den Ort der Rechtsprechung und den Feierplatz, beim Tanz unter der Linde. Sie war bei den Griechen der Aphrodite geweiht, bei den Germanen der Göttin Freia.

Natur

P. Mulford schreibt in *Unfug des Lebens und des Sterbens* unter der Über-schrift 'Gott in den Bäumen':

„Glücklich der Mensch, der Bäume liebt, besonders die großen freien, die wild wachsen an der Stelle, wo die unendliche Kraft sie gepflanzt hat, und die unabhängig geblieben sind von der Fürsorge der Menschen. Denn alles Un-kultivierte, Natürliche ist näher dem Allbewußtsein als das durch Menschen-willen sklavisch gezähmte, verkünstelte, gezüchtete! [...] Glücklich, wer eine lebendig starke und ernste Liebe zu wilden Bäumen und Vögeln und Tieren faßt, wer sie als gleichgeboren mit sich selbst empfindet und weiß, daß auch sie ihm Wertvolles zum Tausche schenken für seine Liebe. [...] Wir repräsen-tieren einen Teil des unendlichen Bewußtseins, die Bäume einen anderen Teil."

Für mich sind die Bäume das Größte. Wer das nicht nachempfinden kann, der gehe einmal bei Sturm in den Wald. Er suche einen Baum und umarme ihn, lege das Ohr fest an den Stamm und lausche in ihn hinein. Lausche auf das Wispern und Stöhnen, das Ächzen und Knacken. Man wird dabei vielleicht dieses ganz andere Leben liebgewinnen. Ein Leben, das wir beim Fällen been-den. Wir erleichtern das Unsrige durch die Beendigung des Anderen. Insofern hat Johannes Krogull recht, wenn er sagt: „Wenn wir schon Bäume fällen müssen, dann laßt uns was Anständiges daraus machen."

Bau

Wir müssen uns darüber klar werden, ob wir aus Holz einen Fußboden bauen, und was es heißt, ihn achtlos mit allerlei Schuhwerk zu betreten – oder eine Tischplatte, von der wir edle Speisen und einen guten Wein genießen.

Ist es nicht widersinnig, das Holz durch Eintrag von Gift möglichst lange zu erhalten? Womöglich „lebendig" zu erhalten. Leben durch Gift?

Im Holz lebt der Baum weiter. An uns liegt es, dieses Weiterleben angemessen zu gestalten.

Holz gehört zu den ältesten Baustoffen. Sicher ist es das vielseitigste Material im Bauwesen. Alle Bauteile eines Gebäudes und seiner Einrichtung können, mit Ausnahme der technischen Gebäudeausrüstung, aus Holz hergestellt wer-den.

Im folgenden werden einige Verwendungsmöglichkeiten aufgezeigt:

Konstruktion: Fachwerk/Ständerbauweise, Decken, Dachstühle

Wandbildung: Massivholzbalken horizontal, Stück auf Stück mit Federn ver-bunden

Bekleidungen: Außenwand- und Innenwandverschalungen, Deckenbekleidun-gen, Schindeln

Böden: Dielenboden, Parkett, Pflaster

Ausbau: Treppen, Fenster, Türen

Außenbereich: Balkone, Zäune, Garagen, Pergolen, Brücken, Bodenbeläge, Spaliere

Möbel: Schränke, Tische, Stühle, Betten usw.

Holz ist fast überall verfügbar, es wächst nach, ist relativ preiswert, wegen des großen Angebotes unterschiedlicher Hölzer vielseitig einsetzbar, auch von Laien leicht zu verarbeiten, hat gute Dämm- und Speicherungseigenschaften, wirkt feuchteregulierend, entspricht ästhetischen Vorstellungen, hat gute haptische Eigenschaften und kann problemlos in den Naturkreislauf zurückgeführt werden. So verwundert es nicht, daß der Holzverbrauch im Bauwesen enorm gestiegen ist. Der gestiegenen Nachfrage entspricht ein großes Angebot an exotischen Hölzern. Das hat zu einem sehr bedenklichen Raubbau in den Erzeugerländern geführt. Ganze Landstriche veröden in bezug auf die Pflanzen- und Tiervielfalt, der Boden erodiert. Das hat wiederum zur Folge, daß das Klima auf der Erde negativ beeinflußt wird, denn die Klimaunterschiede und damit die Luftbewegungen nehmen erheblich zu. Der unbegrenzte und unbedachte Verbrauch exotischer Hölzer muß also gestoppt werden. Das heißt jedoch nicht, daß auf die Nutzung exotischer Hölzer verzichtet werden soll. Vielmehr kommt es darauf an, eine geregelte Waldwirtschaft in Entwicklungsländern zu unterstützen, denn für die einheimische Bevölkerung ist der Holzverkauf häufig eine lebenswichtige Einnahmequelle. Entscheidend ist, daß in den Forstplantagen Altersklassenwälder gepflegt und genutzt werden. Im übrigen wird nicht nur in Südamerika, Afrika und Indonesien, sondern auch in Sibirien, Nordamerika und Kanada Holzraubbau betrieben.

Wie kann nun der Endverbraucher erkennen, daß es sich um Holz aus nachhaltigem Anbau handelt?

Naturschutzorganisationen, die weltweit arbeiten, haben die Vergabekriterien für ein Öko-Label erarbeitet. Sie kontrollieren vor Ort, ob die Bedingungen eingehalten werden und vergeben das Zeichen an wenige geprüfte Holzhandelshäuser in aller Welt. In Deutschland wird Holz aus Umwelt- und sozialverträglichem Anbau unter dem Label *ECOTIMBER* durch die Firma Espen Holzhandels GmbH, Frankfurt am Main, vertrieben. (25a) Für Endverbraucher und verarbeitende Handwerker ist wichtig, daß an dieses Holz keine übertriebenen Qualitätsansprüche bezüglich Geradwuchs, Astfreiheit, Schönheit usw. gestellt werden sollten. Auch ist dieses Holz etwas teurer als solches aus waldzerstörender Gewinnung.

Ein anderer Weg, ferne Wälder zu erhalten, ist der verstärkte Einsatz einheimischer Hölzer (siehe auch Tabelle 27 *Empfehlungen*). Die Industrie hat schon sehr früh reagiert und Holzwerkstoffe entwickelt, die als Ersatz für Massivholz Eingang in das Bauwesen gefunden haben. Minderwertiges Holz, Holzreste und neuerdings recyceltes Holz wird zerkleinert und mit Bindemitteln zu neuen Baustoffen mit holzähnlichen Eigenschaften verarbeitet. Daß diese neuen Materialien jedoch nicht unbedenklich sind, ist aus den Einzelbeschreibungen der verschiedenen Holzwerkstoffe zu erkennen.

Eine dritte Möglichkeit, den Holzverbrauch zu begrenzen, besteht darin, Holzbauteile möglichst lange zu nutzen und damit den Ersatzbedarf hinauszuschie-

Tabelle 27 *Empfehlungen*

Anwendungsbereich	Empfohlen	Nicht empfohlen
1 Bewitterte Bauteile, wie Zäune, Tore, Parkbänke, Brücken, Belagholz, Pergolen	Eiche, Lärche, Robinie, Ulme, Zeder	Basralocus, Bangkirai, Bilinga, Bongossi, Dark Red Meranti, Afzelia, Agba, Amazahone, Danta, Framire, Iroko, Sipo, Teak
2 Fenster, Türen, Treppen	Douglasie, Fichte, Kiefer, Esche, Eiche, Roteiche, Tanne, Lärche, Ulme, Buche (Treppen)	Afzelia, Agba, Aningre, Brasilkiefer, Cerejeira, Cordia, Danta, Framire, Koto, Lauan, Limba, Makore, Meranti, Merbau, Niangon, Sapelli, Tatajuba, Teak, Wengé
3 Außenverkleidungen, Schindeln	Lärche, Zeder, Robinie, Theya	Cedro, Makoré, Teak, Sipo
4 Innenausbau, Möbel	Ahorn, Birne, Birke, Buche, Kiefer, Lärche, Kirsche, Eiche, Esche, Ulme	Abachi, Bangossi, Doussie, Iroko, Teak, Wengé, Kokrodua, Mersawa, Osouga, Wengé

ben. Dazu ist es erforderlich, *'konstruktiven Holzschutz'* zu betreiben, d.h. die Holzbauteile in unseren Breiten möglichst vor Nässe zu schützen bzw. dafür zu sorgen, daß sie durch Be- oder Hinterlüftung kurzfristig abtrocknen können. Dazu einige Beispiele:

- Dachüberstände, Gesimse, Fenstergewände, obere Abschlüsse von Außenverschalungen usw. mit Blech, eventuell auch mit geneigten Brettern abdecken. Dabei ist insbesondere Stirnholz zu schützen.
- Dachstühle über nicht genutzten Dachgeschossen, Verschalungen, Gesimse, Zäune, Pergolen, Vordächer, Balkongeländer usw. so ausbilden, daß sie durch Be- und Hinterlüftung abtrocknen können.
- Bei allen Holzbauteilen prüfen, ob durch eine größere Dimensionierung der Querschnitte als konstruktiv erforderlich auf chemischen Holzschutz verzichtet werden kann. Bei einem Kostenvergleich sind die Wiederholungsbehandlungen mit Schutzstoffen zu berücksichtigen.
- Holz im Erdreich läßt sich relativ langfristig nur im Kesseldruckverfahren und mit Karbolineumanstrich schützen. Beide Methoden sind wegen der verwendeten Giftstoffe nicht empfehlenswert.
- Wahl der für die jeweilige Beanspruchung geeignetsten Holzart (siehe dazu auch die Tabelle 27, *Empfehlungen*).

Einige bei uns weitgehend unbekannte Hölzer aus umweltverträglichem Anbau, die das Öko-Label *ECOTIMBER* tragen: Calophyllum, Lenga, Kamerere,
Mersawa, Planchonia, Solomon Padank, Taun, Teak, Terminalia, Vitex. Eigenschaften und Einschnitt sollten bei der genannten Firma erfragt werden.

Kurzbeschreibung und Verwendung einheimischer Hölzer

Ahorn

Holzbeschreibung: Ein hellfarbiges feinporiges Holz mit feiner, gleichmäßiger,
zuweilen geriegelter Textur. Splint- und Kernholz sind farblich nicht unterschieden. Das hellste Holz mit gelblichweißer bis fast weißer Färbung liefert Berg-
ahorn; Spitzahorn ist von mehr gelblicher bis rötlicher Farbe

Eigenschaften: Mittelschweres Holz mit guten, der Buche vergleichbaren Festigkeitseigenschaften. Elastisch und zäh, hart und von hoher Abriebfestigkeit.
Nur mäßig schwindend mit gutem Stehvermögen. Glatte Oberflächen möglich.
Die Oberflächenbehandlung ist problemlos. Der Witterung ausgesetzt nicht
dauerhaft

Verwendung: Ausstattungsholz im Möbelbau und Innenausbau (Wand- und
Deckenbekleidungen, Parkett, Treppen). Küchen- und Haushaltsgeräte, Spielwaren, Musikinstrumente (Streich- und Blasinstrumente), Schnitz- und Drechslerarbeiten und Modellbau

Birke

Holzbeschreibung: Ohne Farbkern von gelblichweißer, rötlichweißer bis hellbräunlicher Farbe. Mit feinen bis mittelgroben Poren, zarter Fladerung und
leicht seidigem Glanz. Häufig mit Lichteffekten. Infolge welligen Faserverlaufs
teilweise auch flammig-feldartig gezeichnet

Eigenschaften: Mittelschwer, elastisch und zäh, aber nicht besonders hart.
Mäßig schwindend, weniger gutes Stehvermögen. Ausgezeichnet beiz- und
polierbar, Oberflächenbehandlung ohne Probleme. Nicht witterungsfest

Verwendung: Massiv und in Form von Furnieren im Möbelbau und Innenausbau (für dekorative Bekleidungen mit Lichteffekten und Parkett). Außerdem
ersatzweise für Edelhölzer, wie Nußbaum und Kirschbaum, bei Stilmöbeln. Für
Schnitzarbeiten, Sportgeräte, Musikinstrumente, Bürsten- und Pinselstiele und
als Industrieholz für Span- und Faserplatten

Birnbaum

Holzbeschreibung: Splint- und Kernholz von gleicher, lichtbrauner bis hellrötlich brauner oder auch intensiv roter Farbe, unter Lichteinfluß nachbräunend.
Feinporig, von gleichmäßiger Struktur und mit zart gefladerter, teils auch geflammter Textur

Eigenschaften: Mittelschwer bis schwer und hart. Mit mittleren Festigkeitswerten, nur wenig elastisch. Mäßig schwindend, sehr gut stehend. Behandlung der Oberflächen ohne Probleme, insbesondere gut zu polieren, beizen und färben. Mäßig witterungsfest

Verwendung: Wegen des nur geringen Aufkommens von nur beschränkter Bedeutung. Ausstattungsholz im Möbelbau und Innenausbau für Täfelungen und Treppen. Als Spezialholz für feine Bildhauer-, Schnitz- und Drechslerarbeiten, Meß- und Zeichengeräte, Musikinstrumente sowie für Intarsien und zur Imitation von Ebenholz

Buche

Holzbeschreibung: Splint- und Kernholz, teils gleichfarbig blaßgelblich bis rötlichweiß, gedämpft rötlichbraun, teils mit rotbrauner Kernfärbung. Feinporig, homogen strukturiert und ohne auffällige Zeichnung mit Ausnahme der Spiegel auf den Radialflächen. Schlicht

Eigenschaften: Mittelschwer bis schwer. Hohe Festigkeitseigenschaften, große Härte und Abriebfestigkeit, zäh. Stark schwindend und mit geringem Stehvermögen. Gedämpft ausgezeichnet zu biegen. Die Oberflächen sind problemlos zu behandeln und gut zu polieren, beizen und färben. Nicht witterungsfest, jedoch leicht imprägnierbar

Verwendung: Mengenmäßig wichtigstes einheimisches Laubholz und äußerst vielseitig einsetzbar. Möbel (besonders für stark beanspruchte Gebrauchsmöbel, Stühle, Tische und Gestelle), Innenausbau (Treppen, Parkett, Holzpflaster, Trennwände), Eisenbahnschwellen, Spielwaren, Werkzeugteile und -stiele, Drechslerwaren, Modellbau, Paletten, Span- und Faserplatten, Sperrholz (einschließlich der verschiedensten Spezialplatten, wie z.B. Multiplexplatten und Panzerholz), Zellstoff, Papier und Holzkohle

Douglasie

Holzbeschreibung: Splintholz von gelblicher bis rötlichweißer Farbe. Kernholz frisch gelblichbraun bis rötlichgelb, im Licht stark braunrot nachdunkelnd und dem Lärchenholz sehr ähnlich. Mit markanter gestreifter bzw. gefladerter Zeichnung

Eigenschaften: Mittelschwer und ziemlich hart. Harzhaltig. Mit guten Festigkeits- und Elastizitätseigenschaften. Mäßig schwindend mit gutem Stehvermögen. Oberflächen lassen sieh ohne Probleme behandeln. Der Witterung ausgesetzt ist das Kernholz von guter Dauerhaftigkeit

Verwendung: Bau- und Konstruktionsholz, Außenfassaden, Dachüberstände, Balkone, Haustüren, Garagentore, Fenster. Als Ausstattungsholz für Möbel, im Innenausbau für Wand- und Deckenbekleidungen, Treppen und Fußböden

Edelkastanie

Holzbeschreibung: Das schmale Splintholz gelblichweiß gefärbt; das Kernholz von gelbbrauner bis dunkelbrauner Farbe, nachdunkelnd und dem Eichenholz sehr ähnlich. Grobporig und mit markanter gestreifter bzw. gefladerter Zeichnung

Eigenschaften: Mittelschwer und ziemlich hart, gute Festigkeits- und Elastizitätseigenschaften. Etwas stärker schwindend, jedoch nach der Trocknung mit befriedigendem Stehvermögen. Die Behandlung der Oberflächen bereitet keine Schwierigkeiten. Der Witterung ausgesetzt und in ständigem Wasser- und Erdkontakt sehr dauerhaft

Verwendung: Wegen des begrenzten Mengenanfalls in Deutschland wenig bekannt. Gutes Konstruktionsholz im Innen- und Außenbau. Bietet sich ferner für Füllungen im Möbelbau sowie im Innenausbau für Täfelungen und Parkett und für Treppen und Türen an

Eiche

Holzbeschreibung: Schmales Splintholz gelblichweiß, Kernholz gelbbraun gefärbt, nachdunkelnd. Grobporig und mit prägnanter gestreifter bzw. gefladerter Zeichnung

Eigenschaften: Mittelschwer bis schwer und hart. Mit ausgezeichneten Festigkeits- und Elastizitätseigenschaften und hohem Abnutzungswiderstand. Wenig schwindend, gutes Stehvermögen. Oberflächenbehandlung ohne Probleme. Das Holz wirkt korrodierend auf Eisen. Kernholz hoch witterungsbeständig, unter Wasser nahezu unbegrenzt haltbar, Splintholz dagegen äußerst pilzanfällig

Verwendung: Grobjähriges 'hartes' Holz im Hoch-, Tief- und Wasserbau, für Fenster und Türen, Fahrzeugbau, Eisenbahnschwellen, Werkzeuge und Werkzeugstiele, Gußmodelle, Leitern. Feinjähriges 'mildes' Holz dient vielseitigst im Möbelbau und im Innenausbau für Wand- und Deckenbekleidungen, Treppen und Fußböden (Parkett, Dielenböden und Holzpflaster) sowie Inneneinrichtungen und Einbaumöbel

Erle

Holzbeschreibung: Splint- und Kernholz farblich nicht unterschieden; Holz rötlichweiß, rötlichgelb bis hellrötlichbraun. Feinporig, von feiner geradfaseriger Struktur und zarter Fladerung

Eigenschaften: Mittelschwer und weich. Wenig fest und elastisch. Mäßig schwindend mit gutem Stehvermögen. Dünnes Holz beim Nageln zum Splittern neigend. Oberflächenbehandlung ohne Probleme, insbesondere vorzüglich zu polieren und beizen. Nur wenig witterungsfest, jedoch unter Wasser von außerordentlich hoher, der Eiche nur wenig nachstehender Dauerhaftigkeit

Verwendung: Im Möbelbau, Uhrengehäusebau und für Restaurierungen als Vollholz zur Imitation von Nußbaum, Kirschbaum und Mahagoni. Im Innenausbau als Blindholz und für Unterkonstruktionen, ferner für Drechsler- und Schnitzarbeiten, Leisten aller Art, Stiele für Schaufeln, Rührwerkzeuge und Gartengeräte

Esche

Holzbeschreibung: Splint- und Kernholz von gleicher, heller weißlicher bis gelblicher oder weißrötlicher Färbung, bis lichtbraunem, dunkelbraunem oder auch streifig olivbraunem Farbkern. Grobporig und mit markanter gestreifter bzw. gefladerter Textur

Eigenschaften: Mittelschweres Holz mit guten Festigkeitseigenschaften und hoher Elastizität und Zähigkeit, hart und mit hoher Abriebfestigkeit. Nur mäßig schwindend und gut stehend. Die Oberflächenbehandlung ist problemlos; ausgesprochen gut beiz- und polierbar. Resistent gegenüber Chemikalien. Der Witterung ausgesetzt nicht dauerhaft

Verwendung: Beliebtes Ausstattungsholz, in Form von Massivholz und Furnieren vielfältig im Möbelbau und Innenausbau für Wand- und Deckenbekleidungen, Parkettböden und Treppen eingesetzt. Spezialholz zur Herstellung von Werkzeugstielen und -griffen, Sportgeräten, Leitersprossen und -holmen

Fichte

Holzbeschreibung: Gleichmäßig hellfarbiges Holz ohne Farbunterschied zwischen Splint- und Kernholz. Von gelblichweißer Färbung, unter Lichteinfluß gelblichbraun nachdunkelnd. Mit markanter gestreifter bzw. gefladerter Zeichnung

Eigenschaften: Mittelschwer und weich, günstige Festigkeits- und Elastizitätseigenschaften, wenig schwindend, gutes Stehvermögen, problemlos zu verarbeiten, einfache Behandlung der Oberfläche. Wenig witterungsfest

Verwendung: Wichtigste einheimische Holzart. Häufigstes Bau- und Konstruktionsholz. Im Innenausbau für Fußböden, Treppen, Wand- und Deckenbekleidungen, im Außenbereich für Fassadenbekleidungen, Balkone, Fenster, Türen und Tore. Weitere Verwendungsbereiche: Masten, Betonschalungen, Gerüste, Leitern, Holzpflaster, Lärmschutzwände, Einrichtungen und Geräte für die Garten-, Park- und Landschaftsgestaltung und Kinderspielplätze, Industrieholz für Span- und Faserplatten und zur Herstellung von Papier und Zellstoff; massiv für Mittellagen von Stab- und Stäbchenplatten

Kiefer

Holzbeschreibung: Splint- und Kernholz farblich deutlich unterschieden. Splintholz gelblichweiß bis rötlichweiß, Kernholz frisch rötlichgelb, rötlichbraun bis rotbraun, nachdunkelnd. Mit markanter gestreifter bzw. gefladerter Zeichnung

Eigenschaften: Mittelschwer, mäßig hart, harzhaltig, mit guten Festigkeits- und Elastizitätseigenschaften, wenig schwindend und mit gutem Stehvermögen. Behandlung der Oberflächen unproblematisch. Kernholz gut dauerhaft, Splintholz nicht witterungsfest und außerdem stark bläueempfindlich, jedoch leicht zu imprägnieren

Verwendung: Bau- und Konstruktionsholz im Hoch-, Tief- und Wasserbau. Für Rammpfähle, Masten, Palisaden und Pfähle. Im Außenbereich ferner für Fenster, Türen, Tore und Fassadenelemente. Als Ausstattungsholz sehr beliebt für Möbel und im Innenausbau für Bekleidungen, Treppen und Fußböden. Andere bevorzugte Verwendungsbereiche sind Eisenbahnschwellen für U-Bahnen, Kisten und Gußmodelle. Wichtigste Holzart zur Herstellung von Spanplatten

Kirsche

Holzbeschreibung: Der schmale Splint gelblich bis rötlichweiß, das Kernholz im frischen Zustand nur wenig dunkler, gelblich- bis hellrötlichbraun, unter Lichteinfluß jedoch zu einem warmen rötlichbraunen bis hellgoldbraunen Alterston nachdunkelnd. Feinporig und mit zarter, bisweilen geflammter Zeichnung. Besonders dekoratives, Eleganz ausstrahlendes Holz

Eigenschaften: Mittelschwer mit guten Festigkeits- und Elastizitätseigenschaften. Mäßig schwindend. Gedämpft ausgezeichnet zu biegen sowie gut zu polieren, beizen und färben. Oberflächenbehandlung problemlos. Nicht witterungsfest

Verwendung: Ausgesprochenes Ausstattungsholz, massiv und als Furnier vorrangig im Möbelbau sowie im anspruchsvollen Innenausbau für Wand- und Deckenbekleidungen, Türen, Treppen und Einbaumöbel von Geschäfts- und Repräsentationsräumen eingesetzt. Beliebtes Drechsler- und Schnitzereiholz, insbesondere für kunstgewerbliche Gebrauchsartikel

Lärche

Holzbeschreibung: Splintholz von hellgelblicher bis rötlichgelber Farbe. Kernholz frisch rötlichbraun bis leuchtendrot, intensiv rotbraun nachdunkelnd. Mit markanter gestreifter bzw. gefladerter Textur

Eigenschaften: Schwerstes und härtestes einheimisches Nadelholz. Harzhaltig, gute Festigkeits- und Elastizitätseigenschaften. Mäßig schwindend und gutes Stehvermögen. Oberflächenbehandlung problemlos, resistent gegenüber Chemikalien. Kernholz witterungsbeständig und unter Wasser von hoher, der Eiche vergleichbarer Dauerhaftigkeit

Verwendung: Hervorragendes Bau-, Konstruktions- und Ausstattungsholz. Im Außenbereich für Türen, Tore, Fenster, Bekleidungen, Schindeln sowie im Erd-, Brücken- und Wasserbau verwendet. Im Innenbau u.a. für Wand- und Deckenkonstruktionen. Als Ausstattungsholz für Möbel (Küchen- und Bauernstubenmöbel), Wand- und Deckenbekleidungen, Fußböden und Treppen

Linde

Holzbeschreibung: Von weißlicher bis gelblicher Farbe, dabei öfter etwas hell bräunlich oder rötlich getönt; zuweilen auch grünlich gestreift oder gefleckt. Feinporig, von gleichmäßiger, feiner Struktur und ohne deutliche Zeichnung

Eigenschaften: Mittelschwer und weich, wenig fest und elastisch, stärker schwindend, nach Trocknung mit gutem Stehvermögen. Oberflächenbehandlung problemlos, insbesondere gut zu polieren und ausgezeichnet zu beizen und einzufärben. Nicht witterungsfest

Verwendung: Hauptverwendungsbereiche: Bildhauerei, Schnitzerei und Drechslerei. Im Möbelbau für geschnitzte Teile, Zierleisten und Kassettenfüllungen sowie als Imitationsholz für Nußbaum und Kirschbaum eingesetzt. Für Gießereimodelle, Architekturmodelle, Stiele für Flachpinsel und als Blindholz für Wendeltreppen

Nuß

Holzbeschreibung: Das 5 bis 10 cm breite Splintholz grauweiß bis rötlichweiß gefärbt, das Kernholz hellgrau bis mausgrau und dunkelbraun oder violettbraun, dabei oft mit Farbstreifen ('gewässert'), unregelmäßige Aderung, mit schöner Flader- bzw. Streifenzeichnung, teils auch mit geriegelter oder geflammter Textur. Relativ grobporig. Besonders schönes, sehr dekoratives Holz

Eigenschaften: Mittelschwer bis schwer, mit guten Festigkeitseigenschaften, vor allem äußerst biegefest. Mäßig schwindend mit gutem Stehvermögen. Leicht und glatt zu bearbeiten, insbesondere gut zu profilieren, drechseln, schnitzen und polieren. Oberflächenbehandlung problemlos. Mäßig witterungsfest

Verwendung: Gleich Kirsche, ausgesprochenes Ausstattungsholz und gleich diesem als Massivholz und Furnier vorrangig für Möbel, Musikinstrumente (Klaviere) und im anspruchsvollen Innenausbau für Bekleidungen, Türen und Treppen eingesetzt. Begehrt für Drechsler- und Schnitzarbeiten aller Art. Spezialholz für Gewehrschäfte

Pappel (Aspe)

Holzbeschreibung: Aspe mit gleichfarbigem, gräulichweißem bis gelblichweißem Splint- und Kernholz. Weiß- und Schwarzpappel mit breitem, weißlichem Splintholz und schwach rötlichbraunem bis bräunlichem Kernholz. Feinporig, kaum gezeichnet. Schlicht

Eigenschaften: Leichtes bis mittelschweres, sehr weiches Holz. Geringe Festigkeit, jedoch relativ hoher Abnutzungswiderstand. Mäßig schwindend, mit gutem Stehvermögen. Die Oberflächenbehandlung bereitet keine Schwierigkeiten; gut beizbar, aber unbefriedigend polierbar. Nicht witterungsfest

Verwendung: Spezialholz für Zündhölzer, Holzschuhe, Prothesen und im Saunabau für Sitz- und Liegebänke. für Obst- und Gemüsesteigen, Spankörbe, Käseschachteln, Geschenkverpackungen, Kisten, Paletten und als leichtes Füllholz für Container, Zeichenbretter und als Schnitzholz. Im Möbelbau als Blindholz. Industrieholz für Spanplatten, Faserplatten und Holzwolleplatten

Robinie

Holzbeschreibung: Splintholz gelblichweiß bis hellgelb oder gelblichgrün; Kernholz von gelblichgrüner bis grünlichbrauner oder hellbrauner Färbung, unter Lichteinfluß goldbraun oder schokoladenbraun nachdunkelnd, matt glänzend. Grobporig und mit gestreifter bzw. gefladerter Textur

Eigenschaften: Schwer und hart. Ausgezeichnete Festigkeitseigenschaften, hohe Elastizität, große Zähigkeit, hohes Durchbiegungsvermögen, hoher Abnutzungswiderstand. Wenig schwindend mit gutem Stehvermögen. Oberflächenbehandlung problemlos, sehr gut zu polieren. Der Witterung ausgesetztes Kernholz von ausgesprochen hoher Dauerhaftigkeit; ebenso in Erd- und Wasserkontakt

Verwendung: Als Werkholz wegen des geringen mengenmäßigen Anfalls und der meist schlechten Stammform, die oft keine längeren fasergeraden Abschnitte zuläßt, nur beschränkt nutzbar. Pfahlholz, Werkzeugstiele, Leitersprossen, im Tief- und Brückenbau, für Parkett, Treppenstufen, Fenster und Türen. Gutes Drechslerholz

Rüster (Ulme)

Holzbeschreibung: Splintholz hellgelb bis gelblichweiß, Kernholz je nach Art und Standort hellbraun über rotbraun bis schokoladenbraun gefärbt, unter Lichteinfluß nachdunkelnd. Grobporig und mit markanter gestreifter bzw. gefladerter Textur

Eigenschaften: Mittelschwer und ziemlich hart, gute Festigkeitseigenschaften, sehr elastisch und zäh. Mäßig schwindend mit gutem Stehvermögen. Gedämpft gut zu biegen. Die Behandlung der Oberflächen bereitet keine Schwierigkeiten; gut polierbar. Unter Wasser und im Boden von hoher Dauerhaftigkeit, jedoch weniger gut witterungsbeständig

Verwendung: Durch das sogenannte Ulmensterben sind die Ulmenvorkommen stark dezimiert, so daß das Holz nicht in den gewünschten Mengen verfügbar ist. Im Möbelbau für Massivholzmöbel, im Innenausbau für dekorative Wand- und Deckenbekleidungen, Treppen, Parkett, Türen und Einbaumöbel verwendet

Roßkastanie

Holzbeschreibung: Splint- und Kernholz von mehr oder weniger gleicher heller, gelblichweißer bis schwach rötlicher oder bräunlicher Färbung. Teilweise auch unterschiedlich stark streifig durchzogen. Sehr feinporig, von homogener, feinfaseriger Struktur und ohne deutliche Zeichnung. Meist drehwüchsig. Schlicht; bei welligem Faserverlauf jedoch geflammt

Eigenschaften: Mittelschwer und ziemlich weich. Von geringer Festigkeit und Elastizität. Mäßig schwindend mit gutem Stehvermögen. Beizen, Farben und Lacke problemlos annehmend; ebenso gut polierbar. Nicht witterungsfest

Verwendung: Da meist drehwüchsig, vielfach fehlerhaft und von schlechter Stammform, ist die Verwendung begrenzt. Meist für Verpackungen eingesetzt und von der Span- und Faserplattenindustrie aufgenommen. Gute Qualitäten für gröbere Drechsler- und Schnitzarbeiten, Holzschuhe und Bürstenstiele, als Blindholz sowie massiv für einfache Möbel

Tanne

Holzbeschreibung: Splint- und Kernholz farblich nicht unterschieden. Holz gelblichweiß bis fast weiß, des öfteren mit grauviolettem oder bläulichem Schimmer. Ohne Glanz. Mit gestreifter bzw. gefladerter Textur

Eigenschaften: Der Fichte vergleichbar, so daß im Handel zumeist nicht zwischen den beiden Holzarten unterschieden wird. Leicht bis mittelschwer und weich. Mit guten Festigkeits- und Elastizitätseigenschaften. Mäßig schwindend und mit gutem Stehvermögen. Behandlung der Oberflächen ohne Probleme. Gegenüber Chemikalien überdurchschnittlich beständig. Nur wenig witterungsfest

Verwendung: Als Bau- und Konstruktionsholz, Bautischlerholz (mit Ausnahme von Fußböden) und Industrieholz zu gleichen Zwecken wie Fichte eingesetzt

Weide

Holzbeschreibung: Splintholz von weißlicher bis gelblichweißer, Kernholz von hellbräunlicher bis rötlichbrauner Färbung. Feinporig, mit zarter Streifen- bzw. Fladerzeichnung

Eigenschaften: Mittelschwer und sehr weich. Von nur geringer Festigkeit und wenig elastisch. Mäßig schwindend und mit befriedigendem Stehvermögen. Nicht immer glatte Oberfläche. Die Behandlung der Oberfläche ist unproblematisch; gut zu beizen und lackieren, jedoch nicht befriedigend polierbar. Nicht witterungsfest

Verwendung: Grundsätzlich überall dort einsetzbar, wo Pappel Verwendung findet, wenn nicht speziell gleichmäßig hellfarbiges Holz gefordert ist. Größere Bedeutung als den Baumweiden für die Holznutzung kommt allerdings den strauchförmigen Weiden für die Herstellung von Korbmöbeln, Strandkörben usw. zu

Zirbelkiefer (Arve)

Holzbeschreibung: Splintholz gelblichweiß, Kernholz gelbrötlich bis hellrotbraun gefärbt, nachdunkelnd. Mit dunkelrotbraunen, fest eingewachsenen Ästen und wenig betonter Textur. Angenehm nach Harz riechend

Eigenschaften: Nur mäßig schwer und weich. Mäßig fest und elastisch. Wenig schwindend und mit sehr gutem Stehvermögen. Behandlung der Oberflächen ohne Probleme. Ausgetretenes Harz ist zu entfernen, damit Lacke und Farben ohne Störung angenommen werden. Der Witterung ausgesetzt von guter Dauerhaftigkeit

Verwendung: Nur in begrenzter Menge verfügbar und in relativ kurzen Stammabschnitten (2 bis 4 m) anfallend. Begehrtes Ausstattungsholz für Möbel und im Innenausbau für Wand- und Deckenbekleidungen, für Bildhauer- und Schnitzarbeiten, für Schindeln, Fenster und als Konstruktionsholz mit mäßiger Belastung

Zwetschge (Pflaume)

Holzbeschreibung: Das schmale Splintholz gelblichweiß bis hellrötlich; Kernholz rötlichbraun bis dunkelrotbraun, oft auch violett gestreift, dabei nicht selten auch insgesamt mit violetter Tönung. Feinporig und von gleichmäßiger Struktur. Mit gestreifter bzw. geflammter Zeichnung. Besonders schönfarbig und dekorativ

Eigenschaften: Dichtes, hartes und ziemlich festes Holz. Bei der Trocknung stark schwindend mit stärkerer Neigung zum Reißen und Werfen; nach der Trocknung jedoch mit gutem Stehvermögen. Die Behandlung der Oberflächen ist problemlos; besonders gut zu polieren. Der Witterung ausgesetzt nicht dauerhaft

Verwendung: Verwendungsmöglichkeiten infolge des mengenmäßig nur geringen Anfalls, der meist nur geringen Abmessungen und der häufigen Kernfäule in älteren Bäumen stark eingeschränkt und meist auf Kleinteile begrenzt. Vornehmlich als Schnitz- und Drechslerholz für kunstgewerbliche Artikel, Holzbestecke, Messerhefte, Knöpfe und dergleichen genutzt. Ferner für Intarsien und Holzblasinstrumente. Größere, fehlerfreie Abschnitte für dekorative Kleinmöbel in handwerklicher Einzelfertigung

Informationen: [60]

Holzwerkstoffe

Holzwerkstoffe werden durch Materialwahl und Herstellungsverfahren den vielfältigen Anwendungsforderungen angepaßt. Gemeinsam ist ihnen der Ausgangsstoff Holz als Furnier, Span oder Faser und das Bindemittel Kunstharzleim bzw. in kleinem Umfang anorganische Bindemittel wie Zement. Diese plattenförmigen Bauteile sind wirtschaftlich für die Konstruktion, den Ausbau und den Möbelbau einsetzbar. Aus der Sicht des Gesundheitsschutzes sind die verwendeten Kunstharzleime und Zusatzmittel wie Härter, Hydrophobierungsmittel, Pilzschutzmittel und Feuerschutzmittel, jedoch kritisch zu sehen. Man kann davon ausgehen, daß von diesen chemischen Verbindungen eine permanente, wenn auch sich ständig verringernde Emission in die Raumluft erfolgt. Da eine Kontrolle für den Nutzer sehr erschwert ist, empfiehlt es sich, den Umfang der Holzwerkstoffverwendung im Innenausbau und Möbelbau zu minimieren.

Spanplatten
Bestandteile:
- *Holzspäne* aus Fichte, Kiefer, Birke, Buche, Esche, Erle, Pappel, Eiche und einigen exotischen Hölzern;
- *Faserstoffe* aus Einjahrespflanzen, z.B. Stroh, Hanf, Flachs;
- *Bindemittel.* Harnstoff-Formaldehyd-Harz für ca. 80 Prozent der produzierten Spanplatten, hauptsächlich für den Möbelbau und als Bauspanplatten des Normtyps V 20. Harnstoff-Melamin-Formaldehydharz für den Normtyp V 100, bauaufsichtlich zugelassen, feuchtebeständig. Phenol-Formaldehydharz für Platten des Normtyps V 100, begrenzt wetterbeständig, erkennbar an der braunen Färbung.
  Isocyanat-Harz, als neueres Bindemittel eingesetzt, um der Kritik an den Formaldehyd-Harzen zu begegnen. Jedoch ist auch dieses Bindemittel wegen Abspaltung von Diaminen insbesondere bei Feuchtezutritt schon in die kritische Diskussion geraten. Zugelassen sind diese Platten für die Norm-

typen V 20, V 100 und V 100 G. Keine Formaldehydabspaltung. Portlandzement zur Herstellung wetterfester Spanplatten der Brandschutzklassen B 1 (schwer entflammbar, brennbar) bzw. A 2 (nicht brennbar). Magnesiazement wird nur in sehr geringem Umfang eingesetzt, Eigenschaften der Platten wie bei Portlandzement, jedoch weniger feuchtebeständig. Die beiden letztgenannten Plattentypen sind wegen ihres hohen Bindemittelanteils von 50-80 Prozent relativ schwer.

- *Härter.* 0,5-4 Prozent des Harzanteiles für Harnstoff- und Harnstoff-Melamin-Formaldehyd-Harze erforderlich. Verwendet werden Ammoniumpersulfat, Ammoniumsulfat und Ammoniumchlorid.
- *Pilzschutzmittel.* Sie werden insbesondere bei höherwertigen Spanplatten, z.B. V 100 G, eingesetzt. Diese Mittel müssen giftig sein, um zu wirken. Für sie gilt das zu Holzschutzmitteln Gesagte in Abschnitt 4.3.
- *Feuerschutzmittel.* Bor-Phosphor- und Halogenverbindungen. Damit können die Brandschutzklassen B 1 bzw. A 2 erreicht werden.
- *Hydrophobierungsmittel.* 0,3-2 Prozent Paraffine bezogen auf das Trockengewicht der Platten. Damit wird das feuchtebedingte Quellen der Platten normengerecht begrenzt.
- *Beschichtungen* aus Kunststoffen, Folien, Lacken durch Verpressen, Kleben, Spritzen usw.

Spanplatten werden hinsichtlich ihrer Herstellung in Flachpreßplatten (90 Prozent aller Platten) und Strangpreßplatten unterschieden. Einzelheiten zur Herstellung und zu den unterschiedlichen Eigenschaften und Rechenwerten der Spanplatten kann den DIN-Normen 68 761, 68 762, 68 763, 68 764 und 68 765 entnommen werden.

Hinsichtlich der Verwendung von Spanplatten wurde 1980 zur Begrenzung von Gesundheitsgefahren durch Formaldehyd eine einheitliche technische Baubestimmung (ETB) verabschiedet: *Richtlinie über die Verwendung von Spanplatten hinsichtlich der Vermeidung unzumutbarer Formaldehydkonzentrationen in der Raumluft* [62]. Sie gilt für Spanplatten im Bauwesen, nicht für solche im Möbelbau.

Emissionsklassen	maximale Formaldehydabgabe
E 1	0,1 ppm
E 2	1,0 ppm
E 3	2,3 ppm

Zur Einhaltung des vom Bundesgesundheitsamt empfohlenen Höchstwertes von 0,1 ppm in der Raumluft sollten grundsätzlich nur Platten der Klasse E 1 verwendet werden. Platten der Klasse E 2, die durch Beschichtungen auf die Klasse E 1 gebracht wurden, z.B. im Möbelbau, sollten vermieden werden, da an Schnittstellen und Bohrlöchern mit erhöhten Formaldehydemissionen zu rechnen ist. Bei der Ausschreibung von Bauarbeiten mit Spanplatten sowie beim Möbelkauf sind zweckmäßigerweise Belege für die Verwendung von

166

Tabelle 28 *Holz und Holzwerkstoffe*

NR.	BAUSTOFF/ BAUTEIL	BESCHREIBUNG					ANMERKUNGEN
		Roh-dichte kg/m³	Schadstoffabgabe im Gebrauch	in der Herstellung	Radio-aktivität	Primär-energie-bedarf	Herstellung, Anwendung, Wiederverwendung, Ersatzstoffe usw.
1	Nadelholz (Tanne, Fichte, Kiefer, Lärche) (Wärme-speicher-zahl = 360)	450-600	nein	nein	nein	o	Verhältnis von Dämmung u. Speicherung sehr günstig. Diffusions-offen, biologisch abbaubar, recycelgeeignet. Chemischer Holzschutz problematisch
2	Laubholz (Wärme-speicher-zahl = 450)	650-850	nein	möglich	nein	o	Einheimische Hölzer bevorzugen, exotische vermeiden. Siehe auch Tabelle „Empfehlungen"
3	Spanplatten – Magnesia-bzw. Zement gebunden	700	nein	gering	nein	o	Schadstoffe i.d. Herstellung wegen der Bindemittel. Keine Schadstoffemission im Gebrauch. Feuchtigkeitsresistent. Brandschutzklasse B 1 bzw. A 2
	– Kunstharz gebunden (Wärme-speicher-zahl = 400)	700	ja	möglich	nein	–	Formaldehydemission aus Kunstharzleimen E-Deklarierung beachten. Siehe auch Text zu Spanplatten bzw. Abschnitt 4.3
4	Sperrholz (Wärme-speicher-zahl = 350)	800	möglich	möglich	nein		Formaldehydemissionen aus Kunstharzleimen bzw. aus zugesetzten Holzschutzmitteln usw.
5	Holzfaser-platten						Schadstoffemissionen ähnlich wie bei Spanplatten möglich
	– hart	1000	ja	möglich	nein	o	
	– weich (Wärme-speicher-zahl = 580 bzw. 150)	200-300	möglich, jedoch gering	möglich, jedoch gering	nein	o	Schadstoffemissionen, sofern bitumenhaltig
6	Leimschicht-holz (Wärme-speicher-zahl = 450	600-850	möglich	möglich		–	Formaldehydemission, sofern Bauteile nässeresistent. Keine Emissionen bei Kaseinleimen für Bauteile ohne Nässeeinwirkung
Zur Sanierung von Formaldehyd emittierenden Flächen siehe Abschnitt 4.3 „Formaldehyd"							

E 1-Platten zu verlangen. Bei großflächigem Einsatz in kleinen Räumen ist jedoch auch bei E 1-Platten die Einhaltung des Grenzwertes von 0,1 ppm in der Raumluft nicht immer garantiert.

Sperrholz

Im Grundsatz enthalten die Sperrhölzer dieselben Bestandteile wie die Spanplatten. Hier werden jedoch nicht Späne, sondern Furniere bzw. Stäbchen miteinander verleimt.

- *Furniersperrholz.* Es besteht aus mindestens drei Lagen (bis 12 mm) rechtwinklig gegeneinander versetzten Furnieren, die miteinander verleimt sind. Die Zahl der Lagen, die Holzart und die Bindemittel bestimmen die chemischen und physikalischen Eigenschaften.
- *Stab- bzw. Stäbchensperrholz* (früher Tischlerplatten). Sie bestehen aus Deckfurnieren (zwei- bis dreilagig) und einer Mittellage aus 24 mm Vollholzleisten oder 5-8 mm starken, senkrecht gestellten Schälfurnierstreifen. Für die Sperrholzherstellung werden insbesondere Laubhölzer aus außereuropäischem Anbau verwendet. Einzelheiten zur Herstellung und zu den Eigenschaften sind den DIN-Normen 68 602, 68 705 T 1-5 und 68 709 zu entnehmen.

Da Sperrhölzer im wesentlichen dieselben Stoffe enthalten wie Spanplatten, gilt das im Hinblick auf den Gesundheitsschutz Gesagte auch für die Anwendung von Sperrhölzern. Der großflächige Einsatz ist möglichst zu meiden, um mögliche Schadstoffemissionen zu minimieren.

Holzfaserplatten

Holzfasern werden mit Kunstharzleimen (harte Platten) oder Naturharzleimen (weiche Platten) gebunden. Die sonstigen Zusatzmittel entsprechen denen bei der Spanplattenherstellung.

- *Harte Holzfaserplatten.* Türen, Möbel, abgehängte Decken. Einseitig glatt, Rückseite geriffelt. Geringe Formaldehydemissionen.
- *Halbharte Holzfaserplatten.* Möbelbau, Profilleisten, Fronten, abgehängte Decken. Etwas porös, einseitig glatt. Stärkere Formaldehydemissionen.
- *Weiche Holzfaserplatten.* Wärmedämmung, Zwischenlagen bei Holzbalkendecken und Dachausbau. Geringe Formaldehydemissionen.

Auf bitumengebundene Holzfaserplatten sollte im Innenbereich verzichtet werden. Im übrigen werden, wie bei den Spanplatten, neben den Bindemitteln auch Härter, Hydrophobierungs- und Schutzmittel eingesetzt. Insofern ist die großflächige Verwendung ebenfalls deutlich zu begrenzen.

Es gelten die DIN-Normen 68 750, 68 751, 68 752, 68 753 und 68 754.

5.8 Kunststoffe

Kunststoffe haben in den letzten 30 Jahren in zunehmendem Umfang Einzug in das Bauwesen gehalten. Insbesondere in den siebziger und achtziger Jahren, in der Zeit des Neubaubooms, haben Bauteile aus Kunststoff einen bedeutenden Marktanteil gewonnen. Das hatte folgende Gründe:
- Es wurden große Baustoffmengen benötigt.
- Die nutzungstechnischen Anforderungen wurden angehoben.
- Kunststoffe waren häufig preiswert, da Vergleiche von Einzelprodukten nur im Hinblick auf die Nutzung erfolgten.
- Alle Beteiligten gingen mit Kunststoffprodukten sehr unkritisch um.
- Produktion und Entsorgung von Kunststoffbauteilen waren in der Bauplanung kein Thema.

Seit Beginn der achtziger Jahre setzt sich die Öffentlichkeit mit den Kunststoffen in vielen Lebensbereichen, und damit auch im Bauwesen, zunehmend kritischer auseinander. Einige spezifische Materialprobleme, wie bei Asbest, Formaldehyd, Holzschutzmitteln und PVC, haben die Diskussion verschärft. Heute werden zum Teil Kunststoffe pauschal abgelehnt und Alternativen aus dem Naturbaustoffbereich genannt, die nur im Einzelfall realistisch, für die Mehrzahl der Bauvorhaben aber als wirklichkeitsfremd angesehen werden müssen. Denn Naturbaustoffe stehen im erforderlichen Umfang nicht zur Verfügung bzw. würden, wollten wir sie im erforderlichen Umfang gewinnen oder produzieren, das Ökosystem unzulässig belasten. Das heißt, Kunststoffprodukte werden auch in Zukunft in Gebäuden verwendet werden, weil sie nutzungstechnische Vorteile bieten oder durch Naturbaustoffe nicht ersetzt werden können. Das bedeutet allerdings nicht, daß alles Angebotene auch verwendet werden sollte. Es ist in jedem spezifischen Anwendungsfall zu prüfen, ob ein kunststofffreies Material den Anforderungen genügt. Gegebenenfalls sind Anforderungen zu reduzieren. Kann auf Kunststoffprodukte nicht verzichtet werden, ist der Umfang zu minimieren, und es sind Produkte zu wählen, die in der Herstellung, Nutzung und Entsorgung relativ besser zu beurteilen sind als andere. Diese here Forderung ist jedoch in der Praxis nur schwer umzusetzen, da die dafür erforderliche Fachkenntnis in der Regel nicht gegeben ist. Bei der Entscheidung zwischen Wünschenswertem, also der qualifizierten Materialwahl und dem in der Praxis Leistbarem, d.h. der etwas pauschalen Formulierung der Anforderungen, besteht leider eine nicht zu schließende Lücke.

Die Lösung kann nur heißen:
- Jede Informationsquelle nutzen,
- Nutzungs- und Komfortnachteile in Kauf nehmen,
- Preisunterschiede der Produkte nicht überbewerten,
- im Zweifelsfalle für die Umwelt entscheiden.

Tabelle 29 *Ökologische Kriterien einiger Kunststoffe*

NR.	STOFF	VERWENDUNG	PRIMÄR-ENERGIE kWh/m³	ZUSATZSTOFFE
1	Polyurethan PU und Misch-produkte	Ortschäume, Dämm-platten, Harze, Beschichtungen, Anstriche, Böden, Kleber, Formteile, Schichtpreßstoffe	1600 Schaum	Vernetzer, Treibmittel FCKW, Katalysatoren, Stabilisatoren, Flammschutzmittel, UV-Absorber
2	Polystyrol PS und Misch-produkte (Styropor)	Dämmplatten, EPS (Partikelschaum) und XPS (Extruderschaum), Rohre, Profile, Folien, Zuschlag-stoff für Leichtziegelher-stellung, Putze und Mörtel, Lacke, Schaum-flocken, Möbel	PS-Schaum 700 PS-hart: 20 000	Weichmacher, Stabilisatoren (Schwermetalle), Flammschutz-mittel (Bromverbindungen), Füllstoffe
3	Polyvinylchlorid PVC und Misch-produkte	*PVC-hart:* Fensterprofile, Rolläden, Fassadenplatten, Rohre, Formteile, Fugen-bänder. *PVC-weich:* Oberböden, Folien, Strukturschäume, Pasten, Isoliermassen, Schläuche	20 000 PVC-hart	Blei, Zink, Cadmium, Barium, Titandioxyd, Calciumcarbonat, Phtalate, in der Vergangenheit auch Asbestfasern. Stärke zum gezielten Abbau des PVC, z.B. bei Folien
4	Polyisobutylen PIB	Dachbahnen, Folien, Klebstoffe, Fugen-füllmassen	26 000 kWh/t	Weichmacherfrei. Füllstoffe zur Stabilisierung sind Talkum, Tonerde, Ruß
5	Polyamide PA	Fäden, Gewebe, Folien, Platten, Profile, Dübel, Beschläge, Duschköpfe, Schutzhelme, Dichtungen	38 000	Ruß, Graphit, Phosphor, Glas-fasern, Stahlfasern, Barium-ferrit, je nach Verwendungs-zweck
6	Aminoplaste MF	Bindemittel in Lacken u. Klebern, Beschichtungs-stoff für Dekorations-platten, Deckfurniere, Holzwerkstoff		Je nach Verwendung Stabilisatoren, Härter, Füll-stoffe usw.
7	Silicone SI	Schutzanstriche zur Hydro-phobierung, Schmiermittel, Fugendichtungsmassen, Elektroisolation		Geringe Mengen Zusatzstoffe, weil die Silizium-Sauerstoffver-bindung mit Methyl u. Phenyl ausreichend variiert werden kann

MAK-WERT (TOXIZITÄT)	EMITTIERENDE STOFFE	BEMERKUNGEN
0,02 ppm	Monomer Isocyanat, FCKW, Bestandteile der Zusatzstofte z.B. Phtalsäureester, Lösemittel	Im Brandfall Freiwerden von Blausäure, Phosphorverbindungen, Isocyanaten. Lösemittelbeständig, nicht UV-resistent, schimmel- und fäulnisfest Recycling kaum möglich, Verbrennung wegen FCKW nur in Hochtemperaturöfen mit Rauchgasreinigung
20 ppm	Monomer Styrol, aus XPS FCKW, Chlorethan, Pentan, Bestandteile der Zusatzstoffe	Hartprodukte sind klar, glänzend, spröde. Beständig gegen Feuchtigkeit, Laugen und einige Säuren. Nicht beständig gegen aromatische und chlorierte Kohlenwasserstoffe, Benzin, etherische Öle. Weichprodukte wie Schäume und Folien sind nicht so resistent gegen Beanspruchungen. Teilweise hohe Wasseraufnahme, nicht UV-beständig. Im Brandfall Emission von Aethylbenzol, Styrol, Chlorwasserstoff, Bromwasserstoff. XPS-Polystyrol muß bei hohen Temperaturen verbrannt werden (FCKW). Wiederverwendung von Schäumen ist möglich, z.B. Flocken zur Bodenlockerung (Langzeitverhalten im Boden?). Hartprodukte werden z.T. aufgeschmolzen oder granuliert. PS ist wegen seines hohen Energiegehaltes von ca. 45.000 kj/kg in der Müllverbrennung willkommen
TRK: 3 ppm bei bestehenden Anlagen, sonst 2 ppm	Monomer Vinylchlorid, Bestandteile der Zusatzstoffe insbesondere Weichmacher wie Phtalate	Im Brandfall können Dioxine, Furane und Chlorwasserstoffe entstehen. PVC ist ein Massenkunststoff, der insbesondere wegen der Entsorgung in die kritische Diskussion geraten ist. Recycling von sortenreinen Betriebsabfällen wird praktiziert. Gebrauchte PVC-Produkte und Kunststoffmischungen sind nur zu gröberen Bauteilen mit unspezifischen Eigenschaften und unklarer Umweltrelevanz zu verarbeiten. Dieses Recycling läuft an
–	Monomer Isobutylen in geringem Umfang	Gute Gebrauchseigenschaften, geringe Umweltgefahren, relativ hohe Temperaturbeständigkeit. Gegen Bitumen, Laugen u. die meisten Säuren beständig, nicht gegen Treibstoffe und Mineralöle
–	Monomere der Ausgangsverbindungen und Bestandteile der Zusatzmittel in geringem Umfang	Gute Gebrauchseigenschaften, wegen fester Bindung der nicht sehr kritischen Grundbestandteile keine ausgeprägten Umweltgefahren. Sehr unterschiedliche Rezepturen ermöglichen eine breite Anwendung. Recycling zu Sekundärgrundstoff durch Granulieren
Phenol: 5 ppm Formaldehyd: 1 ppm	Monomere, Formaldehyd	Hochwertiges Harz. Beständig gegen die meisten Chemikalien (Verwendung im Laborbau). Nicht beständig gegen starke Säuren und Laugen. Recycling zu Sekundärgrundstoff durch Granulieren möglich
–	Lösemittel und Siloxane möglich	Geringe mechanische Festigkeit, gute Temperaturstandfestigkeit, wasserabweisend, gute chemische Beständigkeit, nicht brennbar, nicht elektrisch leitend. Rest- und Abbruchmassen sind nicht oder nur in sehr geringem Umfang zu separieren und zu recyclen

Eigenschaften von Kunststoffen

Günstige Eigenschaften: – gute Wärmedämmung, d.h. geringe Wärmeleitfähigkeit;
  – gute Beständigkeit gegen aggressive Flüssigkeiten;
  – gute Formbarkeit (Gießen, Spritzen, Spanen);
  – geringes Gewicht, 0,9-2,1 t/m^3;
  – gute elektrische Widerstandswerte.;

Ungünstige Eigenschaften: – hoher Energiebedarf in der Herstellung;
  – Anfall von Schad- und Reststoffen in der Produktion;
  – Recycling, Deponierung oder Verbrennung nach der Nutzungsphase sind problematisch;
  – hohe Wärmedehnung.;
  – niedrige Wärmebeständigkeit, in der Regel bis 100°C;
  – geringe Festigkeitswerte, weiche Oberfläche;
  – leichte Brennbarkeit;
  – elektrostatische Aufladung;
  – relativ schnelle Alterung bei Bewitterung.

Diese Eigenschaften treffen natürlich nicht auf alle Kunststoffe zu. Es ist ein wesentliches Charakteristikum der Kunststoffe, daß ihre Eigenschaften durch Mischung der Ausgangskomponenten und Steuerung des Herstellungsprozesses an unterschiedliche Funktionsforderungen angepaßt werden können. So werden immer neue Einsatzgebiete erschlossen und traditionelle mit veränderten Produkten versorgt. Am Endprodukt kann der Laie nur sehr schwer, der Fachmann nur im Labor erkennen, welchen Kunststoff er vor sich hat. Eine Hilfe kann die Brennprobe sein (Abschnitt 5.15).

Einteilung von Kunststoffen

Übersicht nach der Makromolekülbildung

– *Polykondensation.* Vernetzung durch Abspaltung z.B. von Wasser. So entstehen z.B. Polyesterharze (UP), Aminoplaste (UF + MF), Polyamide (PA), Phenolharze (PF).

– *Polymerisation.* Mit hohem Energieaufwand angestoßene Kettenreaktion, die durch eine Abbruchreaktion beendet und damit stabilisiert wird. Typische Vertreter dieser Gattung sind z.B. Polyvinylchlorid (PVC), Polystyrole (PS), Polyethylene (PE).

– *Polyaddition.* Makromolekülbildung durch Vereinigung von mindestens zwei verschiedenen Verbindungen durch Platzwechselreaktionen von H-Atomen. Daraus entstehen z.B. Polyurethane (PUR), eine große Gruppe von Thermoplasten sowie Epoxydharze. Ihre unterschiedliche Ausprägung erhalten diese Stoffe durch die Steuerung der Addition der Isocyanatgruppen und des beteiligten Wasserstoffes.

Übersicht nach dem thermischen Verhalten
- *Thermoplaste.* Sie sind in der Wärme verformbar, zwischen 0 und 80 °C zunehmend elastischer, darüber thermoplastisch. Der Makromolekülbau ist linear und weitmaschig (PE, PVC, PA, PS).
- *Duroplaste.* Sie bleiben bis zu ihrer Auflösungstemperatur hart. Räumliche, engmaschige Vernetzung (UF, MF, UP, PF, EP).

Alterung von bewitterten Kunststoffen
Die Einflüsse sind:
- Temperatur (Temperaturdehnung, chemische Reaktionen);
- Feuchtigkeit (Wasseraufnahme, Quellen, Verdampfen);
- Sauerstoff (Oxydation, Versprödung);
- Mechanische Beanspruchung (Abrieb, Verschleiß).
- UV-Strahlung (Veränderung der Strukturen durch photochemische Prozesse).

Geringe Wetterbeständigkeit haben: PE, PVC, PS, PA.
Bessere Wetterbeständigkeit haben: PF, MF, UF, PTEF.

Durch die Beigabe von Stabilisatoren, wie Schwermetalle, anorganische Füller und Antioxydantien, wird die Alterung reduziert. Im Schnitt halten Kunststoffprodukte, von der Folie bis zum Wasserrohr, 10-30 Jahre, Duroplaste länger als Thermoplaste. Danach belasten sie die Deponien.

Informationen: [56, 58, 70, 73]

5.9 Abdichtungen

Im Klima Mitteleuropas müssen Gebäude mit Räumen zum dauernden Aufenthalt des Menschen abgedichtet werden. Undichtigkeiten gegen Wind haben Zugerscheinungen zur Folge und führen zu erheblichen Wärmeenergieverlusten. Der notwendige Zwang zur Energieeinsparung hat in jüngerer Zeit dazu geführt, daß die Außenhaut von Gebäuden, insbesondere Fenster und Dächer im Hinblick auf Luftdichtigkeit sorgfältig geplant werden. Übertriebener Perfektionismus ist hier jedoch fehl am Platze, denn leicht undichte Bauteile gestatten die aus hygienischen Gründen notwendige Belüftung der Räume auf 'natürlichem' Wege. Wasserdicht mußten Gebäude in unseren Breiten schon immer sein. Neuer sind bauphysikalische Überlegungen zur Wasserdampfdichtigkeit von Bauteilen. Sie wurden erst notwendig, als vielschichtige Außenbauteile sich in der Praxis durchzusetzen begannen.

Da Abdichtungsmaßnahmen auch immer einen Einfluß auf die notwendige Belüftung von Innenräumen bzw. den Gasaustausch zwischen Innen- und Außenraum haben, sollten diese Maßnahmen nur dort durchgeführt werden, wo sie zwingend erforderlich sind. Häufig ist es sinnvoller, Konstruktionen für Wand, Decke und Dach zu wählen, die einer zusätzlichen Dichtebene nicht bedürfen. Dazu gehören die massive Wand mit Putz oder im Dachraum die Trennung von Wärmedämmebene und wasserableitender Schicht. Dampfbremsen sind nur in den seltenen Fällen gerechtfertigt, in denen ein hohes Wasserdampfvolumen aus der Nutzung auf eine gegen innere Durchfeuchtung empfindliche Konstruktion stößt. Sinnvoller ist es, die Bauteile so zu gestalten, daß Wasserdampf durch den Bauteilquerschnitt von innen nach außen hindurchwandern kann und außen abgelüftet wird. Dabei sind der Taupunkt der Konstruktion und die möglicherweise anfallende Wassermenge durch Kondensation zu berücksichtigen. In der Regel gilt: Lüften ist besser als Sperren.

Wir unterscheiden:

- Abdichtungen gegen Feuchtigkeit im Erdreich;
- Abdichtungen gegen drückendes und nicht drückendes Wasser;
- Abdichtung gegen Wasserdampf;
- Abdichtung gegen Wind.

Abdichtung gegen Feuchtigkeit im Erdreich

- *Kelleraußenwände:* Bitumenanstrich (Freisetzung von Kohlenwasserstoffverbindungen des Bitumens und von Lösemitteln, sofern nicht Dispersionen verwendet werden). Mineralische Schlemmen (unelastisch, nur auf mineralischem Untergrund einzusetzen). Mineralische Sperrputze (wirksamer als Schlemmen, nur auf mineralischem Untergrung, unelastisch).
- *Kellerböden:* Kapillarbrechende Schicht (Kies, Schotter). Sperrbeton (aufwendig und teuer). Bitumenpappen und Kunststoffolien auf Magerbetonschicht (Schadstoffemissionen sind sicher gering, aber nicht ganz auszuschließen). Bei geringer Feuchtigkeitsbelastung, z.B. auch unter Zementestrich reicht ein Ölpapier.

Abdichtung gegen drückendes und nicht drückendes Wasser (DIN 18 195)

- *Kelleraußenwände:* Abklebung mit Bitumendichtungsbahnen, in der Regel einlagig bei nicht drückendem Wasser, zweilagig bei drückendem Wasser (Emission von Kohlenwasserstoffen aus Voranstrich, Kleber und Bahnen möglich). Abklebung mit Kunststoffbahnen, einlagig; geringer Marktanteil (Emissionsverhalten nicht bekannt, Zurückhaltung geboten). Sperrbeton (aufwendig, bei drückendem Wasser teilweise wirtschaftlich).
- *Kellerböden, Decken unter Erdreich:* Abdichtung wie bei Wänden, zusätzlich Verarbeitung von Kunststoffbahnen und Bitumenbahnen mit Aluminium- bzw. Kupferbandeinlagen, die die mechanische Festigkeit deutlich erhöhen (Emissionsverhalten wie vor; der Energiebedarf für die Herstellung der Metalle ist groß, großflächige Metallumhüllungen erzielen u.U. den Effekt des Faradayschen Käfigs).

Abdichtung gegen Wasserdampf (Dampfbremsen)

– Wände, Decken, Böden, Dachschrägen. Bitumenbahnen, Kunststoffbahnen, Bahnen mit Aluminiumkaschierungen, gespannt, geklebt, geschweißt. Emissionen aus den Bahnen und Klebern in den Innenraum, insbesondere bei Wärmeeinwirkung z.B. unter Dachschrägen sind möglich. Abschirmung der natürlichen elektrischen Spannungen in der Luft bei metallhaltigen Bahnen. An Dachschrägen und wenig belasteten Wänden können imprägnierte Papiere bzw. Pappen (Recyclingpapier) eingesetzt werden. Neu sind umweltverträgliche, ein- oder beidseitig mit Papier kaschierte Synthesekautschukbahnen.

Abdichtungen gegen Wind

– Wände in Leichtbauweise, Fachwerk usw., sowie Dachschrägen. Bitumenpapiere, Kunststofffolien (Emissionen insbesondere bei Wärmeeinwirkung möglich). Reißfeste Papierbahnen, Ölpapiere und Wollfilzpappen sind umweltverträglicher.

5.10 Bodenbeläge

Zum Einsatz als Bodenbelag eignen sich fast alle einigermaßen abriebfesten Materialien. Von den natürlichen, wie Stein, Holz, Kork, Textilien, über künstliche, wie PVC, Synthesegummi, bis hin zu weniger gebräuchlichen, wie Metall oder Glas, reicht die Palette der eingesetzten Stoffe. Die unterschiedlichen Eigenschaften – Gebrauchssicherheit, Aussehen – sowie die Kosten gestatten eine breite Wahlpalette für die unterschiedlichen Funktionsforderungen. Da Böden großflächig verlegt werden, ist ihr Emissionsverhalten von möglicherweise enthaltenen Schadstoffen von entscheidender Bedeutung für die Qualität der Raumluft. Insofern können gerade Böden, ähnlich wie Wand- und Deckenbekleidungen bzw. Anstriche, nicht nur im Hinblick auf ihre Funktion und ihren Preis beurteilt werden; ihre Gesundheitsrelevanz muß ein ausschlaggebendes Entscheidungskriterium sein. Schadstoffe können sowohl vom Bodenbelag selbst ausgehen als auch vom Klebemittel herrühren. Es gilt auch hier der Grundsatz der Schadstoffminimierung, d.h. im Zweifelsfall Entscheidung für das schadstoffärmere Material, auch in den Fällen, in denen der stichhaltige, naturwissenschaftliche Nachweis fehlt. Denn der wird vom Gesetzgeber nur in Einzelfällen vom Hersteller verlangt und ist vom Laien wegen der häufigen Produktwechsel und der schier unüberschaubaren Produktvielfalt nicht nachvollziehbar.

Linoleum

Linoleum wird in unterschiedlichen Qualitäten in den Stärken 2,0; 2,5; 3,2 und 4,0 mm angeboten. Bindemittel sind oxidiertes Leinöl und Naturharze. Als Füllstoffe werden Kork- und Holzmehl, als Trägermaterial wird Jutegewebe eingesetzt. Linoleum wird also in der Regel ausschließlich aus Naturprodukten hergestellt. In jüngerer Zeit wurden allerdings auch schon mit PVC beschichtete Linoleumbahnen angeboten. Diese Kunstharzschicht zum Schutz und zur leichteren Pflege ist nicht notwendig und ist abzulehnen. Linoleum ist form-beständig, feuchtigkeitsunempfindlich, elastisch, keimtötend, antistatisch, lichtecht, schwer entzündlich (B 1), wirkt warm und ist beständig gegen Fette und Öle sowie, bei kurzzeitiger Einwirkung, gegen schwache Säuren. Linoleum war vor der Einführung der Kunststoffbeläge in Wohnungen, Verwaltungen und Schulen der meist eingesetzte Bodenbelag. Dieses Naturprodukt hat im Zuge des neuen Umweltbewußtseins an Attraktivität gewonnen.

Einige Hinweise zur Verlegung:

- Material an Raumtemperatur anpassen, zwei Tage ausgerollt lagern.
- Vollflächig verkleben. Naturharzkleber verwenden. Technische Empfehlungen der Hersteller bezüglich Untergrundvorbereitung und der Kleberwahl beachten.
- Achtung: Naturharzkleber enthalten Wasser als Lösemittel. Das Wasser muß beim Klebevorgang verdunsten. Das Jutegrundgewebe saugt das Wasser auf und dehnt sich, ehe die Klebung wirksam wird. Der Boden kann an den Nähten aufschüsseln.

Der Kleberauftrag, das Ablüften, Schneiden und Anreiben erfordert ein sehr sorgfältiges Arbeiten. Laien sollten diese Arbeit nicht selbst durchführen. Einige Firmen wollen nur Kunstharz-Lösemittelkleber verwenden und lehnen eine Haftung für das Arbeiten mit Dispersionsklebern ab. Daher sind vor der Auftragsvergabe genaue Absprachen zu treffen. Frischer Linoleumbelag riecht streng. Empfindliche Menschen sollten den Belag vor der Verarbeitung ausrollen und einige Tage ablüften lassen bzw. nach dem Verlegen einige Tage gut lüften, jedoch nicht nutzen. Die von einigen Herstellern zum Schutz angebrachte Polyacrylatbeschichtung läßt sich mit einem Alkoholreiniger abschrubben. Danach ablüften lassen und Oberfläche mit Naturwachs behandeln.

Korklinoleum

Aus Korkschrot und natürlichen Bindemitteln in den Stärken 3,2; 4,5 und 6,7 mm hergestellt, besitzt dieser Belag ähnliche Eigenschaften wie Linoleum, ist aber deutlich elastischer. Er ist trittschalldämpfend und wird auch als Unterschicht, z.B. bei Sporthallenböden, eingesetzt.

Korkbeläge, Korkparkett

Kork wird entweder durch Erwärmung aufgebläht und mit eigenen Inhaltsstoffen verklebt, mit natürlichen Bindemitteln (Cashew-Oil) oder Kunstharzen gebunden und zu Blöcken gepreßt. Anschließend werden die Blöcke auf Plattengrößen von etwa 30 x 30 cm und Stärken von 3-6 mm geschnitten. Bei Überwärmung in der Produktion Gefahr der Benzo(a)pyrenabgabe. Kunstharzgebundene, an der Oberfläche, teilweise auch an der Unterseite kunstharzbeschichtete (PU- und PVC-) Produkte sind nicht empfehlenswert, da damit die positiven Eigenschaften des Korks aufgehoben werden.

Kunststoffbeläge

PVC-Beläge: PVC ist heute sicherlich der umstrittenste Kunststoff. Herstellung und spätere Entsorgung dieses Materials werden von Umweltschützern massiv kritisiert. Die Produzenten wehren sich mit erheblichem Werbeaufwand. Das Bundesimmissionsschutzgesetz hat dazu beigetragen, daß die Produktion sicherer geworden ist. Die Hersteller haben begonnen, Recyclingmethoden zu entwickeln, wenn auch diese zur Zeit noch nicht recht greifen. Gebrauchswert und Nutzungsdauer des PVC-Belages lassen keinen Wunsch offen.

Als Kritikpunkte bleiben jedoch:

– hoher Primärenergiebedarf und Anfall von problematischen Reststoffen bei der Herstellung;,

– Freisetzung von kleinen Mengen nicht fest eingebundenen Vinylchlorids, von Weichmachern, Stabilisatoren und Schwermetallen;

– Chlorgasentwicklung im Brandfall;

– sehr problematische Deponierung; das Recycling läuft langsam an.

Synthetik-Gummi-Beläge: Herstellung aus Synthesekautschuk (Styrol-Butadien), Füllstoffen und Pigmenten. Abriebfestigkeit, Elastizität, Wetterfestigkeit und Nutzungssicherheit sind ausgezeichnet. Die Oberflächen werden glatt oder genoppt hergestellt. Die Kosten des Bodens sind hoch. Aufgrund des komplizierten Herstellungsprozesses und der eingesetzten Chemikalien muß davon ausgegangen werden, daß sowohl in der Produktion als auch bei der Lagerung bzw. während der Nutzung Monomere und Teile von Zusatzstoffen emittieren. Die Mengen der einzelnen Stoffe sind als gering einzustufen. Unklar bleibt allerdings, ob aufgrund der großen Zahl unterschiedlicher Verbindungen möglicherweise eine Verstärkung der Einzelwirkung erfolgt.

Textil-Bodenbeläge

Seit den sechziger Jahren haben Teppichböden, insbesondere im Wohnbereich, den traditionellen Holzboden und das Linoleum überflügelt. Eine warm anmutende Oberfläche, die Schalldämpfung und die Elastizität haben den Textilböden viele Freunde gewonnen. Eine schier unübersehbare Fülle von Herstellern, Produktionsverfahren und Ausgangsmaterialien bietet für fast alle Funktionsanforderungen eine angemessene Lösung. Die Kosten sind erschwinglich, und auch die Nutzungsdauern sind in der Regel ausreichend.

Bezogen auf die Ausgangsstoffe sind drei Gruppen zu unterscheiden:

– *Textilböden* aus naturbelassenen und damit naturfetten *tierischen Fasern* der Lebendschur von Schafen und Ziegen. Die Fasern werden gewebt, mit einem Jutegewebe kaschiert und nicht insektizid bzw. pestizid ausgerüstet. Diese Teppichböden riechen teilweise sehr stark.

– *Textilböden aus naturbelassenen pflanzlichen Fasern* wie Baumwolle, Sisal, Kokos. Die Fasern werden mit einer Baumwolle- oder Jutekette verwebt. Eine chemische Ausrüstung wird teilweise vorgenommen, ist aber nicht erforderlich und sollte im Hinblick auf die Schadstofffreiheit der Raumluft vermieden werden. Die Qualität ist, bezogen auf die Elastizität und die

Regenerierbarkeit, etwas geringer einzustufen als die der Teppichböden aus tierischen Fasern.

- *Textilböden aus synthetischen Fasern.* Diese Böden haben den größten Marktanteil. Sie werden in vielen Qualitäten, Farben und Mustern angeboten. Als Fasern werden verwendet: Nylon und Perlon (Polyamid), Dralon und Orlon (Polyacrylnitrit), Trevira (Polyester) u.a. Nach der Bindung werden unterschieden:
  - Wirk- oder Raschelbindung: optimale Floreinbindung;
  - Polaufbindung (V-Bindung): Flor wird in das Grundgewebe genadelt, einfache Verankerung des Flors;
  - Schlingenbindung (Bouclé): gewebt, teilweise auch in Grundgewebe genadelt.

Der Standardaufbau von Teppichböden besteht aus vier Schichten: dem Flor oder der Schlinge (Nutzschicht), dem Grundgewebe, einer Kunstharzbeschichtung zur Verschweißung und zusätzlichen Fixierung des Flors und der Rückenschicht aus Schaum oder Gewebe.

Einen Sonderfall stellen die Nadelvliesbeläge dar. Polyamid- oder Polypropylenfasern werden verwirrt und verknäult, mit Kunstharz getränkt und damit formstabilisiert. Nadelvliese bestehen also aus einer homogenen Schicht. Das Material ist für alle Einsatzbereiche geeignet. Die Preise liegen häufig unter denen der übrigen Teppichböden.

Die gesundheitlichen Risiken von Teppichböden aus synthetischen Fasern können auf drei Quellen zurückgeführt werden:
- die Nutzschicht. Kunstfasern können Monomoleküle und verschiedene Zusatzstoffe, wie Weichmacher, Antistatika u.a., emittieren;
- die Rückenbeschichtung. Sie besteht aus Styrol-Butadien-Latex oder PVC und kann Restmonomere, Pigmente, Katalysatoren, Weichmacher, Vernetzer usw. in die Raumluft abgeben. Insbesondere müssen Weichschaumrücken, die bis zu 40 Prozent Weichmacher (Phthalsäureester) enthalten können, kritisch gesehen werden. Da Rückenbeschichtungen auch Stoffe enthalten, die Mikroorganismen zur Nahrung dienen können – hier müssen auch wieder die Weichmacher genannt werden –, stellt zuweilen der Befall mit Bakterien und Pilzen eine zusätzliche Gesundheitsbelastung dar. Voraussetzung dafür ist eine relative Feuchte von etwa 60 Prozent, die in einem nicht durchgetrockneten Deckenaufbau möglich ist;
- der Teppichkleber. Vom Verarbeiter muß verlangt werden, daß er den Kleber und das Rückenmaterial des Teppichbodens aufeinander abstimmt, daß beide keine gesundheitsgefährdende chemische Verbindung eingehen, die in die Raumluft emittieren kann. Chemisch abbindende Kleber, sogenannte Reaktions- oder Zweikomponentenkleber, vernetzen bei der Abbindung die Grundstoffe zu Polymeren. Die Gefahr geht von den nicht gebundenen Restmonomeren aus. Physikalisch abbindende Kleber verursachen ein Gesundheitsrisiko durch die emittierenden Lösemittel, Kohlenwasserstoffe, wie Toluol, Xylol u.a. Traditionelle Kunstharz-Lösemittel-Kleber enthalten bis zu 50 Prozent Lösemittel. Lösemittelar-

me Klebstoffe, auch Dispersionsklebstoffe genannt, enthalten Wasser und bis zu 5 Prozent traditionelle Lösemittel. Diesen lösemittelarmen und den lösemittelfreien Klebstoffen werden Konservierungsstoffe, z.B. Formaldehyd, zugesetzt. Ganz lösemittelfreie Kleber, meist Fixierung genannt, haben eine geringere Klebekraft, die jedoch für häusliche Beanspruchung ausreicht. Schaumrücken lassen sich problemlos fixieren, Teppiche mit Gewebrücken nicht. Sogenannte Bio-Kleber, die Naturharze enthalten, kommen auch nicht ganz ohne Lösemittel bzw. Konservierungsstoffe aus. Dispersionskleber können nur dort eingesetzt werden, wo das Lösemittel Wasser entweder in den Untergrund abgesaugt wird oder durch den Teppichboden hindurch verdunsten kann. Letzeres mag bei kunstharzfixierten Gewebelagen des Teppichs nicht immer gegeben sein. Im übrigen sind Dispersionskleber durch Wassereinwirkung wieder lösbar.

Informationen zu lösemittelarmen Bodenbelagsklebstoffen: (71)

Holzböden

Hobeldielen

Diese Fußbodenbretter werden einseitig gehobelt und immer auf einer Unterkonstruktion aus Dielen, dem sogenannten Blindboden, oder häufiger auf einer Balkenlage verdeckt genagelt. Die Bretter sind mit Nut und Feder versehen. Sie müssen dicht gestoßen und mit etwa 2 cm Abstand zur Wand eingebaut werden. Eine Belüftung der Unterkonstruktion über geschlitzte Fußleisten ist zweckmäßig. Die Dicke der Bretter und der Abstand der Balken von 30-40 cm sind aufeinander abzustimmen. Brettstärken unter 20 mm sollten nicht gewählt werden. Es werden folgende Holzarten verwendet: Fichte/Tanne, Kiefer, Lärche, Pitchpine; wesentlich seltener: Eiche, Buche sowie ausländische Laubhölzer. Dielenböden sind leicht federnd und damit angenehm zu begehen.

Stabparkett

Die Stäbe sind 18-23 mm dick, 45-100 mm breit und 25-60 cm lang. Verwendet werden Eiche, Buche, Kiefer, Lärche und für wertvolles Intarsienparkett auch andersfarbige harte Hölzer. Kurzstäbe werden auf Blindboden oder Estrich geklebt, Langstäbe auf eine Balkenlage oder einen Blindboden durch die Nut genagelt. Die Nagelung ist der Klebung, wegen einer möglichen Schadstoffemission z.B. der Lösemittel, vorzuziehen (Abschnitt 5.11). Die Verlegung in eine heiße Asphaltschicht auf rauhem Untergrund ist nicht mehr üblich und wäre auch wegen der Emission von Kohlenwasserstoffen aus gesundheitlichen Gründen abzulehnen.

Tafelparkett

Größen 25 x 25 cm bis 70 x 70 m. Dicken bei massiver Ausführung 25-35 mm, bei furnierten Blindtafeln etwa 24 mm, Furnierstärke 2-6 mm. Die Verbindung untereinander erfolgt über eine umlaufende Nut und eine Einsteckfeder. Die Oberfläche ist häufig fertig beschichtet (Kunstharzversiegelung). Verlegung in der Regel durch Klebung auf Blindboden oder Estrich (Abschnitt 5.11). Relativ preisgünstiger Holzboden, wegen der fabrikmäßigen Vorfertigung und der Verarbeitung geringer Materialstärken im Furnier bzw. kleiner Stäbe. Kleber und Oberflächenbeschichtungen entscheiden über die ökologische Qualität.

Parkettdielen

Ähnlich wie beim Tafelparkett werden Parketthölzer zu Dielen vorgefertigt. Dicken 18-22 mm, Breiten 100-140 mm, Längen 120-500 cm. Verlegung und Oberflächen wie beim Tafelparkett.

Holzpflaster

Aus Hartholz geschnittene Holzklötze werden mit dem Hirnholz nach oben verlegt. Dicke der Klötze 5-10 cm. Es werden Kiefer, Lärche, Buche und Eiche verwendet.

- *Sandverlegung:* Sandbett etwa 10 cm, Zwischenräume mit Sand gefüllt, eventuell Asphaltverguß als oberer Abschluß der Fugen. Geeignet für einfache Nutzungen und im Außenraum.
- *Normalverlegung:* (DIN 18 367) Glatter Untergrund, Sperranstrich, eventuell Sperrpappe im Kleber, Kleber, Pflaster. Anwendung in Innenräumen wegen der Kleber nicht unbedenklich (Abschnitt 5.11).
- *Preßverlegung:* Die Klötze werden in Bitumen- oder Kunstharzkleber getaucht und knirsch verlegt. Kleber sind bedenklich.
- *Lättchenverlegung:* Verlegung mit durch 4 mm starke Latten gebildeten Zwischenräumen. Die Fugen werden mit modifiziertem Bitumen ausgegossen. Emissionen aus Bitumen sind kritisch.

Grundsätzlich muß bei der Verlegung eine 2-3 cm breite Fuge zu den Wänden offengehalten werden. Der hohe Kleberanteil, die Fugenvergußmassen, die Oberflächenbehandlung und teilweise die Tränkung der Klötze haben nicht selten zu Schadstoffemissionen und Beanstandungen der Nutzer der Räume geführt. Holzpflaster kann daher nur bei einer Minimierung der Klebe- und Vergußmassen sowie einer möglichst naturbelassenen bzw. mit Naturstoffen behandelten Oberfläche empfohlen werden.

Alle Holzböden müssen trockengehalten werden. Insbesondere bei Parkett und Pflaster können durch Quellung nach Wassereinfluß erhebliche Schäden entstehen. Holzböden mit einer naturnah belassenen Oberfläche haben folgende Eigenschaften:

- Regenerierbarkeit durch Abschleifen;
- günstiges Wärmeverhalten;

- großer Gestaltungsspielraum;
- sehr gute haptische Qualitäten;
- keine elektrostatische Aufladung;
- relativ lange Nutzungszeiten;
- keine Probleme in der Entsorgung;
- ausreichende Verfügbarkeit des Materials, auch wenn nur in Mitteleuropa wachsende Hölzer verwendet werden;
- natürlicher, nachwachsender Baustoff, der in der Gewinnung unproblematisch ist.

Betonwerkstein

Ein mit Zement gebundener Kunststein, dessen Aussehen durch den Zuschlagstoff und die Oberflächenbehandlung bestimmt wird. Als Zuschlag werden harte, grob- oder feinkörnige Sortierungen von Natursteinkörnungen verwendet. Die Oberflächen können der traditionellen Natursteinbearbeitung entsprechend scharriert, gespitzt, gestockt und bossiert werden, oder nach neueren Entwicklungen gesandstrahlt, gewaschen, abgesäuert, geflammt, geschliffen und poliert werden. Damit gestattet der Kunststein einen großen Gestaltungsspielraum.

In jüngster Zeit werden Kunstharze als Bindemittel eingesetzt, für die ähnliche Vorbehalte gelten wie für die Kunstharzkleber (Abschnitt 5.11).

Asphaltplatten

Herstellung entweder aus natürlichem, gemahlenem Asphaltkalkstein oder mit Bitumen versetztem Kalksteinmehl. Pressung in heißem Zustand zu Platten in Dicken von 20-50 mm und einem Format in der Regel von 25 x 25 cm. Verwendung nur in Innenräumen. Die Platten sind nicht beständig gegen Feuchte, Säuren, Lösemittel und Öle, sowie thermische Beanspruchung. Für diese Beanspruchungen sind Spezialprodukte im Handel. Die Platten sind leicht trittschalldämpfend. Es werden rote und braune Färbungen angeboten. Wegen möglicher Kohlenwasserstoffemissionen wird dieser Boden im ökologisch geprägten Bauen nicht eingesetzt.

Keramische Platten

Ton wird in Stahlformen gepreßt und bei Temperaturen von 900-1.000 °C gebrannt. Ein großes Angebot an Formaten, Farben und Qualitäten ermöglicht die Verwendung für viele Nutzungen. Die Platten haben eine hohe Abriebfestigkeit und sind hochgebrannt oder glasiert, an der Oberfläche sehr dicht. Die Verlegung erfolgt entweder im Zementmörtelbett oder mit Kunstharzklebern im Dünnbettverfahren. Gesundheitliche Gefahren können von den Klebern oder – je nach Tonvorkommen bzw. wenn Rotschlamm aus der Aluminiumherstellung mit verwendet wird – von einer möglichen radioaktiven Strahlung der Platten in Einzelfällen ausgehen. Eine generelle Ablehnung keramischer Platten ist jedoch nicht gerechtfertigt. Wer sicher gehen will, muß beim Hersteller eine Prüfung mit dem Geigerzähler vornehmen.

Tabelle 30 *Bodenbeläge*

NR.	BAUSTOFF/ BAUTEIL	BESCHREIBUNG					ANMERKUNGEN
		Roh-dichte kg/m³	Schadstoffabgabe im Gebrauch	in der Herstellung	Radio-aktivität	Primär-energie-bedarf	Herstellung, Anwendung, Wiederverwendung, Ersatzstoffe usw.
1	Linoleum	1000	nein	möglich	nein	o	Dauerhafter, naturnaher Boden, Auf lösemittel-arme Kleber achten
2	Korklinoleum	800	möglich	möglich	nein	o	Die natürlichen Eigen-schaften der Grundstof-fe werden zunehmend durch künstliche Träger-schichten und Oberflä-chenbehandlungen verfälscht
3	Korkbeläge, Korkparkett	400	möglich	möglich	nein	o	
4	PVC-Beläge	1400	ja	ja	nein	–	PVC ist in der Herstel-lung, Nutzung und Ent-sorgung besonders um-stritten. Schadstoffemis-sion auch aus den tradi-tionellen Klebern mög-lich. Hoher Gebrauchs-wert
5	Synthese-gummi	1400	nein	möglich	nein	–	Gute Nutzungseigen-schaften, teuer
6	Textilboden-beläge: – pflanzliche Fasern	300	nein	nein	nein	o	Baumwolle, Jute, Sisal, Kokos. Auf chemische Ausrüstung verzichten
	– tierische Fasern	300	nein	nein	nein	o	Wolle von Schafen und Ziegen. Starker Geruch. Pestizide und insekti-zide Ausrüstung ver-meiden
	– synthetische Fasern	300	möglich	möglich	nein	–	Emissionen von Mono-molekülen und Löse-mitteln möglich
7	Holzböden – Dielen	600	nein	nein	nein	o	Naturbaustoff, nach-wachsend, elastisch. Oberflächen naturnah erhalten
	– Parkett	800	nein	nein	nein	o	Wie vor. Nageln besser als Kleben
	– Pflaster	800	möglich	nein	nein	o	Tränkung, Kleber. Ver-gußmassen und Oberflä-chenbehandlungen sind kritisch zu sehen
8	Betonwerk-stein	2200	nein	nein	nein	–	Kunstharzverbindungen meiden

NR.	BAUSTOFF/ BAUTEIL	BESCHREIBUNG					ANMERKUNGEN
		Roh-dichte kg/m^3	Schadstoffabgabe im Gebrauch	in der Herstellung	Radio-aktivität	Primär-energie-bedarf	Herstellung, Anwen-dung, Wiederverwen-dung, Ersatzstoffe usw.
9	Asphaltplatten	–	möglich	möglich	nein	o	Wegen möglicher Emis-sionen von Kohlenwas-serstoffen nicht empfoh-len
10	Keramische Platten	2000	nein	möglich	möglich	–	Eventuell radioaktive Strahlung (Rot-schlamm). Emissionen beim Brennen

5.11 Anstriche, Tapeten, Kleber

Anstriche

Oberflächenbeschichtungen haben verschiedene Aufgaben. Sie sollen durch Schichtbildung gegen mechanische Beanspruchungen schützen, Witterungs- und Chemikalieneinflüsse reduzieren, die Wasseraufnahme einschränken und die farbliche Gestaltung ermöglichen. Die Industrie stellt spezielle Produkte für alle vorkommenden Untergründe bereit: Putze, Steine, Beton, Holz, Metalle und Kunststoffe. Neben der Schutzwirkung sollen Anstrichstoffe, die für das Innenraumklima mitverantwortlich sind, folgende Forderungen erfüllen:

– Sie sollen auf Wänden und Decken möglichst diffusionsoffen sein, um eine Pufferwirkung im Hinblick auf Wasserdampf und Gase zu ermöglichen.

– Sie sollen schadstoffarm sein und dürfen keine gesundheitsschädlichen Emissionen an die Raumluft abgeben.

Man unterscheidet:

– *Lacke:* Sie bilden eine harte dichte Oberfläche, die vom hohen Bindemit-telanteil bestimmt wird.

– *Farben:* mit wesentlich weniger Bindemitteln und damit geringerer Dichte.

– *Lasuren:* farblose oder leicht eingefärbte, transparente Anstriche geringer Viskosität, die wegen der geringen Schichtdicke den Untergrund durch-scheinen lassen und den Feuchteaustausch ermöglichen.

Im Hinblick auf ihre Grundbestandteile werden herkömmliche Anstriche aus Kunstharzen und organischen Lösemitteln und sogenannte Naturfarben aus naturnah belassenen Grundstoffen und Lösemitteln unterschieden. Alle An-striche bestehen im Prinzip aus:

– *Bindemitteln:* sogenannten Filmbildnern z.B. aus Acryl- oder Epoxydharzen (synthetisch) bzw. Kolophonium-Dammarharze (natürlich);

- *Pigmenten:* farbige, schwerlösliche anorganische Verbindungen; dazu gehören Schwermetalle, wie Chrom, Blei, Zink, und organische Pigmente pflanzlicher und tierischer Herkunft;
- *Zusatzstoffen:* Dazu gehören Weichmacher, Trockenstoffe, Hautverhinderer, Topfkonservierer, Biozide usw.;
- *Füllstoffen:* wie Kaolin, Talkum, Kreide und anderen Gesteinsmehlen;
- *Lösemitteln:* Dazu zählen Wasser, Alkohole, Terpentine, Benzole, Aceton, Benzin, Ketone, Ester usw: Lösemittel regeln die Viskosität und gestatten die Verarbeitung des Anstrichs. Nach dem Aufbringen verdunsten sie und hinterlassen die übrigen Bestandteile als Film. Wasser als Lösemittel (Dispersionen) ist umweltfreundlich, chemisch-organische Lösemittel belasten die Umwelt erheblich.

Welche Stoffe ein Produkt nun tatsächlich enthält, ist für den Anwender nicht erkennbar, denn es gibt keine Deklarationspflicht, und die Hersteller hüten sich, der Konkurrenz ihre Rezepte zu verraten. Aufklärung ist lediglich über die technischen Merkblätter der Firmen zu gewinnen, die diese jedoch nur ungern herausgeben. Im übrigen wechseln die Produzenten die Zusammensetzung häufig; z.B. je nachdem, welche Grundstoffe sie gerade billig einkaufen. Das Angebot bleibt also unübersichtlich. Hinweise darauf, was der jeweilige Anstrich nicht enthält, verwirren mehr, als sie helfen. Zusatzbezeichnungen, wie Bio-, Natur-, öko- oder baubiologisch und wohnbiologisch geprüft, ist mit Skepsis zu begegnen; Sie halten einer Überprüfung häufig nicht stand.

'Der blaue Engel'

Dieses vom Umweltbundesamt (9) 1980 geschaffene Umweltzeichen erhalten Anstrichstoffe, die in ihrer Produktgruppe weniger Schadstoffe enthalten als die Konkurrenzprodukte. Unbedenklich sind diese Farben damit jedoch nicht. Sie müssen allerdings bestimmten, 1987 noch einmal verschärften Vergabekriterien entsprechen. Dazu gehören ein reduzierter Anteil an chemisch-organischen Lösemitteln, bioziden Verbindungen und Schwermetallpigmenten sowie der Ausschluß von erbgutverändernden, fruchtschädigenden oder krebserzeugenden Stoffen.

In der Praxis sollte immer geprüft werden, ob die angestrebte Lösung unbedingt mit einem Kunstharzlack mit blauem Engel erreicht werden soll oder ob eine Dispersionsfarbe ohne blauen Engel nicht die gleiche Wirkung erzielt. Der Wechsel zu einer umweltfreundlicheren Materialgruppe ist häufig der bessere Weg.

Bei der Wahl von Lasuren sind die wasserlöslichen den lösemittelhaltigen vorzuziehen. Letztere sind zwar ergiebiger, das Eindringvermögen in Holz und die Verlaufeigenschaften sind besser, aber die Schutzwirkung wasserlöslicher Lasuren ist denen der lösemittelhaltigen ebenbürtig.

Naturfarben

Die Hersteller versuchen nach folgenden Prinzipien zu arbeiten:

- Verwendung pflanzlicher und damit reproduzierbarer Grundstoffe;
- Wahl von Herstellungsverfahren, die den Grundstoffen möglichst umfassend ihre natürlichen Eigenschaften belassen;
- Wahl von Herstellungsverfahren, die die Umwelt möglichst wenig belasten und problematische Reststoffe vermeiden.

Darin kann ein Kreislauf gesehen werden, von der Pflanze zur Herstellung, zur Verwendung, zum Abbau und zur Rückführung in die Erdrinde.

48

Es werden folgende Produktgruppen eingesetzt: Naturharze, Naturwachse, Pflanzenöle, mineralische Pigmente, Färbepflanzen, ätherische Öle, natürliche Füllstoffe, modifizierte Naturharze, z.B. Kolophonium sowie Hilfsstoffe, z.B. Borax.

Die in der *Arbeitsgemeinschaft Naturfarben* zusammengeschlossenen Hersteller haben mit der „Gläsernen Rezepturkartei" eine Volldeklaration ihrer Produkte eingeführt, die für andere Produzenten Vorbild sein sollte. Die Veröffentlichung der Zusammensetzung entspricht den berechtigten Forderungen der Verbraucher und denen der verarbeitenden Handwerksfirmen. *Informationen:* (13)

Die Diskussion um die günstigen Eigenschaften von Naturfarben sollte allerdings nicht zu emotional geführt werden. Auch naturnahe chemische Verbindungen können bei empfindlichen Menschen Unbehagen und Gesundheitsstörungen auslösen. auch die Herstellung von 'natürlichen' Farben bleibt ein künstlich-technischer Prozeß und hat mit Biologie nichts zu tun. Die Hersteller kommen in der Regel nicht ganz ohne 'künstliche' Zusatzmittel aus. Dazu gehören Lösemittel, Topfkonservierer in geringen Dosen usw. Die Produkte sollen ja problemlos verarbeitbar sein und möglichst lange ihre Funktion erfüllen. Bei der Herstellung müssen also von allen Herstellern Kompromisse zwischen wirtschaftlicher Herstellung, Gebrauchstüchtigkeit und Umweltverträglichkeit gefunden werden. Bei den 'Naturfarben' steht die Umweltverträglichkeit im Vordergrund; der Verwender sollte keine unrealistischen Erwartungen an die anderen beiden Aspekte richten. Im allgemeinen gilt für Naturfarben in bezug auf herkömmliche, lösemittelhaltige Kunstharzprodukte:

- Bei der Anwendung sind die Verarbeitungshinweise besonders sorgfältig zu beachten;
- die Trocknung dauert meist etwas länger;
- für besonders intensive Beanspruchung reichen Härte und Dichte dieser Produkte häufig nicht aus;
- bei größeren Anstricharbeiten lohnen sich Probeanstriche;
- die Kosten sind in der Regel etwas höher. Zur Ergiebigkeit ist in diesem Zusammenhang keine generelle Aussage möglich. Sie ist meist auf dem Etikett vermerkt.

Bild 48 Grundstoffe von Naturfarben

1 Bienenwachs	7 Sojalecithin	13 Walnußschalen
2 Leinöl-Standöl	8 Indigoecht	14 Wacholderbeeren
3 Catechu	9 Anatto	15 Rosmarinblätter
4 Schellack	10 Cochenille	16 Citrusschalenöl
5 Carnaubawachs	11 Alkanna-Wurzeln	17 Borax
6 Mastix	12 Reseda	18 Drachenblut

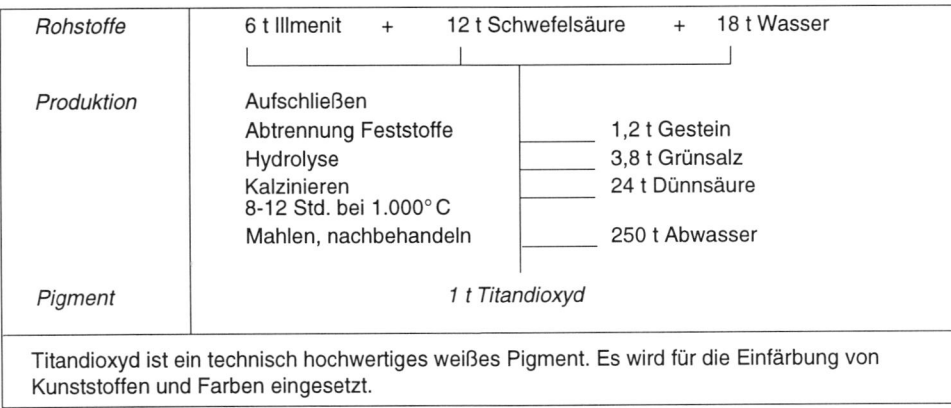

Rohstoffe	6 t Ilmenit + 12 t Schwefelsäure + 18 t Wasser	
Produktion	Aufschließen	
	Abtrennung Feststoffe	1,2 t Gestein
	Hydrolyse	3,8 t Grünsalz
	Kalzinieren	24 t Dünnsäure
	8-12 Std. bei 1.000° C	
	Mahlen, nachbehandeln	250 t Abwasser
Pigment	1 t Titandioxyd	

Titandioxyd ist ein technisch hochwertiges weißes Pigment. Es wird für die Einfärbung von Kunststoffen und Farben eingesetzt.

Bild 49 Herstellung von Titandioxyd als Beispiel für die Umweltbelastung bei der Produktion von Baugrundstoffen

Die verschiedenen Anstrichtypen

Kalkanstrich: Gelöschter Weißkalk und Wasser, geringe Wetterbeständigkeit, desinfizierend. Mit hydraulischen Zusätzen, Leinöl oder Kaliwasserglas werden Wetterbeständigkeit und Wischfestigkeit erhöht. Bei uns zu Unrecht nur für untergeordnete Räume und Flächen eingesetzt. Biologisch abbaubar und kompostierbar. Keine Schadstoffemissionen im Gebrauch, diffusionsoffen.

Zementanstrich: Zement und Wasser, gute Wetterbeständigkeit, spröde. Heute meist kunststoffvergütet, damit leichter zu verarbeiten, beständiger. Geringer Marktanteil. Unter biologischen Gesichtspunkten kritischer als Kalkanstriche zu sehen.

Silikatfarben: Kaliwasserglas, Kalkhydrat, Pigmente und Füllstoffe. Sie verkieseln den Untergrund, daher nur für mineralische Untergründe geeignet. Keimtötend, für außen und innen, häufig farblos. Mit Kunstharzdispersionszusätzen leichter zu verarbeiten. Wasserdampfdurchlässig, kreidet leicht ab, daher bleibt außen lange ein optisch sauberer Eindruck der Flächen erhalten.

Siliconharzanstrich: Siliconharze, Wasser. Für mineralische Untergründe, außen. Bilden keinen Film, sondern dringen in den Untergrund ein. Hoch wetterbeständig, hydrophobierend, gasdurchlässig. Die leichtflüchtigen Siloxane können zur Umweltbelastung beitragen.

Kaseinfarben: Milcheiweiß wird mit Borax, Kalk oder Ammoniak zu einem wasserlöslichen Leim verarbeitet. Wetterbeständig nur auf frischem Kalkputz. Geeigneter für Innenanstriche. Wenn nicht kalkhaltig, sind Konservierungsmittel enthalten. Je nach Pigmentart kompostierbar.

Leimfarben: Stärke-Methylzellulose oder Zelleim und Wasser. Pigmente: Talkum, Kreide, Kaolin. Nur für innen. Wischfest, jedoch nicht wasserfest; daher können alte Anstriche abgewaschen werden. Häufig sind Konservierungsmittel enthalten. Kompostierbar.

Dispersionsfarben: Sammelbegriff für Farben, deren Harzbestandteile in Wasser gelöst sind. Die Eigenschaften werden von den Kunst- oder Naturharzen, den Bindermengen, den Füllstoffen und Pigmenten (Titandioxid, Kaolin, Kreide usw.) bestimmt. Je nach Rezeptur sind die Farben wisch- bis wasserfest und damit für innen und außen geeignet. Die Dampfdiffusionsdichte nimmt mit der Bindermenge zu. Zusatzmittel sind Emulgatoren, Konservierungsmittel (häufig Formaldehyd) usw. Die Zusammensetzung von Dispersionsfarben für Wand und Decke bleibt für den Anwender besonders unklar. Die Preise, die bis zum dreifachen über dem billigsten Angebot liegen können, lassen meist nur erwarten, daß in der Farbe ein hoher Bindemittelanteil enthalten ist und Ergiebigkeit und Verarbeitbarkeit damit gut sind. Eine ökologische Bewertung ist damit noch nicht verbunden, es sei denn, das Produkt stammt von einem Naturfarbenhersteller. Dispersionen sind leicht zu verarbeiten, Arbeitsgeräte können im Wasser gereinigt werden, die Gebinde müssen frostfrei gelagert werden.

Dispersionslacke: Sie unterscheiden sich im wesentlichen von Dispersionsfarben durch höhere Anteile an Bindemitteln und organischen Lösungsmitteln (11-16 Prozent). Hauptlösungsmittel ist Wasser. Als Bindemittel werden hauptsächlich Alkyd-, Acryl-, PVC- und Naturharze eingesetzt. Die Rezepturen werden dem Verwendungszweck des Lacks angepaßt. Es gibt Universal-, Rostschutz-, Fußboden-, Heizkörper- und Fensterlacke. Sie können hochglänzend oder matt eingestellt werden. Lacke mit Umweltzeichen haben maximal 10 Prozent organische Lösungsmittel, keine Schwermetallpigmente und dürfen andere gesundheitsgefährdende Stoffe nicht enthalten. Die Vergabebedingungen für das Umweltzeichen berücksichtigen die Emissionen der Restmonomere der Kunstharze und der Konservierungsstoffe nicht. PVC-Lacke können Weichmacher (Phthalsäureester) emittieren. Rückstände und entfernte Altanstriche sind Sondermüll (Ausnahme Naturharzlacke).

Konventionelle, lösemittelhaltige Kunstharzlacke

Alkydlack: Lösemittel Testbenzin, Anteil ca. 50 Prozent. Bindemittel Alkydharze (Polyester aus verschiedenen Dicarbonsäuren und Alkoholen) und Ölen. Im Bauwesen meistverbreiteter Lack mit sehr großer Anwendungspalette. Geeignet für innen und außen. Sehr gute technische Qualität.

High-Solides: Lösemittel Testbenzin 10-35 Prozent. Bindemittel sind Gemische verschiedener, niedermolekularer Kunstharze. Sehr unterschiedliche Rezepturen je nach Verwendungszweck. Sehr gute technische Qualität, Geeignet für innen und außen.

Nitrolack: Lösemittel bis 75 Prozent Toluol, Xylol, Ketone, Butylazetat usw. Bindemittel ist Nitrozellulose, Pigmente sind Schwermetalle. Der Lack trocknet sehr schnell durch Verdunstung des Lösungsmittels (gesundheitsgefährdend). Geeignet für Möbellackierungen im Spritzverfahren. Farblos wird Nitrolack auch als Mattierung angeboten.

Chlorkautschuklack: Lösemittel Tetrachlorkohlenstoff, Bindemittel Styrol-Butadien (Kunstkautschuk) mit Weichmachern und anderen Zusätzen. Diese Lacke sind sehr dicht, öl-, wasser-, säuren- und laugenbeständig. Verwendung für Sperranstriche z.B. in Schwimmbecken, Ölauffangbecken usw. Herstellung, Verarbeitung und Entsorgung sind umweltbelastend.

Kunstharz-Reaktionslacke: Lösemittel Xylol u.a. Bindemittel sind verschiedene Kunstharze, Zusatzmittel Weichmacher, Füllstoffe, Konservierer usw. Die Namen der Lacke leiten sich von den Bindemitteln her. Alle Lacke dieser Gruppe können nicht fest eingebundene Restmonomere an die Raumluft abgeben.

In diese Gruppe gehören:

– Melaminharz-Lack, Problem-Formaldehyd, Phenole;
– PVC-Lack, Restmonomer Vinylchlorid;
– Acrylharz-Lack, der am wenigsten kritisierte Lack dieser Gruppe;
– Epoxidharz-Lack, Restmonomer Epichlorhydrin;
– Polyester-Lack, Restmonomer Peroxid;
– P.U.R-Lack (Polyurethan), Restmonomer Isocyanat.

Die Entsorgung der Lacke dieser Gruppe ist umweltbelastend. Reste gehören in den Sondermüll.

Lasuren: verschiedene organische Lösemittel 40-50 Prozent oder überwiegend Wasser. Bindemittel in geringeren Mengen als in Lacken. Verwendet werden Kunstharze und Naturharze. Lasuren werden im wesentlichen auf Holz-, in geringem Umfang auch auf Putzflächen eingesetzt. Sie sind sehr dünnflüssig, dringen in den Untergrund ein und bilden nur eine geringe Schichtdicke. Die Oberfläche bleibt weitgehend diffusionsoffen. Struktur und Farbe des Grundes bleiben erhalten. Wasserhaltigen, mit Naturharzen hergestellten Lasuren wird aus Gründen des Gesundheitsschutzes der Vorrang gegeben.

Ölfarben: Altes Anstrichsystem, heute geringe Bedeutung. Lösemittel Testbenzin oder auch Gemische mit Wasser. Bindemittel Leinölfirnis. Verharzung (Filmbildung) durch Oxidation. Ohne Sauerstoff keine Erhärtung. Langsam trocknend, nur auf trockenem Untergrund verwenden, Putze müssen durchgehärtet sein.

Öllacke: Altes Anstrichsystem, heute überwiegend durch veränderte Herstellung und andere Bestandteile den Kunstharzlacken ähnlich (Ausnahme: Öllacke der Naturfarbenhersteller). Lösemittel ist Testbenzin. Bindemittel sind trocknende Öle, die mit Harzen verkocht wurden. Harze sind Dammar-, Kopal-, kolophonium- und Alkydharze. Erhärtung durch Oxidation, Verdunstung und Polymerisation.

Beizen: Lösemittel: Wasser oder Gemische mit Terpentin, Spiritus oder Salmiak. Keine Bindemittel. Pigmente auf der Basis von Erden, Teer, Pflanzen und Metallverbindungen. Beizen dienen nur der Färbung von Holzoberflächen, sie bilden keinen Film und bedürfen meist einer Schutzschicht aus Lasur oder Lack.

Leinölprodukte: Lösemittel bei Leinölfirnis sind Testbenzin, Balsamterpentinöl und Citrusterpene; bei Leinölemulsionen Wasser und organische Lösemittel bis max. 10 Prozent. Bindemittel sind Leinölfirnis bzw. reines Leinöl. Langsam trocknend, kein mechanischer Schutz, aber schützend gegen Pilz- und Insektenbefall. Biologisch abbaubar. Mehr Pflege- als Schutzmittel.

Wachse: Lösemittel sind Testbenzin, Terpentinöl, Leinöl, Spiritus. Wachse sind Pflanzenwachse, Bienenwachs, Paraffine. Einstellung als Weich- oder Hartwachse. Für innen geeigneter als für außen. Gesundheitsrelevanz wird vom Lösemittel bestimmt. Mehr Pflege- als Schutzmittel.

Sonstige Produkte zur Anstrichtechnik

Für alle Anstrichsysteme werden Produkte zur Untergrundvorbereitung, z.B. zur Verbesserung der Haftung oder zur Isolierung angeboten. Die Mittel enthalten meist die gleichen Bestandteile wie das gewählte Anstrichsystem, jedoch mit einem höheren Lösemittelanteil und Zusatzstoffen, die das Eindringvermögen erhöhen. Die Kombination von Vorbereitungsmitteln und Anstrichsystemen, die nicht der gleichen Produktgruppe angehören, führt zu Schäden beim Anstrich.

Haftgrundmittel: Die Zusammensetzung entspricht dem des gewählten Anstrichsystems. Geeignet für feste, nicht für stark saugende oder sandende mineralische Untergründe.

Tiefengrundierung: Zusammensetzung ähnlich wie vor. Wird bei stark saugendem, wenig festem mineralischem Untergrund eingesetzt.

Imprägnierung auf Silan- bzw. Siloxanbasis: Lösemittel sind Testbenzin, Alkohole usw. zwischen 60 und 90 Prozent. Bindemittel Silikon- und Siloxanharze, auch Acrylharze. Die Mittel dringen in mineralische Untergründe ein, imprägnieren oder verstopfen die Poren und machen so die Flächen wasserabweisend. Die Diffusionsfähigkeit bleibt erhalten. Aufgrund der Lösemittelverdunstung aus ökologischer Sicht sehr bedenklich.

Abbeizmittel: Sie dienen der Entfernung von Altanstrichen auf chemischem Wege. Ihre Zusammensetzung ist sehr unterschiedlich, je nachdem, welches Anstrichsystem gelöst werden soll. Man unterscheidet lösende Abbeizmittel, Abbeizfluide, Abbeizlaugen und Kombinationen der genannten Mittel. Alle Abbeizmittel können als umweltschädlich betrachtet werden. Besser ist es, Anstriche mechanisch durch Schleifen (Atemschutz, Staubabsaugung) zu entfernen. Abbrennen und Entfernung durch Heißluft vermeiden, da mit giftigen Dämpfen zu rechnen ist. Entfernte Anstriche sind in der Regel Sondermüll. (Abschnitt 7.4)

Empfehlungen für Anstricharbeiten

– Grundsätzlich sollten nur die Flächen oder Gegenstände beschichtet werden, die zwingend eines Schutzes bedürfen oder farblich verändert werden sollen.

– Die Produktgruppe wählen, die gerade noch das Schutzziel erreicht, z.B. Farbanstriche anstatt Lacke.

– Umweltschonende Produkte wählen ('Blauer Engel', Naturfarben).

– Gebrauchsanweisungen beachten, insbesondere die Gefahren- und Entsorgungshinweise.

– Lüften, lüften, lüften!

– Streichen und Rollen belastet die Raumluft weniger als Spritzen. Beim Spritzen Schutzmaske tragen.

– Hautkontakt mit den Anstrichmitteln meiden, bei Überkopfarbeiten Brille tragen.

– Menschen mit empfindlichen Atemwegen, Allergiker, Schwangere und Kinder sollten diese Arbeiten überhaupt nicht ausführen.

– Nicht rauchen. Keine alkoholischen Getränke und Medikamente, denn sie erhöhen die Wirkung von organischen Lösemitteln.

– Mit Verdünnern und Reinigungsmitteln sehr vorsichtig, am besten nur im Freien, umgehen, Folienboden schaffen.

– Alle Gebinde fest verschlossen halten.

– Farbreste jeder Art und gebrauchtes Arbeitsgerät bei den Sondermüllsammelstellen der Gemeinden abgeben. Auch Dispersionsfarbenreste dürfen nicht in die Kanalisation.

– Anstrich- und Anstrichhilfsmittel sicher vor Kindern verschließen.

– Lösemittelhaltige Anstrichmittel emittieren Schadstoffe häufig auch aus geschlossenen Gebinden. Darum Aufbewahrung möglichst nicht in der Nähe von Aufenthaltsräumen, sondern z.B. in einer gut belüfteten Garage. Dispersionen sind frostgefährdet.

Informationen: [57, 58, 59, 63, 65, 66, 67, 69]

Tapeten und ähnliche Beläge

Sie werden im allgemeinen nur zur Gestaltung von Wänden und Decken eingesetzt. Technische oder physikalische Anforderungen werden meist nicht gestellt. Häufig sind sie der ebene Untergrund für einen Anstrich (Rauhfaser). Tapeten sollen ein gleichmäßiges Aussehen haben, leicht verarbeitbar sein, auf dem Untergrund gut haften, mit möglichst einfachen Mitteln entfernt werden können, die Diffusionsfähigkeit von Wand oder Decke nur wenig einschränken, keine Schadstoffe an die Raumluft abgeben und problemlos entsorgt werden können.

Tapeten aus Papier

Papier aus Zellstoff und/oder Holzschliff mit Füllstoffen, Pigmenten und Zusatzstoffen, z.B. Formaldehyd als Konservierungsmittel. Die Papierherstellung benötigt große Wassermengen. Beim Recyclingpapier muß mind. 60 Prozent Altpapier eingesetzt werden. Schadstoffbestandteile des Altpapiers werden in großem Umfang in das Recyclingpapier überführt. Tapeten werden bedruckt, geprägt, beschichtet und kaschiert. Sie bieten damit eine ähnliche Gestaltungsvielfalt wie die Anstriche. Alle Tapeten werden mit Klebern, die auf das jeweilige Gewicht und die Saugfähigkeit von Tapeten und Untergrund ausgerichtet sind, geklebt.

Velourstapeten

Kunststoffflocken auf schwerem Papiergrund.

Kunststofftapeten

Z.B. Vinyltapeten aus PVC-Folie auf bedrucktem Papier oder Textilgewebe.

Kunststoffschaumtapeten

Schaum aus Polyurethan (PU) oder Polyvinylchlorid (PVC) mit und ohne Trägermaterial. Soll die Wärmedämmung verbessern. Die Wirkung ist jedoch sehr gering und lohnt die Kosten nicht. Darüber hinaus werden Dampfdiffusion und Wärmespeicherung behindert. In bautechnisch kritischen Situationen ist Schimmelbildung möglich.

Metalltapeten

Metallfolien, auf Papier kaschiert. Fast dampfdicht. Schimmelbildung unter der Tapete bei ungünstigen Bedingungen.

Glasfasertapeten

Glasfasergewebe, ein- oder mehrlagig. Nicht brennbar, wird in der Regel überstrichen. Strapazierbar.

Naturstofftapeten

Leder, Kork, Gras, Holz auf Trägermaterial aus Papier oder Textilgewebe kaschiert. Häufig werden Kunststoffe als Kleber oder Oberflächenschutz mitverarbeitet. Damit steigt der Gebrauchswert und sinkt die ökologische Qualität.

Textiltapeten

Stoffe aus Natur- und Kunststoffasern auf einer Trägerschicht aus Papier, Synthetikvlies, Styropor u.a.

Rauhfaser

Holzhaltiges Papier, das an der Oberfläche durch Zusätze von Holzfasern und Spänen strukturiert wird. Teilweise vorgestrichen, so daß ein deckender Anstrich genügt. Mehrmaliges überstreichen mit Dispersionsfarben verdichtet die Oberfläche so, daß die Dampfdiffusion behindert wird.

Makulatur

Flüssig oder in Bahnen zum Ausgleich von Unebenheiten, Farbwechseln und eventuell auch zur Trennung mineralischer Untergründe und farbempfindlichen Tapeten.

Kleber

– *Kleister aus Methylzellulose.* Gebräuchlichster Kleber für leichte und mittelschwere Tapeten. Chemisch neutral, schimmelbeständig durch Zusatz von Konservierungsstoffen, Kalkverträglich.

– *Spezialkleister.* Methylzellulose mit Zusätzen von Kunststoffdispersionen für schwere Tapeten

– *Dispersionskleber.* Wasser und geringe Mengen organische Lösungsmittel, Kunstharze, z.B. Polyvinylacetat, Acrylat, Polyurethan und Naturharze. Für schwere, dicke Tapeten, Gewebe, Folien usw. Biologisch abbaubare Sorten bevorzugen.

– *Lösemittelhaltige Kleber.* Lösemittel sind Testbenzin, Toluol, Xylol, Äthanol u.a.; Lösemittelanteil im Kleber bis 70 Prozent. Kleber sind Harnstoff-Melamin- und Phenolharze, Acrylate und Epoxidharze. Abspaltungen von Formaldehyd, Phenolen und Epichlorhydrin sind möglich. Lösemittelhaltige Kleber haben eine sehr gute Klebekraft. Sie sollten jedoch aus ökologischen Gründen nur verwendet werden, wenn die Tapeten wasserempfindlich sind, der Untergrund nicht saugt oder die Bahnen sehr dicht sind (Kunststoff-Metalltapeten). Im Regelfall reichen die Kleister oder ein Dispersionskleber.

Informationen: [58, 63, 73]

5.12 Holzschutzmittel

Holzschutzmittel gehören zu der kleinen Gruppe von Baustoffen, die in den siebziger und achtziger Jahren dafür gesorgt haben, daß die Gesundheitsrelevanz von Stoffen im Bau in die öffentliche Diskussion geriet. Neben Formaldehyd und Asbest sind gerade Holzschutzmittel besonders unbedacht, häufig auch von Laien verwendet worden. Sicher kann keinem Hersteller unterstellt werden, er hätte wissentlich eine Schädigung der Gesundheit der Anwender in Kauf genommen, aber die notwendige Sorgfalt hat bei der Herstellung, bei der Formulierung der Anwendungsbereiche und Einbringmengen sowie in der Werbung nicht immer gewaltet. Die Folgen sind Befindlichkeits- und Gesundheitsstörungen bei einer erheblichen Zahl von Betroffenen. Genannt werden folgende Krankheitssymptome: Herz-Rhythmusstörungen, Hautreizungen, Magen- und Darmstörungen, Muskelschwäche, Kopfschmerzen, Mattigkeit usw. Wegen der unspezifischen Symptome ist für die konsultierten Ärzte die eindeutige Zuordnung der Krankheitsbilder zu den Ursachen sehr erschwert, häufig unmöglich. Eine große Zahl der Betroffenen hat sich in der „Interessengemeinschaft der Holzschutzmittelgeschädigten e.V." (IHG) (38) zusammengeschlossen. Bei dieser Interessengemeinschaft sind Informationen über Produkte, deren Inhaltsstoffe, Hersteller, Krankheitsbilder, kundige Ärzte, Meßinstitutionen, Sanierungsmöglichkeiten, Rechtsmittel usw. sachkundig gesammelt worden. Sie werden jedem gegen eine geringe Gebühr zur Verfügung gestellt. Dort ist auch ein von O. Wassermann, Abteilung Toxikologie der Universität Kiel, entwickelter Fragebogen zur Klärung der Zusammenhänge von Holzschutzmitteln und Krankheitssymptomen zu beziehen.

Informationen: [33, 44, 65]

Das Grundproblem bei den Holzschutzmitteln liegt darin, daß sie Holz gegen Zerstörung durch Pilze und Insekten schützen sollen. Dazu müssen sie diese abtöten, also giftig sein. Ungiftige Holzschutzmittel hat es bisher nicht gegeben. Hoffnung macht eine neue Holzschutzphilosophie der Firma Masid in Dreieich. Sie setzt auf Tarnung anstatt auf Vergiftung. Das heißt, es werden Wirkstoffe eingesetzt, die verhindern, daß Insekten und Pilze erkennen, daß es sich um Holz handelt. Zur Zeit (Juni 1991) ist jedoch dieses Holzschutzmittel HM1 noch nicht genormt oder bauaufsichtlich zugelassen. Die Kunst bei der Rezeptur konventioneller Mittel besteht darin, Komponenten zu verwenden, die einige biologische Systeme, nämlich Pilze und Insekten töten ohne andere, z.B. den Menschen oder die Bienen, zu schädigen. Dazu laufen bei den Produzenten umfangreiche Versuchsreihen, die heute gegenüber dem Institut für Bautechnik und dem Bundesgesundheitsamt offengelegt werden müssen.

Die Versuchsprotokolle werden amtlich geprüft. Eigene Versuche bzw. Laboruntersuchungen werden von offizieller Seite nicht durchgeführt, man verläßt sich auf die Angaben der Hersteller. Die Situation bei den amtlich zugelassenen Mitteln hat sich zweifellos verbessert. Kritisch bleibt es bei den nicht zulassungspflichtigen 'Veredelungsmitteln' für Holzoberflächen, die in Baumärkten frei erhältlich sind und im wesentlichen von Laien verwendet werden. Dieser Bereich ist nach der Einführung des gemeinsamen europäischen Marktes 1993 noch unübersichtlicher geworden.

Leider bringt auch die neu überarbeitete DIN 68 800 Teil 3 'Vorbeugender chemischer Holzschutz' keine wesentliche Verbesserung. Die Einführung von Gefährdungsklassen und die bereichsweise Reduzierung der Einbringmengen werden in der Praxis kaum zu einer Verringerung der Gefährdung führen. Der Forderung nach Einschränkung der Anwendungsbereiche, Reduzierung der

Mengen oder der Möglichkeit, ganz auf chemische Holzschutzmittel zu verzichten, wurde im betreffenden Arbeitsausschuß des Deutschen Normeninstitutes (DIN) nicht gefolgt. Ein Umdenken der Regelsetzer ist in absehbarer Zeit nicht zu erwarten, und ein freiwilliges Räumen des profitablen Feldes der Holzschutz- und -veredelungsmittel durch die Hersteller ist sicherlich illusorisch. Das heißt: Planer, Bauherren und ausführende Firmen müssen sich selbst helfen und die zweifellos vorhandenen Möglichkeiten zur Einschränkung der Gesundheitsgefahren extensiv nutzen. Dazu gehören:

– Verzicht auf jede Form von chemischem Schutz bzw. Oberflächenbehandlung bei allen nicht tragenden Holzbauteilen im Inneren und bei den tragenden Bauteilen, deren Zustand beobachtet werden kann und/oder die teilweise belüftet sind. Gebäude werden heutzutage trockengeheizt. Der Befall mit Schädlingen ist stark zurückgegangen.

– Verbesserung des sogenannten konstruktiven Holzschutzes, der im wesentlichen darin besteht, Holz durch Abdecken trocken zu halten und für Belüftung zu sorgen.

– Überdimensionierung von bewitterten Holzbauteilen, die man dann ohne Schutz altern läßt und irgendwann erneuert.

– Verzicht auf ein überzogenes Ordnungs- und Sauberkeitsgehabe, das nach permanent schönem ordentlichen Aussehen verlangt. Damit eröffnet sich die Möglichkeit, auf periodische Wiederholungsbehandlungen zu verzichten.

– In Fällen, in denen eine Behandlung unumgänglich ist, sollte für den Holzschutz auf boraxhaltige Mittel zurückgegriffen werden. Sie sind für Mensch und Tier weniger gefährlich. Witterungsschutz (nicht Holzschutz) kann auch mit Produkten der Naturfarbenhersteller erzielt werden.

Holzschutzmittel werden in drei Gruppen eingeteilt:

– Salzhaltige Holzschutzmittel
– Steinkohlenteerölhaltige Holzschutzmittel
– Lösemittelhaltige Holzschutzmittel

Alle Mittel enthalten Gifte, z.B. Fungizide gegen Schimmel- und Bläuepilz und/oder Pestizide gegen Insekten.

Salzhaltige Holzschutzmittel:

Das sind Schutzstoffe mit wasserlöslichen Salzkristallen und anorganischen Wirkstoffen. Dazu gehören Arsen, Chrom, Fluor, Kupfer und Bor. Reine Borverbindungen sind für den Menschen in den hier verwendeten Konzentrationen relativ unbedenklich. Sie gasen nicht aus, können aber wie alle salzhaltigen Mittel ausgewaschen werden. Salzhaltige Holzschutzmittel werden in erster Linie professionell durch Tränkung und Kesseldruck verarbeitet.

Steinkohlenteerölhaltige Holzschutzmittel (Carbolineum):

Inhaltsstoffe sind: Gemische verschiedener Kohlenwasserstoffe, Anilin, Naphtalin, Phenole, Toluol, Xylol, Fluorverbindungen usw. Carbolineen stehen im Verdacht, krebserregend zu sein. Ihre Verwendung ist eingeschränkt:

- keine Anwendung in Gebäuden;
- Carbolineen dürfen nicht gespritzt oder gesprüht werden;
- keine Anwendung für Holz im Wasserbau;
- Verwendungsverbot für Holz, das in Kontakt mit Lebensmitteln kommen kann.

Darüber hinaus wird in Nordrhein-Westfalen seit 1984 empfohlen, Hölzer auf Kinderspielplätzen und in Sandkästen nicht mit Carbolineen zu behandeln.

Lösemittelhaltige Holzschutzmittel:

Sie bilden die größte der drei Gruppen. Folgende Wirkstoffe sind mit organischen Lösemitteln gebunden:

- Fungizide Wirkstoffe gegen Pilz- und Schimmelbefall, wie Pentachlorphenol (PCP), Tributylzinn-Oxid (TBTO), Tributylzinn-Benzoat (TBTB), Phenol-Quecksilberverbindungen, Arsenverbindungen u.a.;
- insektizide Wirkstoffe gegen Insektenbefall, wie Lindan, Äthylparathion, Endosulfan, Phoxim u.a.

Insbesondere die in jeder der beiden Gruppen zuerst genannten chemischen Verbindungen PCP und Lindan sind in eine sehr kritische Diskussion geraten. Ihre Toxizität wird noch durch die herstellungsbedingten technischen Verunreinigungen, zu denen auch die Ultragifte Dioxine und Furane gehören, erhöht. Beide chemische Substanzen sind nicht nur in Holzschutzmitteln enthalten, sondern überall dort, wo ähnliche Schutzwirkungen gewünscht werden. Dazu gehören der Pflanzenschutz im Gartenbau und der Schutz von Textilien, Pappen, Kunststoffen, Leder, Farben, Leimen, Hygieneartikeln, Kühlwassersystemen usw.

In den letzten Jahren wurden PCP und Lindan von einigen Herstellern durch andere Substanzen ersetzt, über deren Gesundheitsrisiko in der Öffentlichkeit kaum etwas bekannt ist. Lindan z.B. wird durch Permethrin ersetzt, dessen Toxizität als wesentlich geringer eingeschätzt wird. Da jedoch Giftwirkung erzielt werden soll, ist zu vermuten, daß die geringere Toxizität durch eine Erhöhung der Menge in der Lösung ausgeglichen wird. D.h., auch die neuen Mittel sind mit einer gehörigen Portion Skepsis zu betrachten.

Alle vom Institut für Bautechnik in Berlin geprüften Holzschutzmittel sind im Hinblick auf ihre Wirksamkeit gekennzeichnet. Dabei bedeuten:

P = wirksam gegen Pilze und Schimmel
Iv = vorbeugend gegen Insektenbefall
Ib = bekämpfend gegen Insektenbefall
S = geeignet zum Streichen, Spritzen, Sprühen und Tauchen von Bauholz
St = geeignet zum Streichen und Tauchen von Bauholz sowie zum Spritzen und Sprühen in stationären Anlagen

W = geeignet für Holz, das der Witterung ausgesetzt ist, jedoch nicht im Erd- und Wasserkontakt

E = geeignet für extreme Beanspruchung, auch im Erd- und Wasserkontakt

K_1 = geeignet für Hölzer, die mit Chromnickelstählen in Verbindung kommen (keine Lochkorrosion)

M = geeignet zur Bekämpfung von Schwamm im Mauerwerk

Klarheit über die Zusammensetzung eines Mittels ist nur aus den technischen Merkblättern der Hersteller zu gewinnen. Diese werden privaten Interessenten nur selten zugänglich gemacht. Der Weg über Firmen und Verbraucherverbände ist aussichtsreicher. Wer Auskünfte über ältere, bereits früher verarbeitete Präparate erhalten will, muß möglichst genau den Handelsnamen und das Jahr der Verwendung angeben.

Holzschutzmittel gasen im ersten Halbjahr zu ca. 50 Prozent aus, d.h. die Luftbelastung mit Schadstoffen ist zu Beginn extrem hoch. Fazit: Spät einziehen bzw. früh streichen und lüften, lüften. Die zweite Hälfte der Mittel kann jahrzehntelang ausgasen. Um chronische Belastungen zu vermeiden, sind häufig bautechnische Maßnahmen notwendig.

Sanierungsmaßnahmen

– Feststellen, ob überhaupt Holzschutzmittel verwendet wurden. Einen Architekten oder Sachverständigen hinzuziehen;

– Messungen in der Raumluft, im Hausstaub und/oder in einer Materialprobe vornehmen (Abschnitt 4.4);

– Ergebnisse fachkundig interpretieren lassen (Prüfinstitut, Architekt, Mediziner, Verbraucherverbände, Gesundheitsämter);

– auf die gewonnenen Erkenntnisse bezogen folgende Maßnahmen einleiten:

  – *Entfernen* aller kontaminierten Möbel, Matratzen, Gardinen, Teppiche, Tapeten sowie der behandelten Bauteile, soweit das bautechnisch möglich ist. Streng genommen müßten so entfernte Bauteile und Einrichtungsgegenstände auf eine Sondermülldeponie oder in eine Müllverbrennungsanlage gebracht werden.

  – *Chemisches Reinigen* von Kleidungsstücken, Wäsche usw., auslüften.

  – *Abhobeln* von Holzbauteilen. *Statik beachten.* Das Entfernen einer Schicht von 1 mm kann zu einer Reduzierung der Schadstoffmenge im Holz von bis zu einem Drittel führen. Besser ist es, 3-5 mm abzuhobeln, sofern der Restquerschnitt eine ausreichende Tragfähigkeit behält.

  – *Abdecken* durch eine Verkleidung aus dichtem Material, z.B. aluminiumkaschierten Gipskartonplatten. Dabei ist besonders sorgfältig an den Befestigungspunkten, den Plattenstößen und den Randfugen zu arbeiten. Dauerhaft dicht bleiben solche Verkleidungen jedoch nicht.

  – *Überstreichen* mit Alkydharzlacken, mindestens zwei Schichten. Je dicker die Anstrichschicht, desto höher ist die Schutzwirkung. Das Arbeiten des Holzes führt zu Fugen und Rissen, die die angestrebte Versiegelung wieder reduzieren. Außerdem reichert sich die Anstrichschicht mit Schadstoffen an und gibt diese nach einiger Zeit wieder an die Raumluft ab. So sind Nachbehandlungen erforderlich. Das Überstreichen ist die einfachste aber auch am wenigsten wirksame Lösung. Die Einbringung neuer Schadstoffe (Lösemittel) durch den Anstrich ist ebenfalls zu bedenken.

Ältere Fertighäuser und 'sanierte' Fachwerkhäuser in Holzbauweise können häufig von empfindlich gewordenen Benutzern nur noch endgültig verlassen werden. Manchmal hilft der Einbau einer Lüftungsanlage, die einen permanenten Luftaustausch garantiert. Zur Energieeinsparung müßte diese mit einer Wärmerückgewinnung gekoppelt werden.

In der Praxis wird häufig nur die Kombination der verschiedenen Methoden zu einem vertretbaren Ergebnis führen. Menschen, die in ihrer Gesundheit von Holzschutzmitteln beeinträchtigt sind, sollten die Sanierungsmaßnahmen niemals selbst durchführen.

Juristische Möglichkeiten

Bei Verdacht auf Schädigung durch Holzschutzmittel besteht die Möglichkeit, den eingetretenen Schaden über die Gerichte finanziell durch den Produzenten des Mittels ausgleichen zu lassen.

Aussicht auf Erfolg haben nur die Betroffenen, die eine Schädigung eindeutig nachweisen können. Die Ansprüche können nur in Zivilprozessen durchgesetzt werden. Sie beziehen sich auf den Ausgleich des materiellen Schadens (Sanierungskosten), den eventuell eingetretenen Verdienstausfall und möglicherweise Schmerzensgeld. Da der Streitwert und damit die Prozeßkosten meist hoch sind, ist das Prozeßrisiko vorher möglichst genau abzuschätzen. Auch die häufig jahrelange psychische Belastung sollte sorgfältig bedacht werden: Zur Vorbereitung eines Prozesses ist ein Beweissicherungsverfahren durchzuführen. Dieses muß sich beziehen auf:

- die bautechnischen Gegebenheiten, also Art und Handelsnamen des Mittels, Zeit und Umstände der Einbringung, Nutzung, Temperatur und Feuchte der Räume, Raumluftmessungen, Materialproben usw.;
- die medizinische Bewertung des Krankheitsbildes mit einer möglichst deutlichen Klärung des Zusammenhanges von Schädigung durch Holzschutzmittelbestandteile und Krankheitssymptomen. Dazu gehören ärztliche Atteste über den Gesundheitszustand vor der Schädigung.

Nur bei einer eindeutig erkennbaren Schuld der Herstellerfirma sollte ein Prozeß eingeleitet werden. Dazu sollte man sich einen Rechtsbeistand sichern, der auf diesem Gebiet bereits Erfahrung hat: Interessengemeinschaft der Hozschutzmittelgeschädigten (IHG) (38)

5.13 Versuch einer Positivliste

Empfehlungen auf Grund von Materialeigenschaften, ohne Berücksichtigung der spezifischen Bauaufgabe und Planungssituation

1 Rohbau
- Fundamente: Ziegel, Natursteine, Magerbeton
- Kellerwände: Ziegel, Kalksandsteine
- Außenwände: Lehm, Ziegel (auch porosiert) Kalksandsteine, Porenbetonsteine, Massivholz, Holzständerbau
- Innenwände: Wie vor. Außerdem Platten aus Naturgips, Holzwolleleichtbauplatten
- Außenputz: Mineralische Putze mit hydraulischem Kalk als Bindemittel
- Innenputz: Mineralische Putze mit Luftkalk als Bindemittel, Naturgipsputze
- Außenwandbekleidungen: Putze, Holzschalung, keramische Platten, Ziegelverblendung
- Fenster: Holz aus mitteleuropäischem Anbau, ungefärbtes Glas als Doppelscheiben
- Decken: Holzbalkendecken, Stahlsteindecken
- Treppen: Innen Holz, außen Naturstein
- Dachdichtung (Flachdach): Keine Empfehlung. Besser: geneigtes Dach
- Dacheindeckung (Steildach): Tondachpfannen, Holzschindeln, Stroh, Schilf

2 Ausbau
- Estrich: Keine Empfehlung. Ersatz durch z.B. Dielenboden auf Kanthölzern
- Oberböden: Dielen, Parkett, Linoleum, Kork, Teppich aus Naturfasern wie Sisal, Kokos, Wolle
- Innenwand und Deckenbekleidungen: Holz, Naturtextilien, keramische Platten, Natursteinplatten von Sedimentgesteinen
- Dämmstoffe: Kork, Schilfrohr, Kokosfasern, Holzwolleleichtbauplatten, Schaumglas, Zelluloseplatten- und -schüttungen, Blähton, geblähte Silikate als Schüttung
- Anstriche: Kalk-Silikat-Kasein-Leimanstriche. Dispersionen ohne organische Lösemittel mit Naturharzen, Naturwachse und -öle
- Holzschutzmittel: Boraxverbindungen (amtlich zugelassen), Holzessig (nicht zugelassen)
- Tapeten: Papiertapeten aus Recyclingpapier mit Leim- oder Normaldruck, Rauhfaser, Textil-, Gras-, Holz-, Kork-, Ledertapeten ohne Kunststoffzusätze oder Oberflächenbeschichtungen
- Kleber: Leime, Kleister, Dispersionen ohne organische Lösemittel

5.14 Baustoffwahl, Zusammenfassung

Ökologisches Bauen bedeutet in bezug auf die Baustoffwahl
- Verbrauch von *Zement* (Beton) reduzieren durch
    - Mauerwerk statt Betonwand;
    - Kalkmörtel statt Zementmörtel;
    - Hohlkörperdecken oder Holzbalkendecken statt Betondecken.
- Verbrauch von *Kunststoffen* einschränken durch
    - konventionelle Baustoffe ohne moderne 'Verbesserungen' verwenden;
    - Folien, Oberböden, Bindemittel aus Kunststoffen durch naturnahe Stoffe ersetzen;
    - Naturfarben und -lacke verwenden.
- Einsatz von *Bitumen*- und Teerprodukten auf zwingend notwendige Einzelfälle beschränken durch
    - Wahl weniger kritischer Materialien;
    - Entwicklung von Konstruktionen, die den Einsatz dieser Produkte überflüssig machen;
- Reduzierung von *Metallbauteilen* wegen ihres in der Regel hohen Primärenergiebedarfs und der Schadstoffemissionen in der Produktion durch
    - Wahl von Konstruktionen aus Massenbauteilen: Mauerwerk statt Stahlstützen, Holz- statt Aluminiumfenster, Ziegel- statt Zinkblechdach usw.
- Einschränkung der *Oberflächenbehandlungen* durch
    - konstruktiven Holzschutz im Außenbereich;
    - Rücknahme überzogener Komfort- und Sauberkeitsansprüche durch die Nutzer;
    - Verwendung von Naturprodukten;
    - Verzicht auf Oberflächenbehandlungen und Pflegemittel.

5.15 Materialerkennung durch Brennprobe

Im Bauwesen werden heute für das gleiche Bauteil sehr unterschiedliche Materialien eingesetzt. Nicht immer ist die Identifikation eindeutig. Das gilt insbesondere für die Bauteile, die auch und häufig aus Kunststoffen bestehen, z.B. Oberböden. Sei es, daß ein angeliefertes Material geprüft werden soll, oder einer Beanstandung nachgegangen werden muß, immer wird eine relativ schnell zu vollziehende Überprüfung gefordert sein. Die Brennprobe ist dafür eine geeignete Methode.

Probenahme: Beim Neubau Muster geben lassen, oder der Lieferung entnehmen. Im Gebäudebestand an unauffälliger Stelle, z.B. unter Türschwellen, Fußleisten oder Einbauschränken Probe entnehmen. Größe ca. 5 auf 10 mm. Zusammengesetzte Materialien mechanisch trennen. Bei größerer Probenzahl in beschrifteten Papiertüten sammeln. *Eine* Probe ist keine Probe, also immer alle Proben doppelt nehmen und prüfen. Alle Prüfergebnisse tabellarisch dokumentieren.

Sicherheitsregeln: Die Reaktion der Stoffe beim Brenntest ist nicht bekannt, darum größte Vorsicht.
- Schutzkleidung, Brille und Handschuhe tragen;
- Im Freien oder unter einem Laborabzug arbeiten;
- nur kleine Proben verwenden (Millimeterbereich);
- Dämpfe und Rauchgase nicht einatmen;
- brennbare Gegenstände in der Nähe des Arbeitsplatzes entfernen;
- Vorsicht beim Umgang mit Gasbehältern;
- Brennprobe nicht in die Flamme tropfen lassen.

Durchführung: Man benötigt eine relativ sauber brennende Flamme. In Frage kommen Laborgasbrenner, Campingkocher, Gasherd oder eine Spiritusflamme. Feuerzeug oder eine gut brennende Kerze sind höchstens Notbehelfe. Flamme möglichst farblos einstellen. Probestück mit Laborklemme, hölzerner Wäscheklammer, Pinzette, Schere oder Zange seitlich in die Flammenspitze halten. Langsam und vorsichtig erhitzen. Beim Entflammen Probe aus der Flamme nehmen. Die Entwicklung beobachten, dokumentieren und mit den in der Tabelle genannten Phänomen vergleichen. Test wiederholen. Reststoffe wie Aschen und Schlacken für Kinder unzugänglich ordnungsgemäß entsorgen.

Tabelle 31 *Materialerkennung durch Brennprobe*

Nr.	Werkstoff	Brennbarkeit/ Brennverhalten	Geruch	Reaktion der Rauch- gase/Sonstiges
1	*Naturhaare* (tierischer Herkunft, z.B. Wolle)	Normal entflammbar, brennt langsam, Flamme flackernd, Farbe gelb, Rauch weiß, Schlacke schwarz	Nach verbrannten Haaren	Schwach sauer, die der Schlacke schwach alkalisch
2	*Naturhaare* (pflanzlicher Herkunft, z.B. Zellulose, Sisal, Kokos usw.)	Leicht entflammbar, brennt schnell, gerin- ge Rauchentwick- lung, Farbe der Flam- me gelb-orange, der Asche schwarz-grau	Nach verbranntem Papier	Neutral bis sauer, die der Asche gering alkalisch
3	*Naturfasern* (pflanzlicher Herkunft, z.B. Baumwolle)	Schwer entflammbar, brennt langsam, Farbe der Flamme orange-gelb, der Asche schwarz	Nach verbranntem Papier	–
4	*Gummi* (auch Ge- mische mit Kunstkaut- schuk)	Thermoplastisch, nor- mal entflammbar, Far- be der Flamme leuch- tend gelb bis braun- orange, manchmal blaugesäumt, stark rußende Flamme	Typischer Geruch nach verbranntem Gummi	Schwach sauer, Verkohlung beim Brennen
5	*Kunstkautschuk* (Buna, Thio- plaste, Poly- butadien)	Thermoplastisch, normal entflammbar, brennt weiter, Flam- me leuchtend gelb, Schlacke schwarz, blakende Verkohlung, stark rußend	Stinkend schwefelig, stechend, typischer Gummigeruch	Sauer
6	*Silicone*	Glimmbrand, weißer Rauch und weiße Asche	Mild, uncharakteri- stisch	–
7	*Halogene* wie PCP und Lindan in Holz- schutzmitteln	Holzprobe im Kupfer- rohr entzünden, Farbe der Flamme grün	Verbranntes Holz, Halogene geben keinen typischen Geruch ab	Beilsteintest verwen- den. Ergebnis gibt nur den Hinweis, daß Halogene verwendet wurden, sie sagen nichts über die Menge. Mehrere Proben nehmen

Nr.	Werkstoff	Brennbarkeit/ Brennverhalten	Geruch	Reaktion der Rauch- gase/Sonstiges
8	*Aminopiaste* (Melamin- u. Harnstoffharze)	Duroplastisch. Schwer entflammbar, verlöscht ohne Flam- menzufuhr, Farbe der Flamme hellgelb mit grünblauem Saum	Fischgeruch, Ammo- niak, bei starker Hitze nach Formal- dehyd	Alkalisch, Rückstän- de verkohlen
9	*Acryldispersion* (Dichtstoff)	Normal entflammbar, kleine gelbe Flamme	Leicht süßlich	–
10	*Polyacryl*	Schmilzt zusammen, brennt dann schnell, knisternd, Flamme leuchtend hellgelb, Flamme rußt. Rück- stände sind schwarz- braun	Schwach fruchtig	Schlacke ist blasig
11	*Polyamid*	Schmilzt zusammen, brennt schwer, tropft ab, Farbe der Flamme bläulich mit gelbem Rand	Nach verbranntem Horn	Alkalisch
12	*Polyethylen*	Schmilzt zusammen, tropft ab und brennt weiter, Flamme hell leuchtend mit bläulichem Kern	Nach Paraffin und Wachs (gelöschte Kerze), fruchtiger Beigeruch	Neutral
13	*Polyester*	Schmilzt zusammen, schwer entzündbar, Farbe der Flamme gelb, rußend, Verkohlung beim Brennen, Schlacke ist braun	Süßlich, blumig (Stadtgas)	Neutral
14	*Polystyrol* (Styropor, Fo- lien, Preßteile)	Schmilzt zusammen, normal entflammbar, brennt weiter, Flamme flackert, rußend, Farbe der Flamme leuchtend gelb, der Rückstände gelb bis schwarz	Süßlich, teilweise nach Zimt (Leuchtgas)	Neutral
15	*Polyurethan*	Schmilzt, dabei trop- fend, schwer entzündbar, brennt erst nach erheblicher Energiezu- fuhr weiter, verkohlt, Farbe der Flamme hell leuchtend, rußend	Süßlich (Bittermandel), stechend unangenehm bis zum Hustenreiz	Alkalisch

Nr.	Werkstoff	Brennbarkeit/ Brennverhalten	Geruch	Reaktion der Rauch- gase/Sonstiges
16	*Polyvinylchlorid PVC*	Schwer entflammbar, verlöscht außerhalb der Flamme, brennt in der Flamme sprü- hend mit gelber und grünbesäumter Far- be. Rauch weißlich, Asche schwarz	Nach Salzsäure, stechend. Bei PVC(w) häufig mild fruchtig wegen Weichmachergehalt	Sauer

5.16 Prozeßketten der Materialherstellung

50 – 53

Für die Baustoffwahl ist die Vermeidung von Stoffen, die aus umweltbelasten- den Produktionsprozessen stammen, ein wichtiges Entscheidungskriterium. Auch wenn die Emission bei der Herstellung von Gütern durch das Bundes- immissionsschutzgesetz begrenzt wurde, müssen die ausgefilterten und auf- gefangenen Schadstoffe entsorgt werden. Facharbeiter in den Fabriken wer- den nach wie vor gesundheitlich belastet, auch wenn die neueren Arbeits- schutzregelungen erhebliche Verbesserungen gebracht haben. Die verläßliche Einschätzung der Umweltrelevanz eines Produktionsprozesses ist nur Fach- leuten möglich. Aber einen Hinweis erhält man dadurch, daß man sich die Prozeßkette eines Stoffes ansieht. Wenige, einfache Prozeßschritte weisen auf geringen Ressourcenverbrauch, geringe Schadstoffentwicklung und niedrige Kosten hin. Umfangreiche Herstellungsverfahren bedeuten in der Regel kom- plizierte Abhängigkeiten, deren Steuerung unter Umweltgesichtspunkten nicht optimal erfolgen kann. Häufig gehen damit ein erheblicher Ressourcenver- brauch und ein Reststoffbeseitigungsproblem einher. Beispielhaft werden hier vier Herstellungsverfahren von Baustoffen gezeigt, deren Umfang und Kom- plexität die ganze Bandbreite der Möglichkeiten aufzeigen. [75]

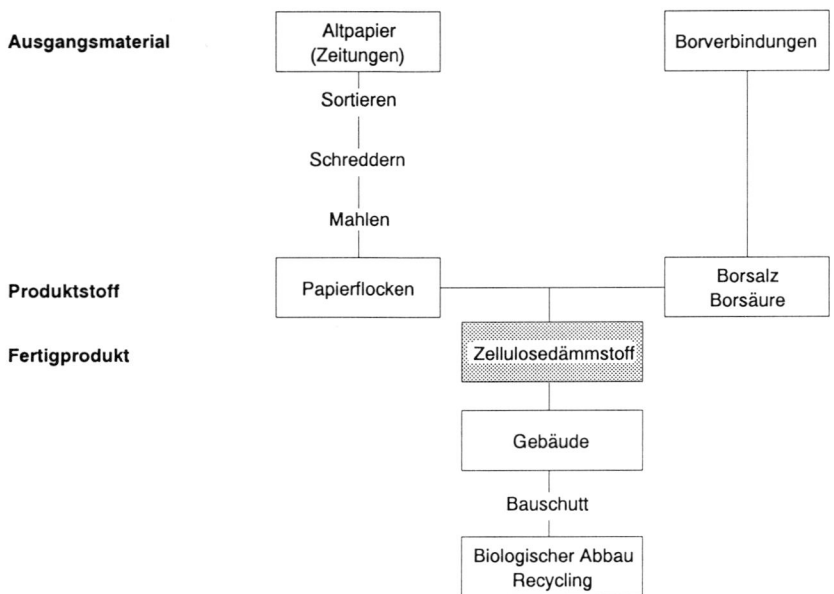

Bild 50 Beispiel 1: Zellulosedämmstoff (einfache Prozeßkette)

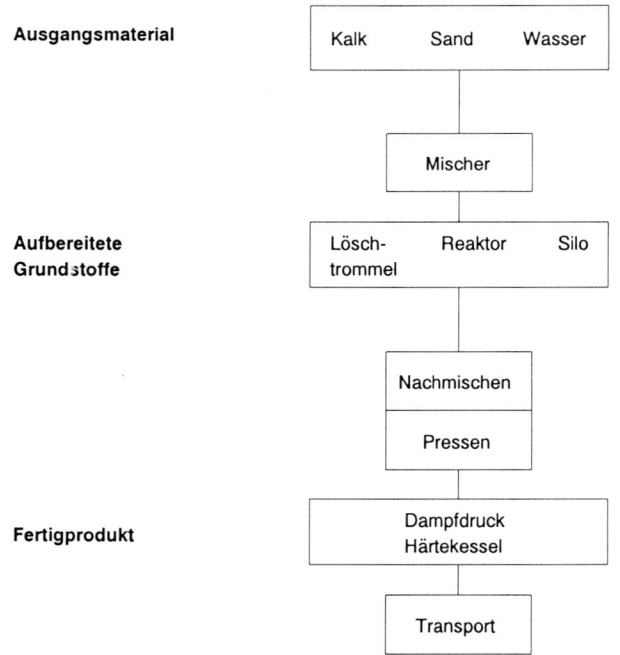

Bild 51 Beispiel 2: Kalksandstein (Prozeßkette eines mineralischen Baustoffes)

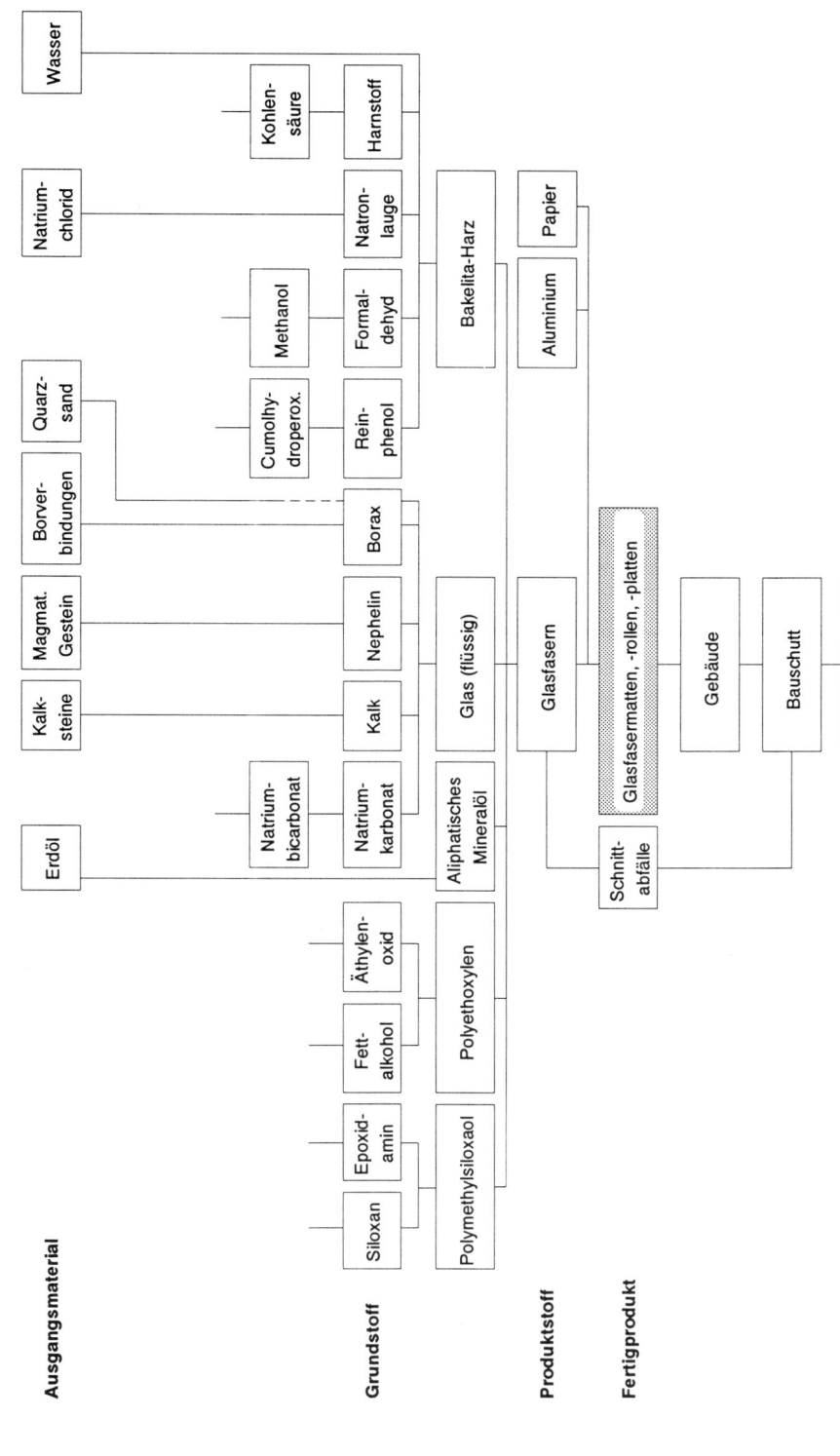

Ausgangsmaterial

Grundstoff

Produktstoff

Fertigprodukt

Bild 52 Beispiel 3: Glaswolle (mittlere Prozeßkette) [75]

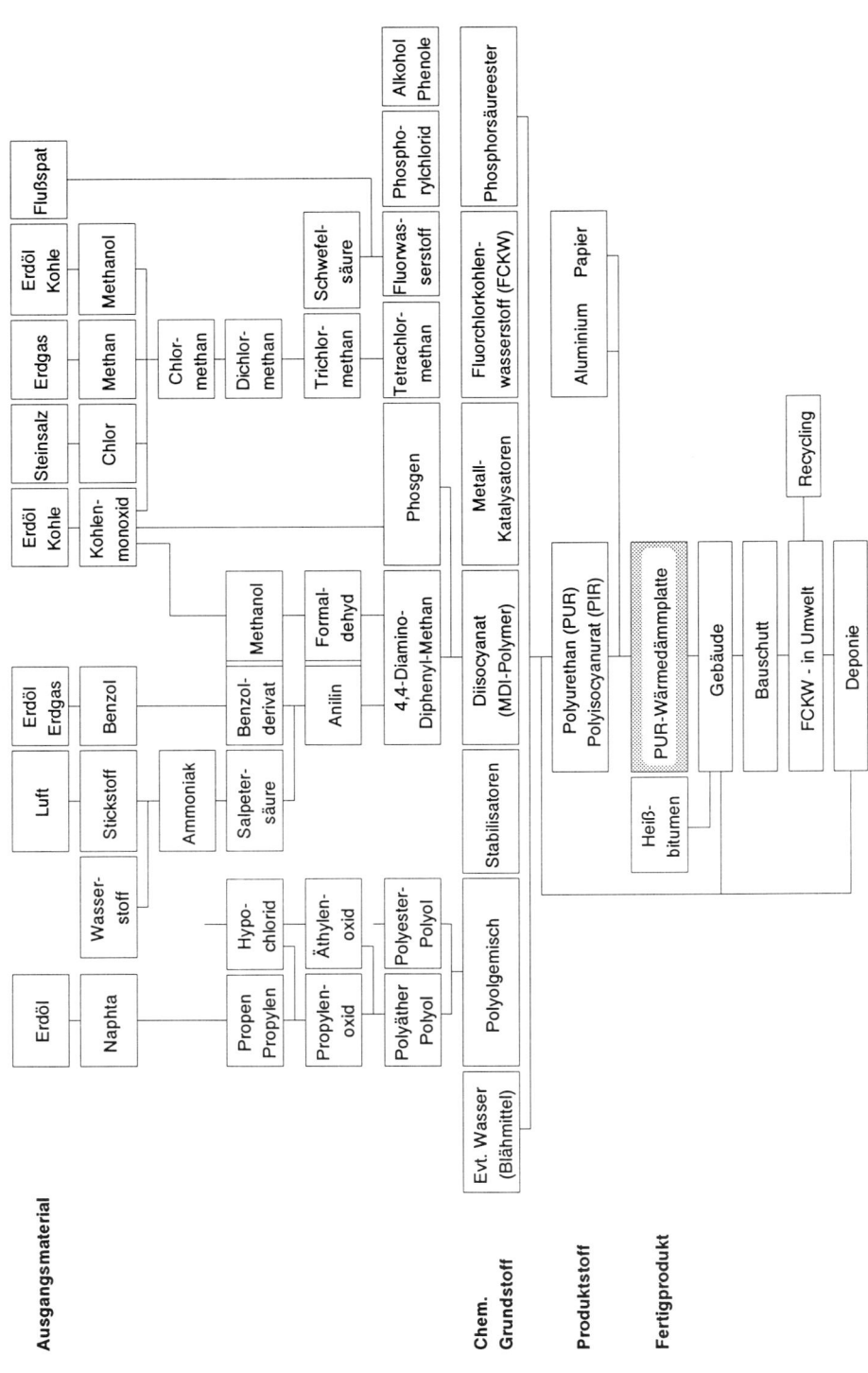

Ausgangsmaterial

Chem. Grundstoff

Produktstoff

Fertigprodukt

Bild 53 Beispiel 4: Polyurethandämmstoff (umfangreiche Prozeßkette) [75]

6 Baudurchführung

6.1 Ausschreibung, Vergabe

Die Entscheidungen zur Konstruktion und Materialwahl fallen in der Planungsphase. Es wäre falsch, damit bis in die Ausschreibungs- und Vergabephase zu warten. Denn Alternativpositionen verführen dazu, die Entscheidungen zur Qualität unter Kostengesichtspunkten zu treffen.

Zur Umsetzung ökologischer Planungsvorstellungen ist es erforderlich, die üblichen Inhalte von Leistungspositionen zu erweitern. Dazu gehören:

- In den Vorbemerkungen ist auf die ökologischen Ziele mit Nachdruck hinzuweisen.
- Den Firmen sollte die Hilfe des Planers angeboten werden, die richtigen Materiallieferanten zu ermitteln.
- Der ökologische Aspekt einer Teilleistung muß eindeutig definiert sein, damit Angstzuschläge in der Kalkulation vermieden werden.
- An geeigneter Stelle muß in der Ausschreibung den Anbietern deutlich gemacht werden, daß die Einhaltung umweltfreundlicher Forderungen am Material vor dessen Einbau durch den Bauleiter geprüft wird.

Im Auftrag sind die wichtigsten Entscheidungen und Besonderheiten noch einmal zu nennen. Dazu gehören auch die Konsequenzen, die sich aus der Nichteinhaltung zwingender Festlegungen ergeben. Vor dem Beginn der Arbeiten auf der Baustelle sollte mit den Handwerkern ein Gespräch geführt werden, in dem die Ziele von Planer und Bauherr ausführlich erläutert werden. Nur wenn die Handwerker das 'Warum' verstanden haben, besteht die Chance einer sachgerechten Realisierung.

6.2 Kontrollmaßnahmen

Materialkontrollen auf der Baustelle sollten überraschend eingeleitet, dann jedoch sehr offen durchgeführt werden, um anderen Firmen die Entschlossenheit zur Durchsetzung ökologischer Planungsziele zu demonstrieren. Zur Kontrolle sind folgende Möglichkeiten gegeben:

- Lieferscheine vorlegen lassen;
- Herkunftsbescheinigungen bzw. Zulassungszertifikate fordern;
- bei großen Materialmengen und zusammengesetzten Bauteilen, z.B. von Fertigteil- oder Fertighausproduzenten, lohnt sich häufig ein Besuch im Werk;

- viele Qualitäten lassen sich anhand von Kennzeichnungen auf dem Material, z.B. E 1-Aufdruck auf Spanplatten oder Aufdrucken auf Verpackungen, ermitteln;
- mindestens zwei Materialproben entnehmen, eindeutig beschriften und datieren;
- Materialproben werden von Materialprüfungsämtern, Hochschulinstituten und privaten Forschungsinstituten geprüft. Siehe auch Arbeitsgemeinschaft Ökologischer Forschungsinstitute e.V. (14)
- Kunststoffe können einer ersten Prüfung durch eine Brennprobe unterzogen werden (Abschnitt 5.15). Handwerkskammern helfen zuweilen mit Fachleuten, chemische Untersuchungsämter führen Laboruntersuchungen durch;
- die radioaktive Strahlung von Steinen, Fliesen oder anderen Materialien ist mit dem Geigerzähler zu messen, die Radonabgabe jedoch nicht;
- bei der Probennahme an bereits eingebauten Materialien sollte die verantwortliche Firma beteiligt werden, ein Protokoll angefertigt und von beiden Parteien gegengezeichnet werden. Damit wird die Durchsetzung berechtigter Forderungen später sehr erleichtert. Ein formales Beweissicherungsverfahren kommt nur bei Maßnahmen in Frage, die durch weitere Baumaßnahmen verdeckt werden oder von erheblicher Bedeutung sind.

6.3 Baustellenbetrieb

Ökologische Prinzipien werden bei der Baudurchführung im wesentlichen durch Rücksichtnahme auf die natürlichen Gegebenheiten des Grundstücks und seiner Umgebung deutlich. Ein schonender Bauablauf stellt sich nicht von selbst ein, er muß vom Architekten und den beteiligten Firmen geplant werden. Dabei sollten folgende Belange berücksichtigt werden:
- Schonung der vorhandenen Vegetation und Biotope;
- Beachtung der Baumschutzsatzungen der Gemeinden;
- Kanaltrassen, Energieleitungen, Schächte und PKW-Stellflächen müssen außerhalb des Kronenbereichs großer Bäume liegen;
- Wurzelzonen dürfen nicht befahren und nicht als Lagerflächen für Baustoffe genutzt werden;
- diese Flächen dürfen nicht abgegraben und nicht aufgeschüttet werden;
- der Schwenkbereich von Kränen darf nicht in die Baumkronen reichen;
- ortsfeste Bauzäune außerhalb des Kronenbereiches der Bäume anordnen;
- Hecken möglichst erst nach dem Verlassen der Jungvögel (Anfang Juli) roden.
- Mutterboden schonend abtragen und in Mieten lagenweise mit Kalkzugabe aufsetzen, eventuell Oberflächen einsäen, Strauchwerk häckseln und unter den Boden mischen;
- Baustellenverkehr durch Optimierung von Materiallieferung und Materiallagerung minimieren;

- schallarme Verfahren wählen, z.B. Bohren anstatt Rammen, schallgedämmte Maschinen einsetzen. Detaillierte Hinweise sind der *Veröffentlichung Berücksichtigung von Umwelteinflüssen bei der Auswahl von Bauverfahren,* zu entnehmen [79];
- verantwortlich mit Bauhilfsstoffen (Öle, Benzin, Diesel, Schalöl, Bitumen, Betonzusatzmittel) umgehen;
- Reststoffe aller Art sind geordnet zu entsorgen. Zur getrennten Sammlung sollten Container für anorganische Massenstoffe, wie Steine, Mörtel und Beton, für Holz, für Metall und für Kunststoffe, durch die Bauleitung bereitgestellt werden. Die Kosten dafür können auf die Firmen anteilig umgelegt werden (Abschnitt 1.4).

Bild 54 Einrichtung und Nutzung nach ökologischen Gesichtspunkten. Historischer Kachelgrundofen, sichtbare Holzdachdeckenkonstruktion, Holzboden aus Schmaldielen (5 cm), Wollteppich, Kalksandsteinmauerwerk weiß geschlämmt

7 Umweltschonende Nutzung

Bemühungen der Planer, umweltgerecht zu bauen, können durch eine falsche Nutzung sehr leicht zunichte gemacht werden. Dämm-Maßnahmen der Außenwand sind weitgehend unwirksam, wenn Kippfenster auf Dauerlüftung gestellt werden. Der Einbau eines Linoleumbodens ist sinnlos, wenn mit aggressiven Mitteln gereinigt und umweltbelastenden Produkten gebohnert wird. Darum sollten die Architekten in Absprache mit den Bauherren grundsätzlich einen 'Nutzungspaß' für jedes Gebäude erstellen und dem direkten Nutzer, z.B. dem Mieter oder der Verwaltung, erläutern. Dieser Nutzungspaß sollte auf Besonderheiten der Konstruktion, des Ausbaues und der Gebäudetechnik hinweisen, deren Funktionsgrenzen beschreiben und Hinweise auf Pflege und Ersatz geben.

Die Ziele einer umweltschonenden Nutzung sind:

– eine Langzeitnutzung aller Bauteile ohne aufwendige Pflege- und Reparaturmaßnahmen;
– der Einsatz umweltschonender und giftarmer Reinigungs- und Pflegemittel;
– die Vermeidung der Nutzung und Lagerung umweltbelastender Produkte in Gebäuden ohne besondere Sicherheitsmaßnahmen.

7.1 Funktionsgerechter Gebrauch

Gebäude und ihre Teile können nur dann die ihnen material- und konstruktionseigene Nutzungszeit erreichen, wenn sie entsprechend genutzt werden. Wird etwa mehr Feuchtigkeit in einem Naßraum produziert, als durch Lüftung und hygroskopische Vorgänge der Wände abgeführt werden kann, entstehen Feuchteschäden. Wird ein Weichholzdielenboden mit einer Wachsbehandlung der Oberfläche ständig mit nicht gereinigten Straßenschuhen begangen, muß er nach zehn Jahren erneuert werden. Ein Wollteppichboden ist für stark frequentierte Flächen ungeeignet. Werden Beschläge von Fenstern und Türen mittlerer Qualität einer überproportionalen Betätigung ausgesetzt, sind sie schnell verschlissen.

7.2 Langzeitpflege, Ersatzmaßnahmen

Die Erhaltungsmaßnahmen an Gebäuden können nicht standardisiert werden, sondern müssen sich an den spezifischen baulichen Gegebenheiten und der Nutzung orientieren.

Wurden funktionsgerechte Materialien eingebaut, dann können die Erhaltungs-maßnahmen in der Regel minimiert werden. In jedem Einzelfall ist neu zu entscheiden, ob eine Maßnahme wirklich aus Gründen der Funktion oder der Verlängerung der Nutzungszeit erforderlich ist, oder ob ein Mangel für eine begrenzte Zeit hingenommen werden kann. Ästhetische Gesichtspunkte und übertriebener Ordnungssinn sind dann keine ausreichenden Gründe für Pflege- und Ersatzmaßnahmen, wenn damit ökologisch nicht vertretbare Folgen verbunden sind.

Die Prinzipien, die bei der Errichtung eines Gebäudes gegolten haben, müssen auch in der Nutzung beachtet werden, wenn positive Eigenschaften erhalten bleiben sollen.

7.3 Langlebige Bauteile und Baustoffe

Die Lebenserwartung eines Teils wird von der Qualität des Materials und der materialgerechten Fügetechnik bestimmt. Die handwerkliche Sorgfalt ist oft entscheidend, wenn eine lange Nutzungszeit angestrebt wird. Aber auch die Materialwahl selbst ist von Bedeutung.

In der Folge werden einige Baustoffe und Bauteile genannt, die in der jeweiligen Bauteilgruppe lange Nutzungszeiten ermöglichen.

Wandbaustoffe:	Ziegel, Kalksandsteine
Dachdeckungen:	Dachziegel, Betonpfannen
Dachdichtungen:	Bitumendachbahnen mit mindestes 6 cm Kiesauflage oder Dachbegrünung und 1-2 Prozent Gefälle
Außenbekleidungen:	Ziegelverblendungen, zweilagiger Kalkzementputz
Fenster:	Holz, Aluminium
Böden:	Verbundestriche, Parkett, Linoleum, keramische Platten, Synthese-Gummi, Natursteinplatten
Hölzer:	Eiche, Buche, Esche, Lärche
Metalle:	Gußeisen, Kupfer
Technische Einbauten:	Je einfacher die Konstruktion, desto länger die Nutzungszeit

7.4 Umweltfreundliche Reinigungs- und Pflegemittel

Das Motto muß auch hier lauten: Weniger ist mehr. Der – von der Werbung geförderte – Sauberkeitswahn in manchen Haushalten muß teuer bezahlt werden; er trägt ganz wesentlich zum Schadstoffgehalt der Innenraumluft und der Abwässer bei. Die Mittel werden großflächig verwendet, und sie diffundieren bei der Lagerung aus ihren Behältern. Es sind immer Lösemittel beteiligt, die in der Regel die Ursache für die negative biologische Bewertung von Reinigungs- und Pflegemitteln sind. Häufig sind mechanische Techniken wirkungsvoller und umweltverträglicher als der Einsatz chemischer Produkte. Die

Tabelle 32 *Reinigungsverfahren*

Bauteil	Reinigung
Ziegelverblendung, Putz	Dampfstrahl, Heißwasser, Sandstrahlen (Vorsicht: Staub)
Fenster Türen, Glas	Schmierseife, Sodawasser. Essigwasser, verdünnter Alkohol
Metalle	Sodawasser, Schmierseife, Holzasche
Abflüsse	Spirale, Saugglocke, Wasserdruckstrahl
Sanitäreinbauten	Schmierseife, Milchsäureprodukte, (Molke)
Lackierte Flächen	Abschleifen (Vorsicht: Staub), Heißluftpistole (Vorsicht: Dämpfe). Soda- bzw. Salmiaklösungen eventuelle in Verbindung mit Stärke und Feinstsand als Paste. Abziehklinge, Drahtbürste
Fußböden	Schmierseife und Heißwasser eventuell mit einem Schuß Essig oder Salmiak. Staubsaugen nur mit Feinstfiltern

Tabelle 33 *Fleckenentfernung für Wollteppichböden*

Fleckenart	Entfernungsmittel	Behandlung
– Bier	lauwarmes Wasser, mit Wollwaschmittel	vorsichtig bürsten, örtlich betupfen
– Blut	kaltes Wasser	leicht abreiben
– Milch	lauwarmes Wasser, mit Wollwaschmittel	leicht betupfen oder leicht einmassieren
– Eiweiß, Eigelb	lauwarmes Wasser, mit Wollwaschmittel	Rest vorsichtig entfernen, örtlich betupfen
– Fett	lauwarmes Wasser, mit Wollwaschmittel	leicht abreiben oder abtupfen
– Kaffee Kakao	warmes Wasser, evtl. mit Wollwaschmittel	leicht betupfen
– Kugelschreiber, Kopierstift	Wundalkohol oder 10 %ige Zitronenlösung	mit Wattebausch betupfen
– Likör	warmes Wasser, mit Wollwaschmittel	leicht abtupfen
– Limonade	warmes Wasser, evtl. mit Wollwaschmittel	mit weichem Tuch betupfen bzw. leicht abreiben
– Obst	lauwarme Wollwaschmittellösung	leicht abtupfen oder abreiben
– Kerzenwachs	Löschblatt, Bügeleisen	in Löschpapier einbügeln
– Rotwein	1. Salz; 2. 10 %ige Zitronenlösung	mit Salz vorbehandeln, mit Zitronenlösung hauptbehandeln
– Urin	lauwarmes Wollwaschmittel, Essigwasser kalt	leicht einreiben mit Wollwaschmittellösung, mit Essigwasser nachbehandeln

Wichtig: Bei Anwendung von Zitronenlösung die Farbbeständigkeit vorher vorsichtig an unsichtbarer Stelle prüfen. Bei Juterücken wenig Wasser verwenden

Hersteller von Naturfarben bieten auch eine große Palette von umweltverträglichen Pflegemitteln an. Das sind im wesentlichen Bienenwachs- und Naturölpräparate für Türen, Böden und Möbel aus Holz.
Informationen: [80, 81]

7.5 Heizen mit Holz

Das Heizen mit festen Brennstoffen in Einzelöfen gehört bei uns eigentlich der Vergangenheit an. Aber offene Kamine, skandinavische Kaminöfen und Kachelöfen erfreuen sich, häufig als Zusatzheizungen nur sporadisch eingesetzt, steigender Beliebtheit. Holz ist dafür ein besonders geeignetes Brennmaterial.

Allerdings hat die stimmungsvolle Vorderseite eines offenen Feuers auch eine rußende Rückseite, die sich nicht selten in der Nachbarschaft unangenehm bemerkbar macht. Der Grund dafür ist immer eine unvollständige Verbrennung. Entweder wird feuchtes Holz verwendet, oder die Sauerstoffzufuhr zum Feuer ist unzureichend.

Holz als Brennstoff

Ein Raummeter trockenen Laubholzes (450 kg) hat eine Heizenergie von 2.100 Kwh. Das entspricht einem Heizwert von 210 l Heizöl oder 262 Kg Steinkohlenkoks. Holz ist trocken, wenn es einen Wassergehalt von 20-25 Prozent hat. Das erreichen die folgenden Holzsorten, wenn sie trocken lagern:

Holzart	Trockenlagerung
Eiche	= 30 Monate
Esche, Buche, Obstbäume	= 24 Monate
Birke, Lärche, Kiefer, Linde, Fichte	= 18 Monate
Pappel, Tanne	= 12 Monate

Bei der Verbrennung von nassem Holz wird bis zur Hälfte der Brennenergie zur Verdampfung des Wassers benötigt und geht somit als Heizenergie verloren. Außerdem wird die Verbrennungstemperatur herabgesetzt, womit der Ruß- und Teerbildung Vorschub geleistet wird. Darüber hinaus werden mehr Schadgase im Rauch produziert; dazu gehören Kohlenmonoxid, Formaldehyd, Phenole, Methanole und andere Kohlenwasserstoffe. Gestrichenes, getränktes oder beschichtetes Holz darf nicht verbrannt werden. Das gilt auch für Sperrholz und Spanplatten. Brennbarer Müll gehört nicht in den Ofen.

Richtig heizen

In der Anheizphase entstehen im Rauchgas besonders viele schädliche Substanzen; darum mit trockenem Kleinholz und Sauerstoffüberschuß anheizen.

Durch kontinuierliches Nachlegen größerer Stücke schnell eine hohe Verbrennungstemperatur anstreben. Eine Drosselung der Luftzufuhr darf erst erfolgen, wenn das Brenngut im wesentlichen verbrannt ist, denn Schwelbrände nutzen die Energie nicht zum Heizen, sondern treiben die vergasten Holzbestandteile zum Schornstein hinaus und belasten die Umwelt.

Der Kachelgrundofen darf nicht plötzlich hochgeheizt werden. Das Schamottematerial seines Ausbaues unterliegt einer erheblichen Wärmedehnung. Sie darf nur langsam erfolgen, sonst sind Risse und eine allmähliche Zermürbung des Ofens die Folge. Insofern eignet sich der Kachelgrundofen nicht für eine gelegentliche Benutzung, sondern sollte kontinuierlich durchgeheizt werden. Dazu werden Braunkohlenbriketts als Heizmaterial eingesetzt. Aber auch dieses Brennmaterial benötigt für die schadstoffarme Verbrennung ausreichend Sauerstoff. Die Ofenklappe darf also erst geschlossen werden, wenn die Briketts durchgeglüht sind.

Schlußwort

Wenn man die Inhalte dieses Buches Revue passieren läßt, von der Ökologie über die Gebäudeplanung, die Realisierung bis zur Nutzung, wird ein sehr breites Feld von Aktivitäten angesprochen. Damit ein solches Werk überschaubar bleibt, können notwendigerweise nicht alle Einzelaspekte ausführlich behandelt werden. Um den Charakter des Handbuches zu erhalten, sind viele Sachverhalte in Kurzform oder tabellarisch abgehandelt worden. Das mögen manche Leserinnen und Leser in einem Teilbereich nicht für ausreichend halten. Für diesen Fall bitte ich die umfangreichen Literaturhinweise zu benützen und mit Spezialpublikationen Themen zu vertiefen. Ich freue mich über Anregungen, die zu einer Weiterentwicklung meines Buches führen.

Aachen, im Frühjahr 1994 *Arwed Tomm*

Abkürzungen

ABS	Acrylnitril-Butadien-Styrol
ADI-Wert	Acceptable Daily Intake (Duldbare tägliche Aufnahme) ist die Dosis einer Chemikalie, die nach dem gegenwärtigen Stand des Wissens, auch bei täglicher, lebenslanger Aufnahme durch den Menschen keine Schädigung an Leib und Leben hervorrufen soll.
BAT	Biologischer Arbeitsstoff-Toleranzwert ist die höchstzulässige Konzentration eines Stoffes oder seines Umwandlungsproduktes im Körper der Arbeitnehmer oder die dadurch ausgelöste Abweichung eines biologischen Indikators von seiner Norm, bei der im allgemeinen die Gesundheit der Arbeitnehmer bei einer regelmäßigen Einwirkzeit (Arbeitszeit) von 40 Wochenstunden nicht beeinträchtigt wird.
BAU	Bundesanstalt für Arbeitsschut
BauGB	Baugesetzbuch
BGA	Bundesgesundheitsamt
Bq	Becquerel – Maßeinheit für die Aktivität (radioaktive Umwandlung) eines Stoffes; gibt die Anzahl der pro Sekunde zerfallenden Atomkerne an
EP	Epoxidharz
ETB	Einheitliche Technische Baubestimmungen
FCKW	Fluorchlorkohlenwasserstoff
GefStoffV	Gefahrstoffverordnung
GFK	Glasfaserverstärkte Kunststoffe
HCH	Hexachlorcyclohexan – Lindan
MAK	Maximale Arbeitsplatzkonzentration (1) ist die höchstzulässige Konzentration eines Stoffes in der Luft am Arbeitsplatz, bei der im allgemeinen die Gesundheit der Arbeitnehmer nicht beeinträchtigt wird. Die vollständige Rückbildungsfähigkeit der hervorgerufenen Wirkungen muß gegeben sein. Daraus folgt, daß krebserzeugenden Stoffen keine MAK-Werte zugeordnet werden. Die Stoffliste der MAK-Werte-Liste enthält im Anhang III (krebserregende Arbeitsstoffe) eine Klassifizierung nach bewiesener und vermuteter Kanzerogenität: III A – Eindeutig als krebserregend ausgewiesene Arbeitsstoffe III A 1 – Stoffe, die beim Menschen erfahrungsgemäß Krebs verursachen III A 2 – Stoffe, die nachweislich im Tierversuch Krebs verursachen III B – Stoffe mit begründetem Verdacht auf krebserzeugendes Potential
MF	Melamin – Formaldehyd
MIK	Maximale Immissions-Konzentration ist die Konzentration luftverunreinigender Stoffe in der freien Atmosphäre, unterhalb der nach dem gegenwärtigen Stand des Wissens im allgemeinen Mensch, Tier, Pflanze und schutzwürdige Sachgüter vor Schädigung und erheblicher Belästigung geschützt sein sollen. Es handelt sich um Richtwerte zum Schutz der Bevölkerung.

„MIK" (BGA)	„Maximale Innenraumluft-Konzentration" (interner Wert des Bundesgesundheitsamtes) ist eine Wirkstoffkonzentration in der Raumluft, bei der im allgemeinen keine gesundheitlichen Beschwerden auftreten. Sie können als erstes Kriterium für eine gesundheitliche Beurteilung angesehen werden.
PCB	Polychlorierte Biphenyle
PCDD	Polychlorierte Dibenzodioxine
PCDF	Polychlorierte Dibenzofurane
PCP	Pentachlorphenol
PE	Polyethylen, Polyäthylen
ppb	parts per billion – ein Teil auf eine Milliarde Teile (z.B. µg/kg)
ppm	parts per million – ein Teil auf eine Million Teile (z.B. mg/kg)
PS	Polystyrol
PUR	Polyurethan
PVC	Polyvinylchlorid
rem	radiation equivalent man – eine alte Einheit für die Äquivalenzdosis 1 Sv = 100 rem
Sv	Sievert – neue Meßeinheit für die vom Organismus absorbierte Strahlenenergie (alte Einheit rem)
TBTB	Tributylzinn-Benzoat
TBTO	Tributylzinn-Oxid
TRK	Technische Richtkonzentration für krebserzeugende Stoffe ist die Konzentration eines Stoffes in der Luft am Arbeitsplatz, die nach dem Stand der Technik erreicht werden kann und die als Anhalt für die zu treffenden Schutzmaßnahmen und der Überwachung dient. TRK-Werte werden nur für krebserzeugende und erbgutverändernde Arbeitsstoffe aufgestellt. Ihre Einhaltung soll das Gesundheitsrisiko der Arbeitnehmer vermindern, kann es jedoch nicht ausschließen.
TRgA	Technische Regeln für gefährliche Arbeitsstoffe
UBA	Umweltbundesamt
UF	Urea-Formaldehyd = Harnstoff-Formaldehyd
UVP	Umweltverträglichkeitsprüfung
UVV	Unfallverhütungsvorschrift
VC	Vinylchlorid
WHO	World Health Organization – Weltgesundheitsorganisation der UN
ZNS	Zentralnervensystem

Adressen

Alle Adressen wurden nach bestem Wissen zusammengestellt. Eine Gewähr für die Richtigkeit kann jedoch nicht übernommen werden.

1 Staatliche Institutionen

1 Bundesanstalt für Arbeitsschutz, Postfach 170 202, Vogelpothsweg 50-52, 44149 Dortmund-Dorstfeld, Tel.: 0231/1 76 31

2 Bundesanstalt für Materialprüfung (BAM), Unter den Eichen, 12203 Berlin

3 Bundesgesundheitsamt, Thielallee 88-92, 14195 Berlin, Tel.: 030/8 30 80

4 Bundesminister für Raumordnung, Bauwesen und Städtebau, Deichmanns Aue, 53179 Bonn, Tel.: 0228/3 37-1

5 Bundeszentrale für gesundheitliche Aufklärung, Postfach 930 103, 50668 Köln

6 Institut für Bautechnik, Reichpietschufer 72-76, 10785 Berlin, Tel.: 030/2 50 31

7 Institut für Wasser-, Boden- und Lufthygiene des Bundesgesundheitsamtes, Corrensplatz 1, 14195 Berlin

8 Staatliches Materialprüfungsamt Nordrhein-Westfalen, Abteilung Chemie, Postfach 410 307, 44137 Dortmund

9 Umweltbundesamt, Bismarckplatz 1, 14193 Berlin, Tel.: 030/8 90 31

2 Private Institutionen

10 ADAC, Abteilung FTK, Am Westpark 8, 81873 München

11 Allergiker- und Asthmatikerbund, Hindenburgstr. 110, 41061 Mönchengladbach, Tel.: 02161/1 02 07

12 Arbeitsgemeinschaft Allergiekrankes Kind (Bundesverband), Hauptstr. 39, 35745 Herborn, Tel. 02772/46 49

13 Arbeitsgemeinschaft Naturfarben (AGN), Im Asemwald 12, 70599 Stuttgart, Tel.: 0711/72 79 51

14 Arbeitsgemeinschaft Ökologischer Forschungsinstitute e.V. (A.G.Ö.F.), Alexanderstraße 17, 53113 Bonn, Tel.: 0228/63 01 29

15 Arbeitsgemeinschaft der Verbraucherverbände (AgV), Arbeitsgemeinschaft Wohnberatung e.V., Heilsbachstr. 20, 53123 Bonn, Tel.: 0228/64 10 11

16 Beratungsstelle „Gesundes Bauen und Wohnen", Institut für Bauforschung e.V., An der Markuskirche 1, 30163 Hannover, Tel.: 0511/66 10 96-98

17 BINE, Umwelt-Informationssystem, Kommunale Energieversorgung (KEV), Bürgerinformationen Neue Energietechniken, Mechenstr. 57, 53129 Bonn, Tel.: 0228/23 20 86

18 Bund Architektur und Baubiologie, Geschäftsstelle, Cronestr. 3, 48653 Coesfeld, Tel.: 02541/7 11 10

19 B.U.N.D., Bund für Umwelt und Naturschutz Deutschland e.V., Rotebühlstraße 84/1, 70178 Stuttgart, Tel.: 0711/61 33 32

20 B.U.N.D., Erbprinzenstr. 18, 79098 Freiburg

21 B.U.N.D., Im Rheingarten 7, 53225 Bonn, Tel.: 0228/46 20 84

22 Bundesverband Bürgerinitiativen Umweltschutz e.V., Pressedienst, Friedrich-Ebert-Allee 120, 53113 Bonn, Tel.: 0228/23 30 99

23 Bundesverband für baubiologische Produkte e.V., Buchenweg 8, 75417 Mühlacker

24 Deutsche Arbeitsgemeinschaft Selbsthilfegruppen, Friedrichstr. 28, 35392 Gießen, Tel.: 0641/702 24 78

25 Deutsche Gesellschaft für Sonnenenergie e.V. (DGS), Augustenstr. 79, 80333 München, Tel.: 089/52 40 71

25a Espen GmbH, Kastellstr. 32, 60439 Frankfurt am Main, Tel.: 069/58 58 52

26 Fraunhofer Institut für Holzforschung, Wilhelm-Klauditz-Institut (WKI), Bienroder Weg 54E, 38108 Braunschweig

27 Gesundes Bauen und Wohnen e.V. (GBW), Postfach 1820, 38106 Braunschweig, Tel.: 0531/8 28 40

28 Greenpeace e.V., Vorsetzen 53, 20459 Hamburg, Tel.: 040/31 18 60

29 Gütegemeinschaft Holzschutzmittel e.V., Karlstr. 21, 60329 Frankfurt am Main, Tel.: 069/255 63 18

30 Gütegemeinschaft Recycling-Baustoffe e.V., Godesberger Allee 99, 53179 Bonn, Tel.: 0228/37 31 18

31 Gütegemeinschaft Spanplatten e.V., Wilhelmstr. 25, 35392 Gießen

32 Informationsdienst des Wirtschaftverbandes Asbestzement e.V., Postfach 110 620, XXXX Berlin

33 Institut für Baubiologie, Heilig-Geist-Straße 54, 83022 Rosenheim, Tel.: 08031/1 70 91

34 Institut für Baubiologie + Ökologie, Prof. Dr. Anton Schneider, Holzham 25, 83115 Neubeuern, Tel.: 08035/20 39

35 Institut für Bauphysik, Fraunhofer-Institut, Informationszentrum Raum und Bau IRB, Nobelstr. 12, 70569 Stuttgart, Tel.: 0711/686 85 00

36 Institut für Hygiene und Arbeitsmedizin, Umweltambulanz, Prof. Dr. med. H.J. Einbrodt, RWTH Aachen, Neues Klinikum, Pauwelstraße, 52074 Aachen, Tel.. 0241/808 88 80

37 Institut für ökologische Recycling e.V. (IföR), Kurfürstenstr. 14, 10785 Berlin, Tel.: 030/261 68 54

38 Interessengemeinschaft der Holzschutzmittelgeschädigten e.V. (IHG), c/o Helga und Volker Zapke, Unterstaat 14, 51766 Engelskirchen, Tel.: 02263/37 86

39 Katalyse e.V., Institut für angewandte Umweltforschung, Mauritiuswall 24-26, 50676 Köln, Tel.: 0221/23 59 63

40 Medizinisches Institut für Umwelthygiene, Umweltambulanz, Auf'm Hennekamp 50, 40225 Düsseldorf

41 Öko-Institut e.V. Freiburg, Binzengrün 34, 79114 Freiburg, Tel.: 0761/47 30 31

42 Österreichisches Ökologie-Institut, Seidengasse 13, A-1070 Wien, Tel.: 0043/1/93 61 05

43 RAL, Deutsches Institut für Gütesicherung und Kennzeichnung e.V., Bornheimer Straße 180, 53119 Bonn, Tel.: 0228/65 09 71-2

44 Selbsthilfegruppe Formaldehyd-Geschädigter (SFG) bei Verbraucherinitiative e.V., Postfach 17 46, Breite Straße 51, 53111 Bonn, Tel.: 0228/65 90 44

45 Stickl, Dr. med. H., Institut für Umwelthygiene und Impfwesen, TU-München, Lazarettstr. 62, 80636 München

46 Stiftung Warentest, Lützowplatz 11-13, 10785 Berlin, Tel.: 030/26 31-1

47 Unabhängige Strahlenmeßstelle Berlin, Turmstr. 13, 10559 Berlin, Tel.: 030/394 89 60

48 Umweltinstitut München, Elsässer Str. 30, 81667 München, Tel.: 089/48 87 07

49 Verbraucherinitiative e.V., Breite Straße 51, 53111 Bonn, Tel.: 0228/65 90 44

50 Zentralstelle für Solartechnik, Verbindungsstr. 19, 40723 Hilden

Literatur

Kapitel 1, Ökologie im Bauwesen

1 Decker, Rudolf, Operation Umwelt, Stuttgart 1985

2 Krusche, P. u. M., Althaus D., Gabriel, I., Ökologisches Bauen, Umweltbundesamt, Wiesbaden 1982

3 Stapelfeld, Ait, Die Probleme im Bereich des öffentlichen und privaten Baurechtes bei der Verwendung von wiederaufbereiteten, recycelten Baustoffen, Bremen 1990

4 Umweltbundesamt, Handbuch der Verwerterbetriebe für industrielle Rückstände, Berlin 1985

5 Umweltbundesamt, Was Sie schon immer über Umweltschutz wissen wollten, Bundesministerium des Inneren, 1984/1985

6 Willkomm, W., Recyclingverfahren für Ausbaumaterialien, Institut für Industrialisierung im Bauwesen, Universität Hannover, Stuttgart 1988

Kapitel 3, Die Planung

7 Beck-Texte, Umweltrecht München 1987

8 Gartner und Winklbauer, Gesünder Wohnen, Wien 1984

9 Hollwich, Fritz, Untersuchungsbericht: Der Einfluß des Kunstlichtes auf den Stoffwechsel des Menschen, Augenklinik der Universität Münster, Münster 1977

10 Isberner, Klaus, Projektgruppe Ökohaus/Naturgarten, Ökohaus und Naturgarten Würzburg, Würzburg 1990

10a Maes, Wolfgang, Streß durch Strom und Strahlung, Institut für Baubiologie und Ökologie, Holzham 1992

11 König, Herbert L., Unsichtbare Umwelt, München 1983

12 König, Holger, Wege zum gesunden Bauen, Freiburg 1985

13 Ökologisches Bauen, Begleitheft einer Ausstellung, hg. vom Minister für Natur, Umwelt und Landesentwicklung des Landes Schleswig-Holstein, Kiel 1989

14 Peuser, F.A., und Weiß, R., Erneuerbare Energiequellen, Zentralstelle für Solartechnik, Hilden 1987

15 Pistulka, Walter, Wagner, Siegfried, Baukonstruktionen und Baustoffe, Österreichisches Institut für Baubiologie, Wien 1983

16 Rathgeb, Werner, Olle, Stefan, Frank, Sigrid, Brucker, Johannes, Schrode, Ansgar, Umweltfreundliches Bauen, Bund für Umwelt und Naturschutz Deutschland e.V., Stuttgart 1990

17 Renatus, Margrit, Alte Technik – neu entdeckt: Der Hypokausten – Heizturm, in: Arch +, H. 85, Juni 1986

18 Trykowski, Michael, Grundlagen für biologisches Bauen, Karlsruhe 1984

Abschnitt 3.4, Grünplanung

19 Althaus, C., Fassadenbegrünung – Ein Beitrag zu Risiken, Schäden und präventiver Schadensverhütung, Berlin-Hannover 1987

20 Appl, R., Begrünte Schrägdächer, in: Deutsches Architektenblatt, H. 5/88, S. 725-728

21 Bohl, Th., Schlapka, F.J., Technische Anforderungen. Das begrünte Flachdach in der Diskussion, Teil I, in: DDH, H. 4/87, S. 22-27, Teil II, in: DDH, H. 5/87, S. 28-32

22 Forschungsgesellschaft Landschaftsentwicklung, Landschaftsbau e.V. (FLL), Grundsätze für Dachbegrünung, Bonn 1986

23 Forschungsgesellschaft Landschaftsentwicklung, Landschaftsbau e.V. (FLL), Richtlinie für die Planung, Ausführung und Pflege von Dachbegrünungen, Bonn 1990

24 Hoffmann, Ot., Handbuch für begrünte und genutzte Dächer, Leinfelden-Echterding 1987

25 Krupka, B.W., Dachbegrünungen für Flachdächer. Auswahlkriterien für Bauweisen und Systeme, Teil 1: Auswahl der Begrünungsart und Vegetationsform, Bundesbaublatt (BbauBl) Nr. 11, S. 647-652 (1987), Teil 2: Abdichtung, Schutz und Begrünung, Bundesbaublatt (BbauBl) Nr. 2 (1987)

26 Liesecke, H.J., Durchwurzelungsschutz und Schutz vor mechanischen Beschädigungen bei Dachbegrünungen, Bundesbaublatt (BbauBl) Nr. 4, S. 209-215 (1985)

27 Olwein, K., Dachbegrünung, ökologisch und funktionsgerecht, Wiesbaden-Berlin 1984

28 Raumann, R., Ebner-Baumann I., Ludwig, K., Begrünte Architektur – Bauen und Gestalten mit Kletterpflanzen, München 1983

Kapitel 4, Problematische Substanzen in Baustoffen

29 Beckert, Mechel, Lamprecht, Gesundes Wohnen, 1986

30 Schumm, H.-P., Häberl, K., Neubert, B., Eichler, W., Sanierung asbesthaltiger Bauteile, GA 26, Schriftenreihe der Bundesanstalt für Arbeitsschutz, Bremerhaven 1987

31 Bundesanstalt für Arbeitsschutz, Verzeichnis der Meßstelle gefährlicher Stoffe, GA 25, Schriftenreihe der Bundesanstalt, Dortmund 1987

32 Bundesgesundheitsamt, PCB-Bericht, Berlin 1983

33 Bundesgesundheitsamt, Vom Umgang mit Holzschutzmitteln, Berlin 1983

34 Bundesminister des Inneren, Jahresbericht Umweltradioaktivität und Strahlenbelastung, Bonn 1988

35 Bundesminister für Umwelt, Naturschutz und Reaktorsicherheit, Radon, Bonn 1988

36 Cruse, Axel, Dicke Luft, Ratgeber gegen Gifte in der Wohnraumluft, Die Verbraucherinitiative, Bonn 1988

37 Fischer, M., Meyer, E., Zur Beurteilung der Krebsgefahren durch Asbest, Schriftenreihe des Bundesgesundheitsamtes Nr. 2, Berlin 1984

38 Formaldehyd. Verwendung, Gefahren, Schutzmaßnahmen, Schriftenreihe der Bundesanstalt für Arbeitsschutz, GA 15, Bremerhaven 1987

39 Jakobi, H.W., Fluorkohlenwasserstoff (FKW), Verwendungs- und Vermeidungsalternativen, Berlin 1988

40 Katalyse, Institut für angewandte Umweltforschung, Radon, Köln 1990

41 Katalyse, Strahlung im Alltag, Köln 1986

42 Katalyse, Umweltlexikon, Köln 1988

43 Katalyse-Verbraucherinformation, Formaldehyd, Ursachen-Sanierung, Köln 1986

44 Leiße, Bernd, Über die Belastung von Mensch und Umwelt durch Holzschutzwirkstoffe aus imprägniertem Holz, Auro-Mitteilung Nr. 10, Braunschweig 1984

45 MAK-Werte-TRgA 900 (Technische Richtlinie gefährliche Arbeitsstoffe), Wirtschaftsverlag, Bremerhaven 1990

46 Richtlinien für die Bewertung und Sanierung schwach gebundener Asbestprodukte in Gebäuden (Asbest-Richtlinie), Mai 1989; Ministerialblatt des Landes Nordrhein-Westfalen, Nr. 53 vom 7. September 1989

47 Rose, Wulf Dietrich, Wohngifte, Oldenburg 1984

48 Strubelt, Otfried, Gifte in unserer Umwelt, Stuttgart 1989

49 Umweltbundesamt, Umweltrelevanz künstlicher Fasern, Berlin 1978

50 Unfallverhütungsvorschrift, Schutz gegen gesundheitsgefährlichen mineralischen Staub, Köln 1982

51 Umweltbundesamt, Asbestersatzstoffkatalog, Band IV, Berlin 1990

52 Landesärztekammer Hessen, Unwelthygiene und Umweltmedizin als ärztliche Aufgabe, Frankfurt 1987

53 Vom Umgang mit Formaldehyd, Informationsschrift des Bundesgesundheitsamtes, Berlin 1985

54 Wardenbach P., Lehmann E., MAK-Wert, Bedeutung und Anwendung in der Praxis, Gefährliche Arbeitsstoffe, GA 12, Schriftenreihe der Bundesanstalt für Arbeitsschutz, Dortmund 1987

55 Wohnung und Gesundheit, Nr. 41, S. 55-57, Neubeuern 1987

Kapitel 5, Baustoffe und Bauteile

56 Claus, Frank, Friege, Henning, Gremler, Dieter, Es geht auch ohne PVC, Hamburg 1990

57 Das Deutsche Malerblatt, Offizielles Organ des Hauptverbandes des deutschen Maler- und Lackiererhandwerkes, Bundesinnungsverband, Stuttgart, Jahrgänge 1987 und 1988

58 Katalyse Umweltgruppe und Gruppe für ökologische Bau- und Umweltplanung, Das Ökologische Heimwerkerbuch, Reinbek bei Hamburg 1987

59 Die Mappe, Deutsche Malerzeitschrift, München, Jahrgänge 1987 und 1988

60 Grosser, D., Einheimische Nutzhölzer und ihre Verwendungsmöglichkeiten Informationsdienst Holz, München 1989

61 Grossmann, Reinhard, Henriksen, Ingrid, Medicus, Martin, Ökohaus Berlin Baustoffauswahl nach Kriterien der Umweltverträglichkeit, Bundestagsfraktion der Grünen, Bonn 1990

62 Institut für Bautechnik, Richtlinie über die Verwendung von Spanplatten hinsichtlich der Vermeidung unzumutbarer Formaldehydkonzentratinen in der Raumluft, Berlin 1980

63 i.Punkt Farbe, Bundesverband des deutschen Farben-Tapeten-Bodenbelagsgroßhandels e.V., Düsseldorf/Murnau, Jahrgänge 1985-1988

63a Jordan, J., Holzgewinnung im Spannungsfeld von Ökologie und Anforderungen des Marktes, Veröffentlichung Firma Espen, Frankfurt am Main 1993

64 Marmé, Wolfgang, Der Primärenergiegehalt von Baustoffen, Institut für Baustofftechnologie, Universität Karlsruhe 1980

65 Max-von-Pettenkofer Institut, Lacke und Farben, Aspekte zum Verbraucherschutz, MVP-Heft 3, Berlin 1986

66 Ondratschek, D., Ortlieb, K. (Red.), Taschenbuch für Lackierbetriebe, Hannover 1988

67 Öko Test Magazin, Sonderheft Nr. 3, Ratgeber Heimwerken, Frankfurt 1989

67a Öko Test Magazin, Sonderheft Nr. 9, Bauen, Wohnen, Renovieren, Frankfurt am Main 1993

68 Rat von Sachverständigen für Umweltfragen, Sondergutachten Nr. 5, Luftverunreinigungen in Innenräumen, Bonn 1987

69 Rose, Uwe, Watzl, Peter, Zeitschrift Gesünder Wohnen, Verlag Biologisch wohnen und leben, Rosenheim, verschiedene Hefte der Jahrgänge 1988-1989

70 Saechtling, Hansjürgen, Kunststofftaschenbuch, München ^{23}1986

70a Rühl, Reinhold, Wilken, Ulrich, Gefahrstoffe, GISBAU, Bauberufsgenossenschaft, Wuppertal 1991

71 Schwabe, K.H., Rother, G., Angewandte Baubiologie, Waldeck 1985

72 Schwarzer, Alexander, Energiebedarf bei der Herstellung von Bauteilen und Baukonstruktionen, Institut für Baustofftechnologie, Universität Karlsruhe 1982

73 Scholz, Knoblauch, Baustoffkenntnis, Düsseldorf ^{11}1984

74 Schneider Anton, Wohnung und Gesundheit, Fachzeitschrift für ökologisches Bauen und Leben, Neubeuern, Jahrgänge 1987-1989

75 Studentenarbeitsgruppe Wärmdämmstoffe, Nachdiplomstudiengang Energie 1988/1989; Wärmedämmstoffe, der Versuch einer ganzheitlichen Betrachtung, Ingenieurschule beider Basel 1989

75a Umweltinstitut München, Wärmedämmstoffe im Vergleich, München 1993

76 Wendehorst, Reinhard, Spruck, Helmut, Baustoffkunde, Hannover 1972

77 Zicha, Gerhard, Arnold, Ignaz, Immissionsbelastungen durch Luftverunreinigungen aus Baustoffen, Ausrüstungen und Anstrichen in Innenräumen, Landesgewerbeanstalt Bayern, Materialprüfungsamt, Schriftenreihe des Bundesministers für Raumordnung, Bauwesen und Städtebau, Bau- und Wohnforschung, F 1922, (1983/1984)

Kapitel 6, Baudurchführung

78 Grunau, Edvard, Lebenserwartung von Baustoffen, Braunschweig/Wiesbaden 1980

79 Olshausen, H.G., Homes, I., Berücksichtigung von Umwelteinflüssen bei der Auswahl von Bauverfahren, Schriftenreihe Bau- und Wohnforschung, Bundesminister für Raumordnung, Bauwesen und Städtebau, Bonn 1983

Kapitel 7, Umweltschonende Nutzung

80 Schneider, Anton, Oberflächenbehandlung und Pflege im Haus, Institut für Baubiologie und Ökologie, Neubeuern 1988

81 Umweltbundesamt, Umweltfreundliche Beschaffung Wiesbaden 1987

Neben der veröffentlichten Literatur in diesem Buch wurde auch eine nicht unbedeutende Zahl von Fachbeiträgen von Firmen, Behörden, Verbänden und Privatpersonen herangezogen, ohne daß sie im Literaturverzeichnis im einzelnen genannt werden können. Für die aus ihren Arbeiten gewonnenen Erkenntnisse danke ich allen Autoren.

Bildnachweis

Bild 48: Arbeitsgemeinschaft Naturfarben [13]
Alle übrigen Bilder vom Autor

Register